Java 轻量级 Web开发深度探索

罗刚◎编著

清華大学出版社
北 京

内 容 简 介

本书介绍如何学习和使用流行的 Java 编程语言进行 Web 开发。主要内容包括 Java 开发 Web 应用基础，结构化程序设计与面向对象编程，文本处理与网络编程，并发程序设计，应用程序开发，使用 SpringBoot 创建 Web 服务。

本书第 1 章着重介绍如何使用 Java 编程语言快速上手 Web 开发。第 2 章着重介绍结构化程序设计。第 3 章着重介绍面向对象编程。第 4 章着重介绍处理文本的有限状态机方法。第 5 章着重介绍套接字网络编程。第 6 章着重介绍并发程序设计。第 7 章着重介绍控制台应用程序开发基础以及如何开发 Web 应用程序。第 8 章着重介绍如何使用 SpringBoot 创建 Web 服务，使用 JavaScript 框架实现 Web 前端展示。

本书适合对软件开发感兴趣的青少年或者大学生阅读和学习，同时也适合对互联网行业感兴趣的人士参考使用。

图书在版编目(CIP)数据

Java 轻量级 Web 开发深度探索/罗刚编著. —北京：清华大学出版社，2021.7
ISBN 978-7-302-58598-5

Ⅰ. ①J… Ⅱ. ①罗… Ⅲ. ①JAVA 语言—程序设计 Ⅳ. ①TP312.8

中国版本图书馆 CIP 数据核字(2021)第 131542 号

责任编辑：张 瑜
封面设计：杨玉兰
责任校对：翟维维
责任印制：丛怀宇
出版发行：清华大学出版社
网 址：http://www.tup.com.cn, http://www.wqbook.com
地 址：北京清华大学学研大厦 A 座 邮 编：100084
社 总 机：010-62770175 邮 购：010-62786544
投稿与读者服务：010-62776969, c-service@tup.tsinghua.edu.cn
质量反馈：010-62772015, zhiliang@tup.tsinghua.edu.cn
印 装 者：三河市天利华印刷装订有限公司
经 销：全国新华书店
开 本：185mm×260mm 印 张：18.75 字 数：456 千字
版 次：2021 年 9 月第 1 版 印 次：2021 年 9 月第 1 次印刷
定 价：69.00 元

产品编号：056504-01

推 荐 序

近几年罗刚老师精心撰写了几本书，都是针对有一定程序基础的开发人员。我虽不才，但依仗对Java二十余年的熟悉，也可以算是罗老师读者群里的资深人士了。群里讨论一些事情的时候，也有一些小白不时地提出一些基础的问题，让人忍俊不禁，但颇感欣慰，很想提供真正有用的帮助。现在终于看到罗老师对小白人士也有了关注，写了这本针对零基础开发人员的教材。

罗老师是我多年前的同事，一同工作时就以能研究和解决复杂问题闻名。可以说是一位被写书耽误的算法架构专家，我觉得这对公司而言是一个明显的损失，但从整个社会角度而言，我又觉得这样对程序开发领域是一个更大的贡献，毕竟通过罗老师书籍的知识传播，会给更多的人以帮助，使他们走上开发的道路，并越走越宽。

跟罗老师共事时间不算很长，但一直有联系。掐指算来，十个手指已然不够，因为已有十几年的联系了。这十几年间，拜读了罗老师的所有著作。由于行业工作关系，也经常阅读其他开发方面的书籍。相比较而言，罗老师写的书还是很有特点，特别是他既有开发项目经验又有教学培训经验。从理论到实践的全面经验使他的书很能触及读者的“痒点”，读者看完一个知识点，想看看效果，下面就会立刻给出一段实例，就像后背刚觉得痒，就递过来了痒痒挠。令人读起来欲罢不能，不忍释卷。

本人由于工作原因，经常会面试一些初级开发人员，比如大三或大四的实习生，以及刚毕业的应届生。这些初学开发的学生，往往只是学了知识的皮毛，却没有更进一步去思考，经常是“知其然，而不知其所以然”。现在读完了罗老师的这本书，感觉如果这些初学者认真研读的话，会发现绝大部分问题都被罗老师思考过了。这样且不说开发能力上会有提高，单是对初学者的面试成功率也会有较大的帮助。

这本书的亮点之处在于，作者不仅深入浅出地写出了知识要点和脉络，而且更写出了程序开发的思考模式；每个知识点都有与之配套的简单例子作为说明，但又不像某些著作用填代码的方式来凑字数，这样就能把知识说得简单明白。没有扎实的理论功底和实践经验是很难做到这些的。

当前知识界很推崇“费曼学习法”，我认为“费曼学习法”的精髓是通过学习，将学到的新知识条理化、简单化，用自己简单的话输出给别人，一旦能给别人讲明白，就会确保自己能比别人对该事务了解得更透彻，达到更好的学习效果。罗老师的这本书正是“费曼学习法”的优秀实践成果。本书的读者可以试试对其中知识点的理解，是否可以像罗老师一样，能够给别人讲明白。愿大家读懂讲好，不负罗老师的初衷。

北京网矿科技有限公司　技术总监　郑　涛

前　言

持续演化中的 Java 编程语言由于其严谨的语法和跨平台特性，一直是 Web 开发后台编程语言的首选之一。Java 语法与 Web 开发需求之间相互促进，形成更紧密的联系和高效的发展。例如，JDK 1.5 引入的注解(Annotation)方便了 MVC(Model View Controller)设计模式中的控制器开发。

Java Web 开发技术经过 20 多年的发展，由 2000 年左右开始流行的 Servlet、JSP 演化到早期的 J2EE 以及支持 MVC 设计模式的 Struts 框架、Spring 框架和支持微服务的 Spring Boot 框架。

本书从零基础开始介绍如何使用流行的 Java 编程语言进行 Web 开发。本书第 1～7 章是基础篇，第 8 章是应用篇。其中第 1 章介绍了开发 Web 应用需要的软件环境，特别是 IDEA 集成开发环境。第 2 章着重介绍控制结构等结构化程序设计入门知识。第 3 章着重介绍类和对象等面向对象编程基础。第 4 章着重介绍处理文本的有限状态机方法和正则表达式。第 5 章着重介绍套接字网络编程。第 6 章着重介绍多线程等并发程序设计。第 7 章着重介绍控制台应用程序开发基础以及如何开发 Web 应用程序。第 8 章着重介绍如何使用 SpringBoot 框架和 React 框架实现前后端分离的 Web 应用。

本书相关的参考软件和代码在技术 QQ 群 587682878 的共享文件中可以找到。本书中介绍到的一些专门的技术可以在和本书相关的 QQ 群中交流讨论。这些技术群包括：Solr 技术群 301075975、ElasticSearch 技术群 460405445、Java 文本处理基础群 453406621。

本书由罗刚编著。感谢早期合著者、合作伙伴、员工、学员、读者、相关合作公司的支持。

本书适合零基础而有志于从事 Web 方向的 Java 开发工程师或者架构师阅读，也适合需要具体实现 Web 应用的程序员使用，对于互联网等相关领域的研究人员也有一定的参考价值。读者可以通过阅读本书，自己动手创建一个简单的微服务架构。本书对于开发微信小程序后端也有参考价值。同时猎兔搜索技术团队已经开发出与本书相关的培训课程和商业软件。

编　者

目　录

第 1 章　Java 开发 Web 应用基础

相对于很多数据库编程语言的昙花一现、专业 Web 开发语言的不冷不热，Java 的持续流行与 Oracle 和 IBM 等公司的支持分不开。除了开发 Web 应用，Java 也是云计算的首选开发语言。

1.1　Java 编程语言概述

有专门的程序把源代码翻译成机器代码。翻译成机器语言的过程就叫做编译。所以这个翻译程序也被称为编译器。

为了实现跨平台，需要定义一套统一的程序格式。为了兼容各种 CPU，还需要定义一套统一的虚拟指令集，程序运行在统一的内存框架下，这就是虚拟机技术。Java 程序运行在专门为它定义的虚拟机上，这个虚拟机叫做 Java Virtual Machine(JVM)。

Java 编译器把源代码编译成字节码。在生活中，有些词需要避讳。编译器也有留做自己专用的保留字，或者叫做关键字(Keyword)。例如，public 就是一个关键字。

程序源代码是文本文件，早期的文本文件采用 ASCII 编码。英文有 26 个字母，算上大小写、数字、特殊字符，加上回车、空格等共有 128 个字符。用 7 个 1 或 0 的组合就可以把这些字符全部显示出来。最后加上一位校验码。所以在电脑上，ASCII 编码的一个字符占用一个字节，也就是 8 位。ASCII 编码对每个英文字符都进行编号，例如规定 a 字符编号为 97、b 字符编号为 98 等。大写字母和小写字母有不同的编号。

术语： ASCII(American Standard Code for Information Interchange)　是美国资讯交换标准码的简称。主要用于显示现代英语和其他西欧语言，使用指定的 7 位或 8 位二进制数组合来表示 128 或 256 种可能的字符。其中 48～57 为 0～9 十个阿拉伯数字，65～90 为 26 个大写英文字母，97～122 为 26 个小写英文字母，其余为一些标点符号、运算符号、控制字符等。因为早期程序主要面向讲英语的客户，主要由讲英语的程序员开发，所以 ASCII 很流行。

如果要支持中文，ASCII 编码要扩展成专门的中文编码 GBK。英文字母最高位编码是 0，而汉字最高位编码是 1。Java 中的源代码还可以采用通用字符集 Unicode 编码。

术语： Unicode Translation Format(UTF)，Unicode 转换格式。Unicode 表示一个唯一的、统一的和通用的编码。

JVM 本身并没有定义 Java 程序设计语言，它是只定义了包含 JVM 指令集的 class 文件的格式，以及一个符号表。

根据 CPU 的寻址空间，可以分为 32 位和 64 位。JVM 为这两种 CPU 做了专门的版本，即字长是 32 位和 64 位的 JVM。为了实现这样的跨平台运行的想法，每种常用的 CPU 和操作系统组合都有现成的 JVM 实现，如图 1-1 所示。

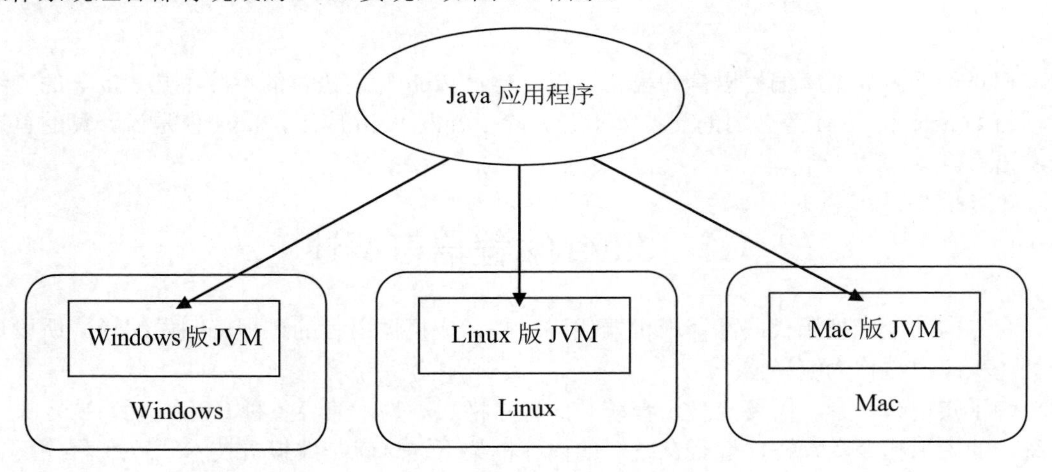

图 1-1　运行在 JVM 的 Java 应用程序

可以在 Windows 平台编译一个 Java 程序，并且在 Linux 平台运行它，因为 Windows 和 Linux 都支持 JVM 实现。Linux 平台下的指令集可能和 Java 编译器生成的字节码不一样。一个 JVM 可以一次性地解释字节码，或者把字节码编译成它所运行的本地代码，这种优化技术叫做 JIT(Just-In-Time)。Java 字节码程序可以运行在任何有字节码解释器的程序上，如图 1-2 所示。

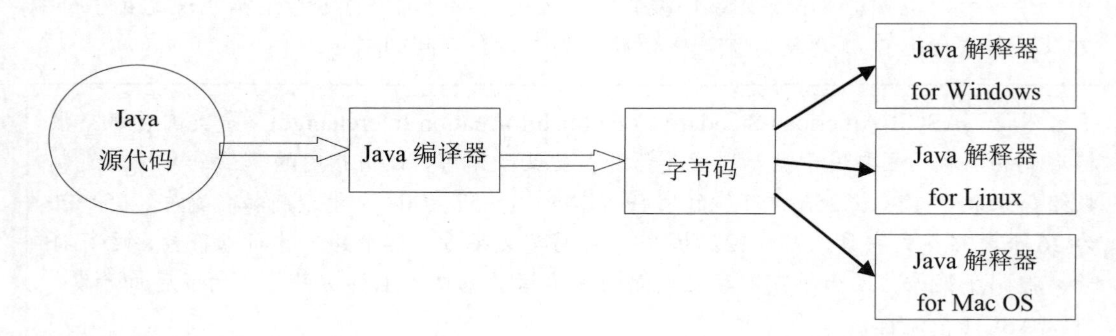

图 1-2　一次编译，到处运行的 Java 应用程序

JVM 定义了一套通用的虚拟指令集，叫做 JVM 指令集。JVM 是基于栈结构的计算机。JVM 指令集中的相关操作数在栈顶运算。例如：如果解释器要执行整数加法，就是从栈顶弹出两个整数进行加法运算，最后将结果压入栈顶。

术语：operand，操作数。

Java 源代码可以被编译成字节码的一种中间状态，然后由已提供的虚拟机来执行这些字节码。Java 程序需要一个运行环境来执行代码。Java 运行环境(JRE)是一个 JVM 的实现。图 1-3 所示为 Java 中的概念图。

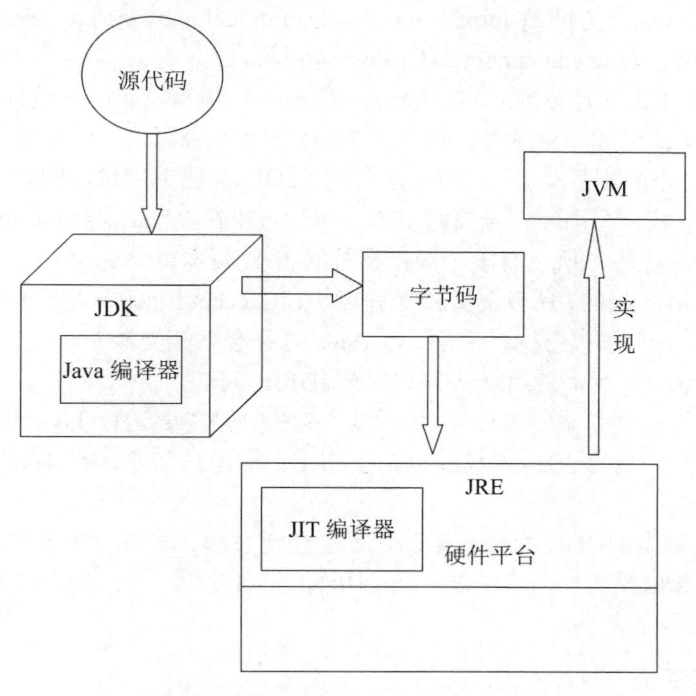

图 1-3 Java 概念图

使用 javap 查看 Java 编译器生成的字节码，通过比较字节码和源代码，可以了解编译器内部的工作机制。

Java 需要支持移动计算，所以 Java 的 class 文件设计得很紧凑，大部分指令只占一个字节。class 是动态扩展和执行的，不必等到所有 class 下载完毕才开始执行。

因为计算机中往往很多程序同时运行，例如可以同时启动多个 JRE，所以由操作系统来调度程序的执行。

1.2 Java 基础

并不一定要在本机安装开发环境以后，才能运行第一个 Java 程序。有一些在线的开发环境也可运行 Java 程序，例如 https://www.onlinegdb.com/ online_java_compiler。为了能够完成实际的应用，我们需要准备专门的开发环境。

1.2.1 准备开发环境

准备 Java 开发环境的步骤如下。

1. 下载 JDK

Java 开发环境简称 JDK(Java Development Kit)。Java 不够流行的一个原因是，很多初学者在安装 JDK 这一步就被难住了。

JDK 包括了 Java 运行环境(Java Runtime Envirnment，JRE)、一堆 Java 工具和 Java 基础类库。可以从 Java 官方网站 http://www.oracle.com/technetwork/java/index.html 下载得到 JDK。注意不是 http://www.java.com 下的 Java 虚拟机。

下载 Java SE，也就是标准版本。Latest Release 是最新发布的安装程序。完整的 JDK 版本号中包括大版本号和小版本号。例如 1.7.0 的大版本号是 7，小版本号是 0。而 1.6.22 的大版本号是 6，小版本号是 22。小版本号高的 JDK 往往更稳定，例如 1.7.0 不如 1.6.22 稳定，所以推荐下载一个小版本号高的 JDK。因为可以在 Windows 或 Linux 等多种操作系统环境下开发 Java 程序，所以有多个操作系统的 JDK 版本可供选择。

因为 JDK 是有版权的，所以需要接受许可协议(Accept License Agreement)后才能下载。如果在 Windows 下开发，就选择 Windows x86。这样会下载类似 jdk-7u3-windows-i586.exe 这样的文件。下载完毕后，使用默认方式安装 JDK 即可。

并不是所有的机器都需要 Java 开发环境，有些只是需要运行 Java 程序环境。Java 运行环境叫做 JRE。安装的 JDK 中已经包括了 JRE。如果只需要运行 Java 程序，可以只安装 JRE。

因为 Oracle 版本的 JDK 有版权限制，不能任意发布。如果下载或安装 Oracle 版本的 JDK 有困难，作者也爱莫能助。幸好，OpenJDK 社区维护了一个 OpenJDK 的 Windows 安装版本。

2. 设置环境变量

JDK 相关的文件都放在一个叫做 JAVA_HOME 的根目录下，例如：

C:\Program Files\Java\jdk1.8.0_03

这个目录名最后以一个数字类型的版本号结尾，例如 10 或者 21 等。

Java 程序都运行在虚拟机上，虚拟机简称 JVM。为什么要做个虚拟机，而不是直接运行在本机的操作系统上？因为 Windows 是收费的，而 Linux 可以免费使用。可以把 Windows 当作开发环境使用，把编译后的程序部署在 Linux 上。因为运行在指令集相同的虚拟机上，所以 Java 程序可以不经修改就可以在不同操作系统之间穿越。

因为一台机器可以安装多个 JDK 和 JVM，所以为了避免混乱，可以新增环境变量 JAVA_HOME，指定一个默认使用的 JDK。

使用 echo 命令检查环境变量 JAVA_HOME，在控制台窗口输入：

```
echo %JAVA_HOME%
C:\Program Files\Java\jdk1.8.0_03
```

如果只需要使用集成开发环境，配置 JAVA_HOME 一个环境变量就可以了。为了检查 JAVA_HOME 是否已经正确设置，在任何路径输入 Java 命令都能显示虚拟机的版本号就可以了：

```
java -version
java version "1.8.0_03"
Java(TM) SE Runtime Environment (build 1.8.0_03-b05)
Java HotSpot(TM) Client VM (build 22.1-b02, mixed mode, sharing)
```

如果还需要在控制台下执行，则需要访问编译程序的 javac.exe 或者执行 Java 类的 java.exe。环境变量 PATH 指定了从哪里找 java.exe 这样的可执行文件。可以从多个路径查找可执行文件，这些路径以分号隔开。如果想在命令行运行 Java 程序，还可以修改已有的环境变量 PATH，增加 Java 程序所在的路径。例如 C:\Program Files\Java\jdk1.8.0_03\bin。

具体操作步骤是：首先在 Windows 桌面右击“我的电脑”，在弹出的快捷菜单中选择“属性”命令，弹出“属性”对话框，切换到“高级”选项卡，单击“环境变量”按钮，然后设置用户变量或者系统变量。并在其值中添加上 JDK 安装目录下的 bin 目录路径。重新启动命令行。然后检查环境变量 PATH：

```
echo %PATH%
```

3. 测试开发环境

查看设置是否已经生效。为了检查 PATH 已经正确设置，在任何路径输入 javac 命令都能显示 javac 的用法就可以了。也可以用后面将介绍的一个 Java 程序试验。运行如下两个命令：

```
javac Paper.java
java Paper
```

看控制台是否显示计算结果。在命令行中输入 javac 的时候，会先在当前路径中查找此文件，如果没有的话才会到 PATH 环境变量中查找。

如果经常改动 JDK 安装目录的路径，则需要修改 PATH 环境变量，但是这样做容易出错，所以可以使用一个新的环境变量值来防止错误。首先右击“我的电脑”，在弹出的快捷菜单中选择属性命令，新建一个环境变量，然后在其值中添加上 JDK 安装目录下的 bin 目录路径，然后在 PATH 中添加上%变量名%，通过这样的方式来动态获取此变量中的值。

如果需要临时设置 PATH 环境变量的值，可以先打开命令行，输入 set path=JDK 安装目录下的 bin 目录路径。通过这样的方式就可以临时设置 PATH 环境变量的值了。因为命令行窗口如果关闭了的话，那么此设置失效，所以是临时设置。而如果想要在原有值的基础上添加新值的话，则可以输入 set path=JDK 安装目录下的 bin 目录路径;%path%来完成。

编译和执行 Java 程序的基本过程如图 1-4 所示。

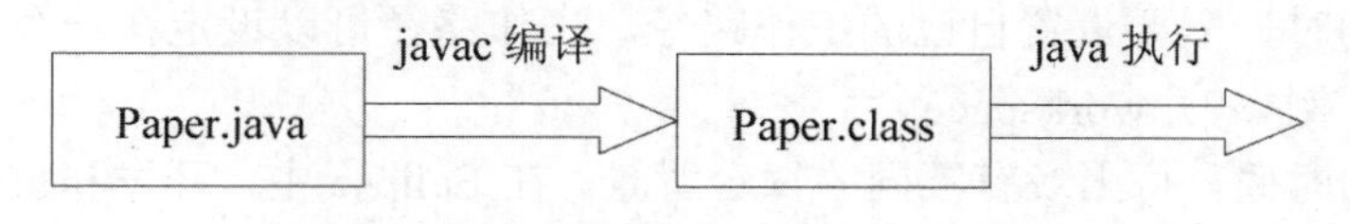

图 1-4　编译和执行 Java 程序

如果出现 Bad version number in .class file 的错误。可能是因为安装了两个 Java 虚拟机的版本，冲突了，如果用一个版本的 JDK 编译 class 文件，再用另外一个版本的 JRE 执行这个 class 文件，就可能出现这样的错误。这时候可以修改环境变量，将其指向同一个版本，来解决这个问题。

1.2.2　Eclipse 集成开发环境

就好像理发有推子等专门的理发工具一样，开发软件也要有专门的集成开发环境(IDE)。

开发 Java 程序最流行的工具叫做 Eclipse(http://www.eclipse.org)。千万不要用挂了木马的软件，要用原版的。所以要从官方网站下载，或者别人从官方网站下载的。

Eclipse 也有很多版本，例如用于开发 Java 企业应用的版本，或者开发 JavaScript 的版本。因为这里开发的是最简单的控制台应用程序，所以可以选择最简单的版本 Eclipse IDE for Java Developers。Eclipse 的有些新版本不够稳定，可以使用小版本号比较高的稳定版本，例如使用 3.6.2，而不用 3.7.0。有些版本的 JDK 和 Eclipse 的某些版本有冲突，如果无法启动 Eclipse，可以换个 JDK 的版本再试。Eclipse 的每个版本都有专门的代号，表 1-1 是代号名称和版本对照。

表 1-1　Eclipse 版本名称对照表

Eclipse 版本	代　号	中 文 名
3.1	IO	木卫一，伊奥
3.2	Callisto	木卫四，卡里斯托
3.3	Eruopa	木卫二，欧罗巴
3.4	Ganymede	木卫三，盖尼米德
3.5	Galileo	伽利略
3.6	Helios	太阳神
3.7	Indigo	靛青

一般先装 JDK，然后再运行 Eclipse。Eclipse Indigo 3.7.1 以上的版本支持 JDK7。也可以只装 JRE，这样 Eclipse 的 Java 开发工具(Java Development Tools)就可以编译源代码了，不用 javac。

Eclipse 是绿色软件，无须安装，解压后就可以直接使用。在 Windows 下，双击后就可以解压文件。如果需要专门的解压软件，推荐使用 7z(http://www.7-zip.org/)。然后直接运行 eclipse.exe 就可以。一般情况下，只要 JDK 已经正常安装好，就可以启动 eclipse.exe。

Eclipse 默认是英文界面，如果习惯用中文界面可以安装 Babel 插件。

从 http://www.eclipse.org/babel/downloads.php 可下载支持中文的语言包。可以下载 Babel 语言包压缩文件，然后解压 Babel 语言包到 Eclipse 安装文件夹中。

第一次启动时，需要设置自己的工作路径。工作路径可以设定在一个硬盘剩余空间比较大的盘符下，例如 D:\workspace。

演员唱戏的时候，每出戏有不同的舞台背景。在 Eclipse 中，开发和调试程序时使用的窗口布局方式也不一样。Eclipse 平台采用透视图来管理窗口布局的方式。

达・芬奇从画蛋开始学画画。而我们这里先从控制台程序开始学习写 Java 程序。在控制台输出一个值可以使用 System.out.println。

Eclipse 把软件按项目管理。每个 Java 项目位于一个单独的路径下。源代码位于 src 子路径。这里的 src 是 source 的缩写。根据源代码编译出来的二进制文件 class 位于 bin 子路径下。这里的 bin 是 binary 的缩写。

新建一个 Java 项目后，在这个项目的 src 路径下新建一个叫做 Hello 的 Java 类：

```
public class Hello{
    public static void main (String args[]) {
```

```
        System.out.println("你好");
    }
}
```

单击工具栏上的“运行”按钮，将会执行这个类。在Eclipse的控制台视图输出“你好”这两个字。

在Eclipse 3.7中，输出的中文字体小，根本看不见。可以打开Eclipse的preferences，选择General→Appearance→Colors and Fonts选项，打开basic，双击Text Font，然后设置字体大小，比如从10号改成12号或者14号。

如果答错题了，老师会在题目上打个红叉。如果源代码有错误，Eclipse会在对应的行的左边显示一个小红叉。单击左边的小红叉，Eclipse会自动提示如何改错。例如，如果需要导入类的声明，会自动导入类生成语句import。

如果解答可能有问题，老师会在答案上画一个问号。Eclipse会用黄色的感叹号提示可能有问题的代码行。编程生涯成熟的部分标志是不屈不挠地坚持诚实，所以要力求理解编译器的警告信息，而不是对其置之不理。

如果要从外部导入一个项目，需要先删除同名的项目，并且确保硬盘上对应的位置没有这个目录，然后再导入项目文件。

混乱的环境容易滋生病菌。混乱的源代码容易滋生错误。Eclipse能够自动整理源代码的格式。这个功能就是Source一级菜单下的Format选项。

有个方法名字起的不好，想换个名字，但是很多地方引用了这个方法，一个一个地重命名太慢。改姓名要去派出所，对变量重命名叫做重构。所以在上下文菜单中有“重构”→“重命名”命令。

术语： Refector重构。即使是当初设计良好的程序，随着少量新功能的不断增加，它们也会逐渐失去设计良好的结构，最终变成一大团乱麻。你写了一个能很好完成特定任务的小程序，接着用户要求增加程序的功能，程序会越来越复杂。尽管你努力地注意设计，但随着工作的增加，程序更复杂，这种情况仍然会发生。出现这种情况的一个原因是，当在一个程序中增加新功能时，你是在一个已存在的程序上面做工作，而通常这个程序原本没有这样的设计考虑。在这种情况下，你可以重新设计已存在的程序以更好地支持改变，或者在工作增加时解决它们。虽然在理论上，重新设计会比较好一些，但是因为对已存在程序的任何改写都会引入新的错误和问题，所以常常会导致额外的工作。记住一个古老的工程学格言：“如果它不会崩溃，就不要修改它。”然而，如果不重新设计程序，增加功能将会比它们原先的设计要复杂得多。逐渐地，额外的复杂性将引起高昂的代价。因此要有一个平衡：重新设计会引起短痛，但可以带来长期的好处。由于进度压力，大部分人更愿意将其痛苦推迟到将来。重构是一个描述降低重新设计短期痛苦的技术术语，重构的时候，不是改变程序的功能，而是改变其内部结构，使得它更容易理解和修改。重构的改变通常是小步骤的。例如，重命名方法、将一个属性从一个类转移到另一个类，或者在超类中合并两个相似的方法。每一步都是很微小的，然而在许多这样的小步骤中，可以给程序带来很大的好处。

除了使用 Eclipse，还可以使用 NetBeans 集成开发环境。NetBeans 的优点是插件基本都有了。如果用 Eclipse，安装插件会比较麻烦，特别是网速慢的时候折磨人。

如果天下雨了，就带伞。伪代码可以写成：

```
if(天下雨了) 带伞;
```

想去看电影，拿一张白纸计算要花多少钱。假设买票要花 12 元，往返公交车费共 2 元，还有 4 元买一瓶水。用程序来计算：

```
System.out.println(12 + 2 + 4);
```

这样一行代码就能计算并显示出结果。

第一个计算花费的 Java 程序完整版本如下：

```
public class Paper{
    public static void main(String args[]) {
          System.out.println(12 + 2 + 4);
    }
}
```

这个程序到底做了些什么？首先，源代码定义了一个叫做 Paper 的类，然后程序从 main 方法开始执行。注意不要把方法名 main 及其定义写错了，否则就没有执行入口了。就好像在答题卡上划答案，要在指定区域内涂答题卡。

把要运行的代码写在大括号{和}限定的范围内。为了让代码行数少，显示器上能够一屏多显示一些代码，往往把{写在一行的结束位置，而不是新起一行。

println 是一个方法，参数在小括号中。小括号()对于像小孩这样手小的人不好输入，可以左手按住左边的 Shift，右手按“(”或者“)”。

看足球实况转播需要有解说评论。同理，源代码也需要有说明信息，可以用注释说明。可以把注释写在一行的最后，叫做行注释。从//以后一直到这行结束为止都是注释信息。例如下面的例子：

```
public class Paper{
    public static void main (String args[]) {
          //买票要花 12 元，往返公交车费共 2 元，还有 4 元买一瓶水
          System.out.println(12 + 2 + 4);
    }
}
```

如果注释跨越多行，可以使用块注释/*......*/。此外还有文档注释：/**......*/。可以使用 Javadoc.exe 来产生 Java Doc 帮助文档，会把文档注释放在 Java Doc 帮助文档中，它是 Java 中特有的注释。

```
/** 类的说明
   版权信息
   作者姓名
   联系方式 */
public class Paper{
    public static void main(String args[]) {
          //买票要花 12 元，往返公交车费共 2 元，还有 4 元买一瓶水
          System.out.println(12 + 2 + 4);
    }
}
```

Eclipse 中有专门的快捷键用来增加或者去掉块注释。增加块注释使用快捷键 Ctrl+Shift+/，去除块注释的快捷键是 Ctrl+Shift+\。

真正的大师级程序员所编写的代码是十分清晰易懂的，而且他们注意建立有关文档。他们也不想浪费精力去重建本来用一句注释就能说清楚的代码段的逻辑结构。

1.2.3 IDEA 集成开发环境

除了免费的 Eclipse，还有商业版本的 IDEA(http://www.jetbrains.com/idea/)。IDEA 是业界公认的最好的 Java 开发工具之一，尤其在智能代码助手、代码自动提示、重构、J2EE 支持、代码审查、创新的 GUI 设计等方面的功能可以说是超常的。IDEA 内置对构建工具 Maven 和 Gradle 的支持。

IDEA 借鉴 Maven 的概念，不再采取 Eclipse 里 Project 的概念，一切都是 Module。无论是否使用 Maven，你的项目都是一个独立的 Module。并且你可以混搭使用 Maven Module 和普通的 Java Module，两者可以和谐共存。

可以说 Maven 的项目结构设计是非常严格的，现实应用中你必须用到父项目依赖子项目的模式。Eclipse 由于不支持在一个项目上建立子项目，因此无论如何目前都不能实现。IDEA 可以完美地实现这个设计，并且无论是 Module 属性里，还是彼此的依赖性上都不会出现问题。

比起 Eclipse 通通放进右键菜单的行为，IDEA 有着单独的窗口可以完成 Maven 的操作。你可以针对不同 Module 进行 Clean Compile Package Install 等操作。

由于 Maven 会把所有依赖的包放在本机的一个目录下，所以实际上是脱离项目本身存在的。IntelliJ IDEA 引入了一个 External Library 的概念，所有的 Maven 依赖性都会放在这里，和项目自带的库区分开。并且 Module 之间会智能地判断，你不需要使用 Maven Install 来进行引用代码的更新。

每当 Maven 相关的设置更改时，例如修改了 pom 的依赖性，添加或删除 Module，IDEA 会提示你进行更新。这种更新实际上就是运行了 Maven，所以你不需要手动运行 Maven Compile 来进行更新。

为了防止控制台输出的中文显示为乱码，可以在 HELP→Edit Custom VM OPtions 菜单中加入-Dfile.encoding=utf-8 参数，然后重启 IDEA。另外，可以设置项目的默认编码为 UTF-8。

IDEA 的配置信息默认保存在 C 盘，如果需要修改配置信息所在的路径，可以修改文件 idea.properties：

```
idea.config.path=E:/soft/.IdeaIC/config
idea.system.path=E:/soft/.IdeaIC/system
```

IDEA 是 JetBrains 公司的产品，这家公司总部位于捷克共和国的首都布拉格，开发人员以严谨著称的东欧程序员为主。

1.3 本章小结

软件开发工作和一般工作的不同之处在于：很多人做着同样的工作，但没有两个人需要写同样的代码，除非是为了练习。也没有人需要在不同的时间写同样的代码。这样就导致大多数人都采取跟随策略，变革不易。

写文章，每句话之间不能任意跳转，要有连贯性，写代码也一样，要有良好的逻辑和结构。否则以后没法读懂，不方便维护。不能维护的一个后果是不得不把已经写过的代码重新再写一遍。

需要学会使用合适的工具让开发更顺利。需要了解 Java 基本原理，这样才能深入的创新。

因为 JVM 是独立于编程语言的，所以除了 Java，还有 Scala 这样的高级语言使用 JVM。

第 2 章　结构化程序设计

往往知识还没学完，就已经过期了。所以要学会在行进中行动。不是把 Java 中所有的关键词都学会了，才能开始写第一个程序。结构化程序设计很基础，学会了以后，可以直接用它实现一些算法和功能。虽然 Java 是一个面向对象的计算机语言，但也可以用它来写结构化程序。在这里介绍 Java 中的结构化程序设计子集，争取达到边学边用的效果。

小李没有基础，所以先从结构化程序设计开始学。结构化程序设计的方法是把一个问题分成多个子模块，然后按模块分别实现。例如，要把一个文件夹下的文本分成不同的类别，可以按下面的子模块分别实现：

- 把文件从硬盘读入到内存；
- 根据分类特征词是否在一个文本中出现来对文本分类；
- 根据类别把文本放到不同的路径下。

2.1　基本数据类型

这里介绍几种基本的数据类型及其对应的运算符。

对文本分类要用到文本类型。最基本的文本类型是单个字符。用单引号包围的是一个字符。

```
System.out.println('H'); //输出 H
```

双引号中就是一个字符串类型。例如：

```
System.out.println("Hello"); //输出 Hello
```

计算机擅长做数学计算，例如做四则运算。早期的一些计算机甚至就是个加法器。最常见的数值类型是整数类型 int。比如整数型字面值 100。

```
System.out.println(100); //输出 100
```

四则运算用到的四个二元算术运算符是：+(加)、-(减)、*(乘)、/(除)。这里的乘法符号是星号。两个操作数 a 和 b 参与的运算如表 2-1 所示。

表 2-1　基本算术运算符

运算符	用　法	描　述
+	a + b	将 a 和 b 相加
+	+a	如果 a 是一个 byte、short 或者 char 类型，则将它转换为 int 类型
-	a - b	将 a 减去 b
-	-a	算术取反 a
*	a * b	将 a 和 b 相乘

续表

运算符	用法	描述
/	a / b	将 a 除以 b
%	a % b	返回 a 除以 b 所得的余数(换句话说，这是取模运算符)
++	a++	使 a 增 1；在增量之前计算 a 的值
++	++a	使 a 增 1；在增量之后计算 a 的值
--	a--	使 a 减 1；在减量之前计算 a 的值
--	--a	使 a 减 1；在减量之后计算 a 的值

整数的加减乘除运算代码：

```
System.out.println(5+2); //输出 7
System.out.println(5-2); //输出 3
```

一份盖饭 13 元，计算 2 份盖饭的总价：

```
System.out.println(13*2); //输出 26
```

桃子 2 斤 5 块钱，计算每斤多少钱：

```
System.out.println(5/2); //输出 2
```

为什么 5 除以 2 不等于 2.5 而等于 2 呢？因为参与运算的数都是整数，所以输出结果也返回整数，结果向下取整了。小数类型的运算往往使用 double 类型。例如：

```
System.out.println(5.0/2.0); //输出 2.5
```

例如 3～5 年的中长期贷款年利率是 6.90%。按照复利，亦即通常所说的“利滚利”方式计算还款总额。借 1 万元，5 年后，需要还 $10000*(1+0.069)^5$ 元。用程序表示如下：

```
double total = 10000*(1+6.9/100)*(1+6.9/100)*(1+6.9/100)*(1+6.9/100)*(1+6.9/100);
System.out.println("总还款数："+total); //一共要还银行 13960 元
```

数学运算符除了加、减、乘、除，还有取余数。例如，5 除以 2，余数是 1。
可以这样写：

```
System.out.println(5%2); //5 除以 2 余 1，所以输出 1
```

术语： Primitive Data Types 基本数据类型包括整数和浮点数以及字符类型等。

2.2 变　量

一个变量相当于一个代词，用来指代一个数据结构。代词“他”可以用来指任何一个男性。代词“她”可以用来指任何一个女性。电影中的演员出场时，往往先用字幕显示出名字。Java 中所有的变量都必须先定义再使用。定义一个变量时，要指定这个变量的数据类型。例如，定义一个整型变量：

```
int index; // 用来存位置
```

就好像人的名字一样，变量的名字也要起得有意义，这样才能让人不容易错误地使用。

变量名不能使用保留字，例如变量名本身不能叫做 int。变量名中也不能包含空格或者分号等有特殊作用的符号，而且不可以用数字开头。例如下面的变量不能通过编译：

```
int 6room; //可以用作网站域名，但是不能用作变量名
```

可以使用美元符号作为变量名。

```
int $; //Java 世界可以接收美元
```

虽然变量名可以是中文，例如：

```
int 计数器;
```

但是为了与第三方开发工具兼容，变量名中最好不要包括中文，只用英文或者数字以及下划线。

可以用表达式的值给变量赋值。

```
<变量> = <表达式>;
```

例如，在定义了 index 变量以后，用下面的赋值语句给 index 赋值：

```
index = 10 + 1;
```

赋值语句本身可以作为一个常量用。例如：

```
System.out.println(index = 10 + 1);  //输出 11
```

变量要声明它是什么类型的。不能不定义就直接使用它。例如：

```
age = 80; //如果 age 没有在任何地方定义，就不能使用它
```

虽然可以在运行时推断出来它的类型，但是，有时候如果程序不运行起来，就很难看出来变量的类型。

声明变量的同时，可以给它赋初始值：

```
int index = 1; // 位置是 1
```

因此，变量的声明格式为：

```
type identifier[=value][,identifier[=value]… ];
```

为了让信息尽量局部化，不牵扯十年前陈芝麻烂谷子的事情，要尽可能在定义变量的同时初始化该变量。

有时候需要把一些随机的数均匀地分配到 n 个不同的格子里去，这时候可以对 n 取余数以观察剩余量。例如：

```
int n = 100;
int x = 3050;
System.out.println(x%n); //3050 除以 100 余 50，所以输出 50
```

可以同时声明多个相同类型的变量。例如：

```
int a, b, c; //除非这三个变量的作用类似，否则不建议这样使用
```

狗窝是给狗住的地方，不是给一个正常人住的地方。Java 语言类似文明社会使用的优雅语言，不能在不同类型的变量之间直接赋值。可以把一只活鸭转换成一只烤鸭，但是不能把一条蛇转换成一只乌龟。但可以把一个变量强制转换成另外一个类型。例如：

```
int x = (int)(d + 1.6);
```

一个基本数据类型的变量不会有初始值。变量要先有值才能参与运算。例如：

```
int age;
age = age + 7; //不会通过编译
```

2.2.1 表达式执行顺序

先有鸡还是先有蛋，有时候是一个需要考虑的问题。一个复杂的表达式，不同的执行顺序可能导致不同的结果。

Java 语言规定了运算符的优先级与结合性。优先级是指同一表达式中多个运算符被执行的次序，在表达式求值时，先按运算符的优先级别由高到低的次序执行，例如，算术运算符中采用“先乘除后加减”。如果在一个运算对象两侧的优先级别相同，则按规定的“结合方向”处理，称为运算符的“结合性”。Java 规定了各种运算符的结合性，如算术运算符的结合方向为“自左至右”，即先左后右。Java 中也有一些运算符的结合性是“自右至左”的。

二元运算符左边的操作数要在右边的操作数的任何部分进行评估之前，先进行充分的评估。例如，如果左边的操作数包含给一个变量的赋值，而右边的操作数包含对这个变量的引用，然后引用产生的值将反映赋值首先发生的事实：

```
int i = 2;
int j = (i=3) * i;
System.out.println(j); //输出: 9
```

不允许它输出 6，而只能输出 9。

乘和除比加和减有更高的优先级。同一优先级运算，从左向右依次进行。可以用小括号改变计算优先级。例如：

```
i = (10+5)/5;
```

加法比位移有更高的优先级：

```
int index = 1;
System.out.println(index<<1+1);     //输出: 4
System.out.println((index<<1)+1);  //输出: 3
```

往往测试后才发现，位移操作的优先级竟然不如加法。

乘法满足结合率，而减法则不是。例如，$(x*y)*z$ 等于 $x*(y*z)$，而(3−2)−1 不等于 3−(2−1)。

2.2.2 简化的运算符

如果参与运算的第一个操作数和接收返回值的变量是同一个，则可以使用简化写法。例如，可以把 $x = x+ y$; 简写成 $x += y$;。这里的+=是组合赋值运算符。类似的简化写法还有很多，完整的运算符列表如表 2-2 所示。

表 2-2　组合赋值运算符

运 算 符	运算符类型	说　明
+=	算术或者字符串运算符	相加并赋值。x += y; 等价于 x = x + y;
-=	算术运算符	相减并赋值。x -= y; 等价于 x = x - y;
*=	算术运算符	相乘并赋值。x *= y; 等价于 x = x * y;
/=	算术运算符	相除并赋值。x /= y; 等价于 x = x / y;
%=	算术运算符	取余并赋值。x %= y; 等价于 x = x % y;
<<=	移位运算符	左移并赋值。x <<= y; 等价于 x = x << y;
>>=	移位运算符	右移并赋值。x >>= y; 等价于 x = x >> y;
&&	逻辑运算符	逻辑与并赋值。x &&= y; 等价于 x = x && y;
||=	逻辑运算符	逻辑或并赋值。x ||= y; 等价于 x = x || y;
|=	位运算符	位或并赋值。x |= y; 等价于 x = x | y;
&=	位运算符	位与并赋值。x &= y; 等价于 x = x & y;
^=	位运算符	位异或并赋值。x ^= y; 等价于 x = x ^ y;

电视遥控器上有个按钮用于频道号加 1，还有个按钮用于频道号减 1。JVM 指令集中有一个叫做 iinc 的指令，用于将指定的整型变量增加指定值。如果只需要加 1，还可以更简单，使用++运算符：

```
++index;    //相当于 index += 1;
```

++叫做自增运算符。先加，然后再参与后续运算，所以叫做前自增。此外还有先参与后续运算，然后再加：

```
i++;      //后自增
```

指令集中的 iinc 指令将指定的整型变量增加-1，也就是减 1。对应地，如果只需要减 1，还有自减运算符：

```
i--;      //后自减
```

自增运算++比+有更高的优先级。另外，从左到右计算表达式。对于二元操作符来说，两个操作数都先算出来后，再算它的结果。所以：

```
int i=2;
i = ++i + ++i + ++i;
System.out.println(i);        //输出 12
```

这个长表达式的计算过程是：

```
i = (((++i) + (++i)) + (++i));
i = ((3 + (++i)) + (++i));  // i = 3; 第一个加号的第一个操作数
i = ((3 + 4) + (++i));      // i = 4; 第一个加号的第二个操作数
i = (7 + (++i));            // i = 4;
i = (7 + 5);                // i = 5; 加号的第二个操作数
i = 12;
```

如果把其中的前自增改成后自增，则代码变成了：

```
int i=2;
i = i++ + i++ + i++;
System.out.println(i);       //输出 9
```

这个表达式的计算过程是：

```
i = (((i++) + (i++)) + (i++));
i = ((2 + (i++)) + (i++));          // i = 3; 第一个加号的第一个操作数
i = ((2 + 3) + (i++));              // i = 4; 第一个加号的第二个操作数
i = (5 + (i++));                    // i = 4;
i = (5 + 4);                        // i = 5; 加号的第二个操作数
i = 9;
```

假设有很多商品，给每个商品一个编号。整型变量 no 记录已经编到的最大值，新来一个商品则把新商品的编码设为 no，然后 no 再加 1。这时候可以使用自增运算符++：

```
int no = 0;          //记录编号的最大值
no++;                //每次加 1
```

增加一个元素，则指示器的值增加一个；减少一个元素，则指示器的值减少一个。所以也存在自减运算符--。

2.2.3 常量

有一种特殊的变量，从程序运行开始，值一直不变。一般把值不会改变的变量声明成 final 类型的，表示以后不会再修改它。例如，定义万有引力常量 G：

```
final double G = 9.8;
```

下面这样的代码则无法通过编译。

```
final double G = 9.8;
G = 10.0; //不能再次赋值给 final 修饰的变量，所以这行无法通过编译
```

对 final 修饰的变量，只能赋值一次。例如：

```
final String doubleQuote = quote + quote;
```

在其他地方变量 doubleQuote 的值是只读、不能修改的。

如果你正在使用一个子程序调用中产生的数，如果这个数可预先算出，就把它放入常量以避免调用子程序。同样的原则适用于乘法、除法、加法和其他操作。

2.3 控制结构

完成一件事情要有流程控制。例如，理发三个步骤：洗头、剪发、吹干。这是顺序控制结构。

一般把顺序执行的代码放在{}中，叫做一个代码块。例如：

```
{
  double total = 10000*(1+6.9/100)*(1+6.9/100)*(1+6.9/100)*(1+6.9/100)*(1+6.9/100);
```

```
    System.out.println("总还款数: "+total); //一共要还银行 13960 元
}
```

这两个花括号是上下对应的。在 Eclipse 中，选中一个花括号，会自动提示出另外一个花括号的位置。

剪发前看这个人是需要剪短发还是留长一点，剪短就用推子，头发留长一些就用剪子。这是选择控制。可以使用条件判断来实现选择控制。

2.3.1 语句

一个语句是一个 Java 解释器执行的命令。语句默认是按顺序执行的，也有些改变默认执行顺序的流程控制语句。

一个有效的句子以标点符号结尾。一个有效的 Java 表达式语句以分号结尾。在表达式后边加上分号“;”，就是一个表达式语句。表达式语句是最简单的语句，它们被顺序执行，完成相应的操作。经常使用的表达式语句有赋值语句和方法调用语句。例如：

```
a = 1;                                //赋值语句
x *= 2;                               //运算并赋值
i++;                                  //后自增
--c;                                  //前自减
System.out.println("语句");           //方法调用
```

商家为了提高销量，把牙膏牙刷打包在一起卖。有些语句也需要在一起执行。包含在一对大括号“{}”中的任意语句序列叫做复合语句，前面也叫做代码块，也可以称为块语句。与其他语句用分号作结束符不同，复合语句右括号“}”后面不需要分号。

可以把复合语句看成是匿名程序块，而方法则是有名字的程序块。

基本数据类型的作用域不超过它所在的复合语句。例如下面的代码不能通过编译：

```
{
   int index; // 复合语句中定义的变量
} // index 变量的作用域到此为止了
System.out.println(index = 10 + 1); //不能接触到 index 变量了
```

2.3.2 判断条件

招聘单位根据是否符合条件来招人。程序中根据布尔类型来决定是否执行某段代码。

布尔类型只有两个取值：true 和 false。true 和 false 也叫做字面值。可以通过 System.out.println 把字面值的运算结果显示到控制台。

> **术语：** boolean 布尔类型。表示逻辑状态 true 或 false。

布尔类型可以执行条件运算。条件运算符最常用的是与运算符&&、或运算符||、非运算符!。完整的条件运算符列表如表 2-3 所示。

例如，这里使用字面型操作数计算：

```
System.out.println(true && true); //与运算，输出 true
System.out.println(true || false); //或运算，输出 true
```

表 2-3　条件运算符

运 算 符	用　法	返回 true，如果……
&&	a && b	a 和 b 同时为 true。有条件地计算 b(如果 a 为 false，就不必计算 b 了)
||	a || b	a 或者 b 为 true。有条件地计算 b(如果 a 为 true，就不必计算 b 了)
!	!a	a 为 false
&	a & b	a 和 b 同时为 true。总是计算 b
|	a | b	a 或者 b 为 true。总是计算 b
^	a ^ b	a 与 b 不同(当 a 为 true 且 b 为 false，或者反之时为 true，但是不能同时为 true 或 false)

可以把复杂的布尔表达式打碎成一系列简单的表达式。以下是几个有用的等价式：

```
!(p || q)   =>  !p && !q
!(p && q)   =>  !p || !q
p || (q && r)    =>  (p || q) && (p || r)
p && (q || r)   =>   (p && q) || (p && r)
```

在计算所有的部分之前，JVM 可能已经知道一个布尔表达式的结果。一旦结果已经知道后，它就会停止评估。就好像电路一旦短路，其他的电阻就失去了意义。所以这叫做短路评价。例如：已经计算过的(true || false)。整个条件是真，因为第一个操作数是真，所以根本不会检查第二个操作数。

使用关系运算符和条件运算符作为判断依据。关系运算符返回一个布尔值。关系运算符完整的列表如表 2-4 所示。

表 2-4　关系运算符

运 算 符	用　法	返回 true，如果……
>	a > b	a 大于 b
>=	a >= b	a 大于或等于 b
<	a < b	a 小于 b
<=	a <= b	a 小于或等于 b
==	a == b	a 等于 b
!=	a != b	a 不等于 b

例如：

```
System.out.println(3>1);          //输出 true
System.out.println(6==6.0);       //输出 true
```

2.3.3　三元运算符

符号函数根据输入的数返回两个不同的值，正数返回 1，负数返回 0。抽象来说，就是根据测试条件返回不同的值。

如果用一个运算符来实现，则有三个操作数：输入条件、真值和假值。因为有三个操作数，所以叫做三元运算符。输入条件后面是个问号，真值和假值之间用冒号隔开。例如，用三元运算符实现符号函数：

```
int hist = 100;
long t = (hist>=0)?1:0;
System.out.println(t); //输出 1
```

三元运算符抽象的形式是：

```
条件?真值:假值
```

如果符合条件则返回真值，否则返回假值。

三元运算符会自动扩展返回值，例如：

```
int x=4;
System.out.println((x>4)?99.0:9); //输出 9.0
```

这个运算符适合这样的简单赋值语句，但如果要根据比较结果执行大量代码，就不能用它，要用 if 语句。

2.3.4　条件判断

经常需要根据条件判断是否去做某件事情。如果下雨，出门就要带伞。要判断的条件是一个布尔表达式，写在小括号中。要执行的语句写在大括号中。如下所示：

```
boolean rain = true;
if(rain){
  System.out.println("要带伞");
}
```

如果条件是真就是 true，注意不要错误地拼写成 ture。如果条件是假，就是 false。if 后面的表达式必须是布尔表达式，而不能是数字类型，例如不能是：if(1) ...。

简单 if 格式化的语法是：

```
if(布尔表达式) {
    程序语句块; //如果布尔表达式为 true，执行此句
}
```

如果程序语句块中只有一条语句，其外大括号“{}”可省略不写，否则不能省略。

可以在循环判断语句中给变量赋值，例如下面这段代码虽然通过编译，却是错误的：

```
double x = -32.2;
boolean isPositive = (x > 0);
if (isPositive = true)
  System.out.println(x + " 是正数"); // 输出-32.2 是正数
else
  System.out.println(x + " 不是正数");
```

这里在应该写==操作符的地方，错误地使用了赋值操作符=。因为赋值语句可以当作表达式本身的计算结果值来使用，所以 if 判断一直都会成立。执行上面的代码，会输出“-32.2 是正数”。更好的写法是：

```
if (isPositive)
  System.out.println(x + " 是正数");
```

```
else
  System.out.println(x + " 不是正数");
```

但有时候往往不仅仅满足一个条件就行，有很多条件，都要满足才行。可以用&&连接多个要同时满足的条件。例如找 30～40 岁之间的人：

```
int age = 100;
if(age>=30 && age <=40){ //两个条件：年纪不小于 30 岁并且年纪不大于 40 岁
  System.out.println("人到中年");
}
```

判断两个区域是否重叠：

```
( start1 <= end2 && start2 <= end1 )
```

有很多条件，满足任意一个条件就可以。可以用||连接多个条件。例如“不管你信不信，反正我是信了”，用代码实现如下：

```
if(you.believe(it)==true || you.believe(it)==false){
  I.believe(it);
}
```

还可以简写成下面的形式：

```
if(you.believe(it) || !you.believe(it)){
  I.believe(it);
}
```

具体执行的时候，只要第一个判断条件满足了，就不会再执行第二个判断条件。所以有时候会这样写：

```
if( key==null || value==null ) return false;
```

满足一个条件做一件事情，不满足这个条件则做另外一件事情。例如，如果年纪大于 18 岁，则允许去网吧，否则不允许：

```
int age = 10;
if(age>=18){ //判断是否成年人
  System.out.println("允许去网吧");
}else{
  System.out.println("未成年人不允许去网吧");
}
```

if-else 的语法是：

```
if(布尔表达式) {
    程序语句块; //如果布尔表达式成立，则执行此句
} else {
    程序语句块; //如果布尔表达式不成立，则执行此句
}
```

希望就在拐角处，也许一次失败只是运气不好而已，所以经常多试一个条件。如果应聘 A 公司成功，则去 A 公司工作，否则如果应聘 B 公司成功，则去 B 公司工作：

```
boolean okA = false;     //应聘 A 公司失败
boolean okB = true;      //应聘 B 公司成功
```

```
if(okA){                    //如果满足条件 A
  System.out.println("去 A 公司工作");
}else if(okB){              //如果不满足条件 A，再试条件 B
  System.out.println("去 B 公司工作");
}
```

往往要根据多个条件判断的结果来执行不同的语句。如果有多个条件，最好写成 else if 的形式。例如：

```
int a=10;
int b=20;

if (a==b)
   System.out.println("相等");
else if(a>b)
    System.out.println("大于");
else
    System.out.println("小于");
```

为了便于理解，可以用图形化的方式说明这个过程。用菱形表示决策，四方形表示过程。上述判断的流程如图 2-1 所示。

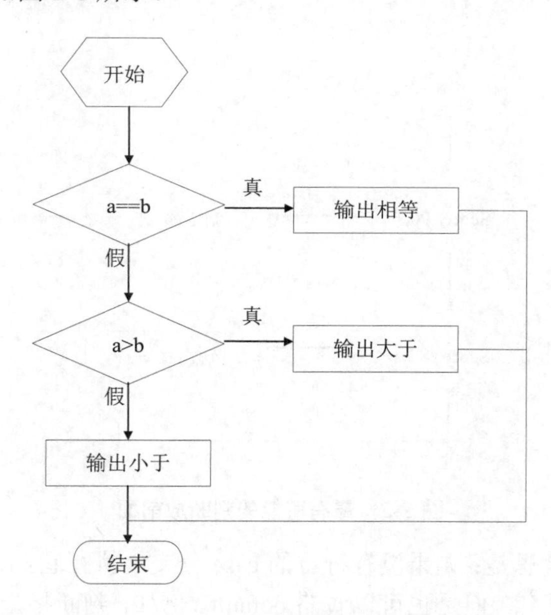

图 2-1　条件判断流程

购物网站往往把最热门的商品放在首页。为了快速执行程序，把最有可能的判断放前面。例如，如果大部分分数都是 90 分以上，则图 2-2 这样的判断顺序是合适的。

除了 else if 语句，还可以用 switch 语句实现多条件分支。例如：将用 0～6 数字表示的星期，转换为用中文表示的星期几：

```
int weekDay = 0; //数字表示的星期
switch (weekDay) {
case 0:
    System.out.println("星期日");
```

```
        break;
case 1:
        System.out.println("星期一");
        break;
case 2:
        System.out.println("星期二");
        break;
case 3:
        System.out.println("星期三");
        break;
case 4:
        System.out.println("星期四");
        break;
case 5:
        System.out.println("星期五");
        break;
case 6:
        System.out.println("星期六");
        break;
default:
        System.out.println("输入的值不是一个有效的星期");
}
```

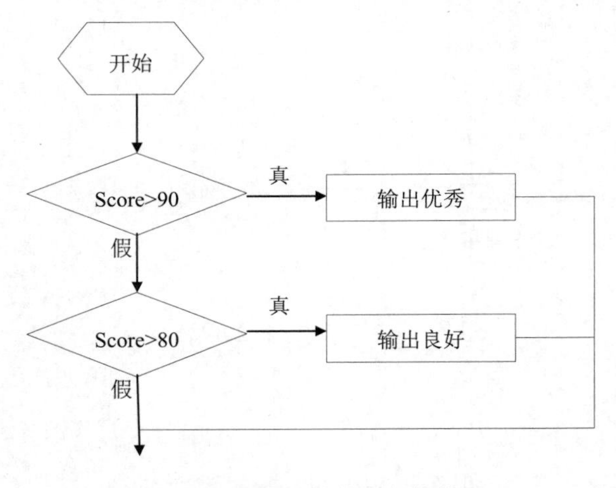

图 2-2　最有可能的判断放前面

这里的 default 的意思是：如果没有符合的 case 分支就执行它，所以在 switch 语句中最多只能有一个 default 子句，但是也可以省略 default。例如，判断指定字符是否为空白字符。如果是空白字符，则返回 true，如果不是空白字符，就返回 false：

```
public static boolean isSpaceChar(char c){
     switch (c) {
        case '\r':
        case '\t':
        case '\n':
        case '\0':
        case ' ':
            return true;
     }
     return false;
}
```

假如遇到 break 语句，就退出整个 switch 语句，否则依次执行 switch 语句中后续的 case 子句，不再检查 case 表达式的值。

在某些情况下，假如若干 case 表达式都对应相同的流程分支，则可以省略一些 break 语句。例如：

```
int weekDay = 0; //数字表示的星期
switch (weekDay) {
  case 0:
      System.out.println("休息日");
      break;
  case 1:
  case 2:
  case 3:
  case 4:
  case 5:
        System.out.println("工作日");
        break;
  case 6:
        System.out.println("休息日");
        break;
  default:
        System.out.println("输入的值不是一个有效的星期");
}
```

switch 语句的基本语法是：

```
switch(expr) {
   case value1:
      statements;
      break;
   ...
   case valueN:
      statements;
      break;
   default:
      statements;
      break;
}
```

switch 语句的功能也可以用 if-else 语句来实现。

安排判断先后次序，使执行速度最快、逻辑值最可能为真的判断放在最前面执行，这种安排次序应该和正常情况相吻合，如果运行效率低，说明有例外现象。这个原则可以应用于 case 语句和 if-else 语句。

在一些情况下，查表法可能比沿着复杂的逻辑判断链执行更快。可以考虑用查表法代替复杂判断。

2.3.5　循环

使用复印机复印一个证件，可以设定复制的份数。例如，复制 3 份拷贝。在 Java 中，有几种方法可以实现多次重复执行一个代码块。

每一次在执行循环代码块之前，根据循环条件决定是否继续执行循环代码块，当满足循环条件时，继续执行循环体中的代码。在循环条件之前写上关键词 while，就是“当”的意思。

多次复制拷贝可以写成这样：

```
int n = 3; //复制 3 份拷贝
int i = 1; //控制循环次数的循环变量
while (i <= n) { //测试继续执行的条件
  System.out.println("复制第"+i+"份..."); //复制一遍指定的证件
  i++; //循环计数器加 1
}
```

运行程序后，在控制台输出结果：

```
复制第 1 份...
复制第 2 份...
复制第 3 份...
```

这里使用了一个整数变量 *i* 作为复印次数的计数器。

while 就是“当满足循环条件时，继续执行循环代码块”的意思，所以这样的循环叫做 while 循环。可使用 while 循环实现重复执行一些语句的操作。

很多 MP3 播放器有个重复播放键，可以反复播放一首歌。对应下面的这段代码：

```
while (true) {
  play(); //播放指定的歌曲
}
```

贷款年利率是 6.90%。借 1 万元，计算 5 年后总还款数的程序：

```
double total = 10000; //本金

int n = 5;
int i = 0;  //控制循环次数的循环变量，通常在 while 循环之前先初始化循环变量
while (i < n) {
  total *= (1+6.9/100); //多一年的利息
  i++;
}
System.out.println("总还款数："+total); //一共要还银行 13960 元
```

while 循环语句的语法格式为：

```
while (布尔条件表达式) {
    语句序列;
}
```

如果循环体中只有一条语句，则其外大括号“{}”可省略不写，否则不能省略。布尔条件表达式是每次循环开始前进行判断的条件，当条件表达式的值为真时，执行循环；否则退出循环。while 循环的流程如图 2-3 所示。

循环的条件是一个具有 boolean 值的条件表达式，也就是布尔条件表达式，可以在循环判断语句中给变量赋值。例如：

```
int i=10;
int n=21;
while((i=i+1)<n) //给变量赋值
   System.out.println("中间值 i="+i);
```

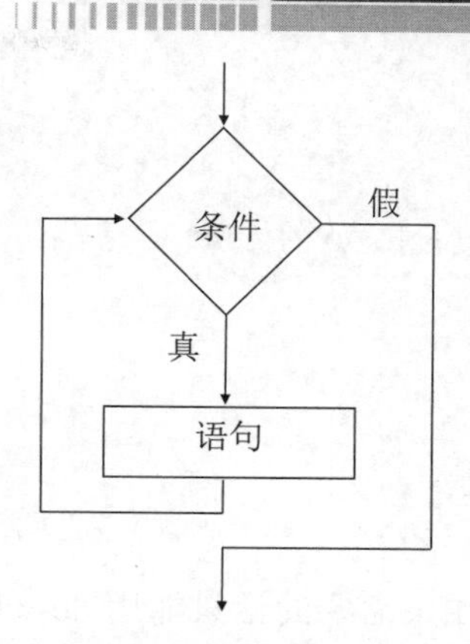

图 2-3　while 循环的流程

这里的“=”用来给变量赋值，而不是相等判断“==”。这个循环输出 11～20 之间的值。

作为循环体的语句序列可以是简单语句、复合语句或其他结构语句。

while 循环的执行过程：首先计算条件表达式的值，如果为真，则执行后面的循环体，执行完后，再开始一个新的循环；如果为假，则终止循环，执行循环体后面的语句。

while 语句的循环体可以为空。例如：

```
int i=100,j=200;
while(++i<--j);
System.out.println("中间值 i="+i);
```

可以在循环体中的任何位置放置 break 语句来强制终止 while 循环——随时跳出 while 循环。break 语句通常包含于 if 语句中。可以在循环体中的任何位置放置 continue 语句，在整个循环体没有执行完就重新判断条件，以决定是否开始新的循环。continue 语句通常包含于 if 语句中。例如，计算 1～100 之间所有奇数之和：

```
int a = 1;
int sum = 0;  //存放求和的结果
while (true) {
    if (a % 2 == 0) {
        a++;
        continue; //继续下次循环
    }
    sum += a;
    a++;
    if (a >= 100)
        break;  //退出循环
}
```

有的餐厅可以先吃了再付款，有的则是先付款再吃。do-while 是先执行循环体中的语句，后判断循环条件。do-while 循环的格式如下：

```
do {
    statement(s)
} while (expression);
```

注意，这里的 while 条件后有个分号。例如，使用 do-while 语句实现 1+2+3+…100：

```
int sum = 0;
int k = 1;
```

```
do {
    sum = sum + k;
    k = k + 1;
} while (k <= 100);
System.out.println("从 1 加到 100 的值为" + sum); //输出：5050
```

do-while 的用法：

```
[初始化部分]
do{
    循环体,包括迭代部分;
}while(循环条件);
```

Java 里没有 do-until 循环，如果需要的话只能用 do-while 代替。

上面的循环中有个每次加 1 的循环变量，可以用 for 循环简化写法。for 语句中有三个子句：

- 在循环开始之前执行初始化语句，通常在这里初始化循环变量。
- 在每次循环之前，测试条件表达式。如果条件表达式的值为 false，就不会执行循环(和 while 循环一样)。
- 在循环体执行后，执行迭代语句。一般在这里增加循环变量的值。

for 循环的流程如图 2-4 所示。

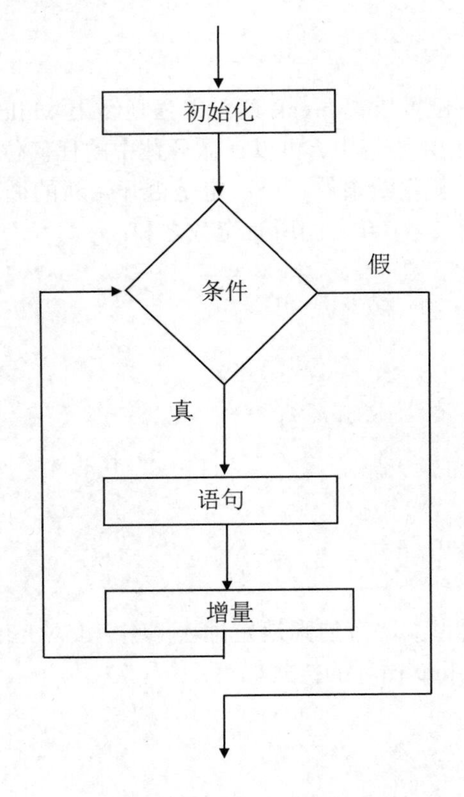

图 2-4　for 循环的流程

可以使用 for 循环方便地实现乘法表打印，例如 6 的乘法表：

```
int n=6;
for(int i=1;i<=9;i++) {
  System.out.print(i+"*"+n+"="+(i*n)+" ");
}
```

输出：

```
1*6=6 2*6=12 3*6=18 4*6=24 5*6=30 6*6=36 7*6=42 8*6=48 9*6=54
```

for 循环的语法：

```
for(初始化部分;循环条件;迭代部分) {
    循环体;
}
```

while 循环和 for 循环都是很常用的循环。for 循环总是可以写成等价的 while 循环。

for (初始化语句; 循环条件; 迭代语句) {
    循环体
}
	初始化语句;
	while (循环条件) {
	    循环体
	    迭代语句;
	}

for 语句的初始化部分、循环条件和迭代部分都可以为空。例如，下面是 for 循环的一种特别的写法：

```
for(;;){
   //代码
}
```

可以把它当成一个永远为真的循环来使用，等价于：

```
while(true){
   //代码
}
```

如果 for 循环的循环体只有一条语句，可以省略{ }。例如：

```
for(int i=0;i<8;i++)
     System.out.println(i);// 省略{ }的写法
```

仍然建议不论一行还是多行，都加上{ }。

作为一种编程惯例，for 语句一般用在循环次数事先可确定的情况下，而 while 和 do-while 语句则用在循环次数事先不确定的情况下。

所有的循环都必须提供循环终止的条件，避免死循环。如果循环变量是一个整数，则尽量让这个数一直增加到上限或者一直减少到下限，避免陷入死循环。例如下面这个是死循环：

```
int n = 5;
int i = 0;
while (i < n) {
  System.out.print("*");
  i--;
}
System.out.println();
```

为了检测死循环，可以在循环体中打印循环变量的值。

当一个循环的循环语句序列内包含另一个循环时，称为循环的嵌套。这种语句结构称为多重循环结构。外面的循环称为“外循环”，而内部的循环称为“内循环”。

内循环中还可以包含循环，形成多层循环(循环嵌套的层数理论上无限制)。三种循环(while 循环、do-while 循环、for 循环)可以互相嵌套。在多重循环中，需要注意的是循环语句所在循环的层数。

例如，通过多重循环实现九九乘法表：

```
for (int i = 1; i < 10; i++) {
    for (int j = 1; j <= i; j++) {
        System.out.print(i + "* " + j + "= " + i * j + "\t ");
    }
    System.out.println();
}
```

运行程序后，在控制台输出结果：

```
1* 1= 1
2* 1= 2  2* 2= 4
3* 1= 3  3* 2= 6 3* 3= 9
4* 1= 4  4* 2= 8 4* 3= 12     4* 4= 16
5* 1= 5  5* 2= 10     5* 3= 15     5* 4= 20     5* 5= 25
…
```

循环采用字节码中的 goto 指令实现。滥用 goto 语句，程序容易写成一团乱麻。防止 goto 语句破坏程序的可读性，正是结构化程序设计的目的，所以 Java 源代码中不能包含 goto 语句。但是字节码中却存在 goto 指令，而且源代码中的 while 循环会编译出来 goto 指令。

尽管复合语句含有任意多个语句，但可以在使用简单语句的地方使用复合语句。如：

```
for(int i = 0; i < 10; i++) {
  a[i]++;                       // 这个循环的循环体是一个复合语句
  b[i]--;                       // 它由 2 个表达式语句组成
}                               // 在一个大括号中
```

可以把花括号放在一行结束的位置，也可以放在一行开始的位置，如下面这样：

```
for(int i = 0; i < 10; i++)
{
  a[i]++;                       // 这个循环的循环体是一个复合语句
  b[i]--;                       // 它由 2 个表达式语句组成
}                               // 在一个大括号中
```

不过应该保持风格一致，就好像说话不要南腔北调。

单独的一个分号是空语句。空语句不做任何事情。但偶尔可能有用。例如，可以表示 for 循环的循环体是空的。

```
for(int i = 0; i < 10; a[i++]++)  // 增加数组元素
   /* 空语句 */;                   // 循环体是空语句
```

空语句是一个特殊的简单语句。

2.4 方　法

把一段多次重复出现的代码命名成一个有意义的名字，然后通过名字来执行这段代码。有名字的代码段就是一个方法。例如 getProb 方法计算一个词在语料库中出现的概率：

```
double getProb(int freq,int n){ //freq 和 n 是输入参数，返回值是 double 类型的
   return (double)freq/(double)n;
}
```

计算还款总额 $10000\times(1+0.069)^5$ 元。调用幂函数 Math.pow 方法计算：

```
int years = 5;
double total = 10000*Math.pow(1 + 6.9 / 100, years);
```

计算月还款额。如果采用等额还款的方式，则：

$$每月还款=\frac{本金\times月利率\times(1+月利率)^{还款月数}}{(1+月利率)^{还款月数}-1}$$

例如：总额 12 万元，5 年分期付款，这样就是 60 个月，月利率为 0.575%，则月还款额是：

$$\frac{120000\times0.575\%\times(1+0.575\%)^{60}}{(1+0.575\%)^{60}-1}=2370.49元$$

使用程序计算如下：

```
double month = 120000*0.575*0.01*Math.pow((1+0.01*0.575),60)/
(Math.pow((1+0.01*0.575),60)-1);
System.out.println("月还款数："+month);
```

输出每个月还款的金额是 2370.49 元。这里的 month 变量存储了表示月还款数的数值。

结构化程序设计中经常用到 IPO 图。IPO 是输入(Input)、加工(Processing)、输出(Output)的简称。例如，输入水泥、黄沙、石子、水、添加剂，搅拌后就成了混凝土。用 IPO 图描述如图 2-5 所示。

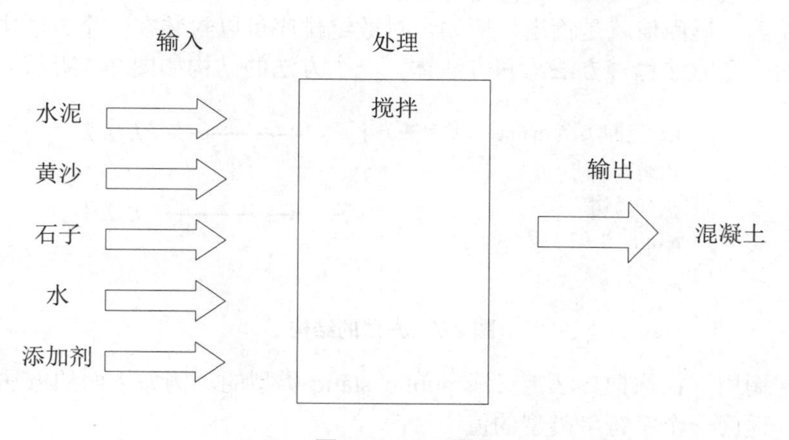

图 2-5　IPO 图

可以把混凝土搅拌机定义成一个方法：

```
concrete mixer(cement, sand, gravel, water, additives){
   //搅拌
}
```

定义成方法后，可以方便地设计程序，使用结构化的程序设计方法。一般把一个复杂问题分解成若干子问题。把程序要解决的总目标分解为子目标，再进一步分解为具体的小目标，把每一个小目标称为一个模块。

例如，种地由播种和收获两部分组成。又如一个简单的网页搜索引擎系统可以分成信息采集、文本信息提取和搜索文本三部分组成，如图 2-6 所示。

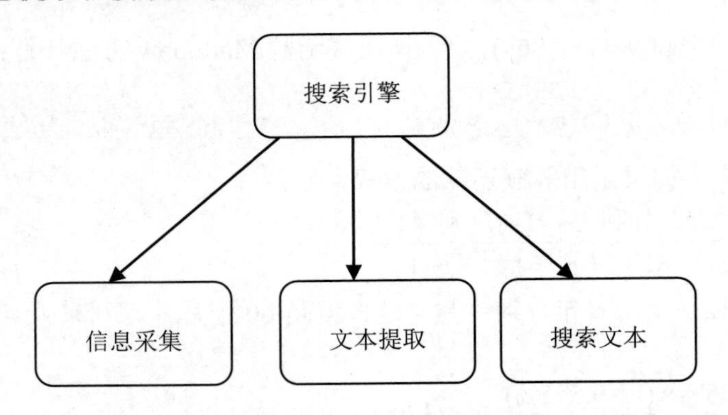

图 2-6　搜索引擎的简单结构

很长的代码看着容易让人晕。可以首先定义出方法的原型，然后逐个编写方法内部的实现代码。

有了方法之后，调试程序也更加容易了。找出有问题的方法后，在方法内定位错误就方便多了。

每个成语都包含一个固定而复杂的描述。例如，“真相大白”表示真实情况完全弄明白了。直接使用成语能够更简洁地表达意思。可以把每个成语看成一个方法，通过调用同样的方法来重用代码片段。Java 开发速度快，就是因为有很多可重用的代码。

方法的三个基本元素是输入、处理和输出。方法可以接收参数，并且有返回值。接收的参数就是输入，返回值就是输出。例如，对数组排序可以封装在一个方法中。

Java 中的一个方法包含方法头和方法体。一个方法的结构如图 2-7 所示。

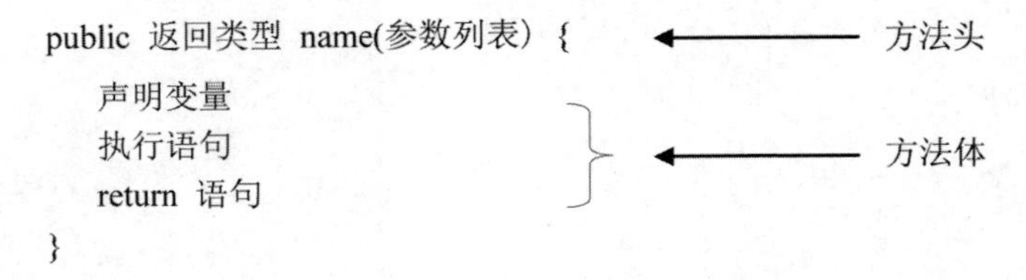

图 2-7　方法的结构

为了方便调用，往往把方法定义成 public static 类型的。例如下面的方法接收一个 int 类型的参数，返回一个字符串类型的值：

```
public static String getExplain(int score){
    if (score >= 90) {
        return "优秀";
```

```
    } else if (score >= 60) {
        return "良好";
    } else {
        return "不合格";
    }
}
```

程序的任何一条执行路径都要返回值，否则程序无法通过编译。调用方法：

```
System.out.println(getExplain(80)); //输出：良好
```

把贷款额度和利率以及贷款月数作为参数，返回月还款数：

```
public static double getMonthBudget(int loan, double interestRate,
  int monthNum){
    double monthBudget = loan * interestRate
        * Math.pow((1 + interestRate), monthNum)
        / (Math.pow((1 + interestRate), monthNum) - 1);
    return monthBudget;
}
```

可以返回一个值，也可以不返回任何值。如果返回一个值，返回类型是返回值的类型。如果不返回参数，就声明成 void。因此，可以把 void 看成一个基本数据类型。不过没有变量能够是 void 类型。main 方法就声名成返回类型是 void：

```
public static void main (String args[]) { //不返回值的方法
     System.out.println(12 + 2 + 4);
}
```

进入一扇门后，人的记忆会被刷新。进入一个方法后，就会面对一些新的局域变量。

当把一些代码在单独的方法中实现以后，就需要编写方法本身，还有调用方法的代码。封装太多往往让人讨厌，但是方法并不是重量级的封装。

调用方法时，需要给参数提供实际的值。方法定义的参数名叫做形式参数，而调用参数时的实际值叫做实际参数。例如服装人体模型是形式参数，而实际穿衣服的人是实际参数。测试这个计算月还款数的方法：

```
double monthBudget = getMonthBudget(120000,0.575*0.01,60);
System.out.println("月还款数："+monthBudget);
```

当调用一个方法时，相当于把被调用的方法插入当前执行的代码。开始执行方法中的代码后，当前执行的代码要等方法中的代码执行完毕后才会继续执行，如图 2-8 所示。

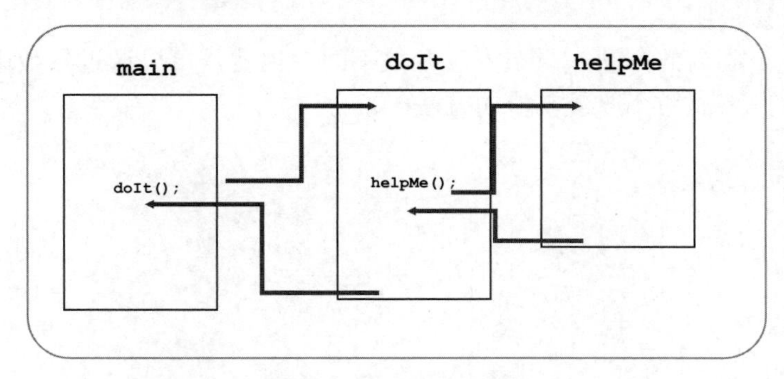

图 2-8　方法的执行流程

就好像在吃东西前，要检查食品的安全性。在开始的地方，往往判断参数的有效性。例如利率必须是正数。例子代码如下：

```
double getMonthBudget(int loan, double interestRate, int monthNum) {
    if(interestRate<0){ //检查参数的有效性
        throw new IllegalArgumentException(); //抛出异常
    }
    double monthBudget = loan * interestRate
        * Math.pow((1 + interestRate), monthNum)
        / (Math.pow((1 + interestRate), monthNum) - 1);
    return monthBudget;
}
```

可以在方法上增加一些标记(Annotation)。例如@param 用来说明一个参数。例如拷贝文件的方法说明如下：

```
/**
 * 拷贝文件
 * @param srFile 源文件
 * @param dtFile 目标文件
 */
public static void copyfile(String srFile, String dtFile) {
    //实现方法
}
```

@return 说明返回值的含义。例如给计算月还款数的方法增加注释：

```
/**
 * 计算月还款数
 * @param loan 贷款额度
 * @param interestRate 利率
 * @param monthNum 贷款月数
 * @return 月还款数
 */
double getMonthBudget(int loan, double interestRate, int monthNum) {
    double monthBudget = loan * interestRate
        * Math.pow((1 + interestRate), monthNum)
        / (Math.pow((1 + interestRate), monthNum) - 1);
    return monthBudget;
}
```

JavaDoc 可以根据这些规范化的注释自动生成 HTML 格式的 API 文档。也就是说，从源代码中抽出方法说明。

可以定义几个同名的方法，只要方法参数不同，也就是可以通过参数区分这是不同的方法即可。例如，下面两个取最小值的方法：

```
public static int min(int a,int b){
    return a<b?a:b;
}

public static int min(int a,int b,int c){
    int m = a<b?a:b;
    m = m<c?m:c;
    return m;
}
```

2.4.1　main 方法

从语法上讲，Java 语言和 C 语言非常相似，只是在细节上有一些差别。实际上，C 语言和 Java 语言的主要差别不是在语言本身，而是在它们所执行的平台上。

和 C 语言一样，Java 每一个应用程序都应该有一个入口点，表明该程序从哪里开始执行。为了让系统能找到入口点，入口方法名规定为 main。例如下面的测试类：

```
public class Test{
    public static void main (String[] args) {
        System.out.println("Hello World!");
    }
}
```

这里的 String[]表示形式参数的类型，而 args 表示形式参数的名字。不要为 String[] args 担心，那只是用于接收从命令行传入的参数。

Java 中每个类都可以有一个 main 方法，从而是可以执行的。往往不会直接调用 main 方法，而交给 JRE 来调用。

2.4.2　递归调用

在电视台内部制作的节目中，有时会出现播放正在播出的节目的电视，这样就形成了一个无限的递归。可以在一个方法的实现中调用同一个方法，这叫做递归调用。

术语： Recursive call，递归调用。

举一个递归调用的例子：

从前有座山，山上有座庙。庙里有一个老和尚和一个小和尚。小和尚要老和尚讲故事给他听，于是老和尚开始讲：从前有座山，山上有座庙。庙里有一个老和尚和一个小和尚。小和尚要老和尚讲故事给他听，于是老和尚开始讲：……。

可以用递归调用计算一个整数的阶乘。n 的阶乘也记作 n!。例如：7!等于 7*6*5*4*3*2*1。也可以这样说：7!等于 7*6!。所以可以用自顶向下的方法解决求阶乘的问题。到最后就是算 1!，它的值是 1。

把计算 n 的阶乘的方法叫做 factorial(int n)，它可以用下面的代码实现：

```
static int factorial(int n){
    if(n == 1) //退出条件
        return 1;
    else
        return (n*factorial(n-1)); //向下递归调用
}
```

测试这个方法：

```
System.out.println(factorial(3)); //输出 6
```

面试时，有可能问到如何计算斐波那契数，斐波那契数的计算公式是：

$F(0)=0$，$F(1)=1$，$F(n)=F(n-1)+F(n-2)$。

使用递归调用实现：

```
static int fib(int n){
    if(n == 1) //退出条件
        return 1;
    if(n == 2) //退出条件
        return 2;
    else
        return (fib(n-2)+ fib(n-1)); //向下递归调用
}
```

递归容易导致性能问题。同样的计算原理，循环比递归调用高效得多。

2.4.3 方法调用栈

用方法调用栈跟踪一系列方法的调用过程。栈中的元素称为栈帧。每当调用一个方法的时候，就会向方法栈压入一个新帧。

术语： Stack frame，栈帧。每个栈帧用方法名标记，栈帧中包含一个参数的列表，以及在堆栈上分配的局域变量。

在栈帧中存储方法的参数、局部变量和运算过程中的临时数据。栈帧分成 3 个部分：局部变量区、操作数栈和栈数据区。局部变量区存放局部变量和方法参数。操作数栈用于存放运算过程中生成的临时数据。栈数据区为线程执行指令提供相关信息，包括如何定位到堆区和方法区的特定数据、如何正常退出方法或者异常中断方法等。

2.5 数 组

可以用 new 关键字创建一个新的数组。例如：

```
int[] data = new int[6]; //新建一个长度是 6 的整数数组
```

在声明数组时不能指定数组的大小。例如这样声明是错误的：

```
int[8] data; //错误
```

可以直接给数组赋初始值：

```
int[] data ={6,3,7,2,1};
```

例如，使用字节数组存储 IP 地址 204.29.207.217：

```
byte[] bytes = { (byte) 204, 29, (byte) 207, (byte) 217 };
```

和单个变量不一样，数组中的元素默认有初始值。例如整数的初始值是 0：

```
int[] data = new int[6]; //初始值是 0
```

为了验证初始值，需要输出数组中每个元素的值，这叫做遍历数组。也许数组下标从 1 开始更好，但是 Java 中的数组下标从 0 开始，沿袭了 C 语言的约定。遍历如下：

```
int[] data = new int[6]; //初始值是 0
for(int i=0;i<data.length;++i) { //数组下标每次加 1
    System.out.println(data[i]); //输出 0
}
```

for 循环中对 i 的操作是一个固定的模板，而且按数组下标取元素的方法效率较低。专门有一种用于遍历数组的 for-each 循环语句。for-each 循环语句的格式如下：

```
for(类型名称 变量名称 : 数组名称){循环体}
```

对于下面这个 for 循环：

```
for (int i = 0; i < arr.length; i++) {
   type var = arr[i];
   循环体...
}
```

等价的 for-each 循环是：

```
for (type var : arr) {
   循环体...
}
```

例如，输出数组中的值：

```
int[] data = new int[6]; //初始值是 0
for (int i : data) { //i 的值直接是数组元素本身
    System.out.println(i); //输出 0
}
```

也可以直接调用 Arrays.toString 方法输出数组中的值：

```
int[] data = { 6, 3, 7, 2, 1 };
System.out.println(Arrays.toString(data)); //输出: [6, 3, 7, 2, 1]
```

整数类型数组的初始值是 0，而布尔类型的数组初始值是 false。

例如，军训中的 8×8 方阵可以表示成如下的二维数组：

```
Person[][] matrix = new Person[8][8];
```

这里 matrix 是二维数组的名字，而从 matrix[0]到 matrix[7]都是一维数组，例如，matrix[0]包含 8 个对象。所以可以把二维数组看成是由一维数组组成的一维数组，如图 2-9 所示。

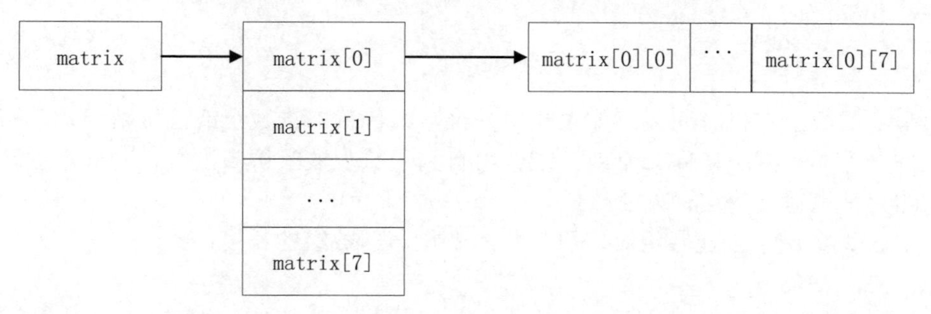

图 2-9　二维数组

可以直接给二维数组赋初始值。例如，由中文代词组成的二维数组：

```
String[][] pronouns = {{"我","你","他","它"},
                      {"我们","你们","他们"}};
```

这里，第一个维度表示单数形式还是复数形式，第二个维度表示第几人称。例如，pronouns[0]表示单数，而 pronouns[1]表示复数。

由代词组成的三维数组：

```
String[][][] pronouns = {
            { { "I", "you", "he", "she", "it" },
                { "me", "you", "him", "her", "it" },
                { "myself", "yourself", "himself", "herself", "itself" },
                { "mine", "yours", "his", "hers", "its" },
                { "my", "your", "his", "her", "its" } },  //第一维度的数据分界点
            {
                { "we", "you", "they", "they", "they" },
                { "us", "you", "them", "them", "them" },
                { "ourselves", "yourselves", "themselves", "themselves",
                  "themselves" },
                { "ours", "yours", "theirs", "theirs", "theirs" },
                { "our", "your", "their", "their", "their" } } };
```

这里，第一维度只有两个元素，而第二维度有 5 个元素，第三维度也是 5 个元素：

```
System.out.println(pronouns.length);          //输出 2
System.out.println(pronouns[0].length);       //输出 5
System.out.println(pronouns[0][0].length);    //输出 5
```

定义不规则的多维数组，例如：

```
int[][] a = new int[3][];
a[0] = new int[5];
a[1] = new int[3];
a[2] = new int[4];
```

最基本的遍历多维数组的方式：

```
double[][] prob = new double[10][20];
for(int i=0; i<prob.length; i++)
    for(int j=0; j<prob[i].length; j++)
        System.out.println(prob[i][j]);
```

for-each 循环遍历写法更简单，速度更快：

```
for (double[] pArray : prob)
    for (double p : pArray)
        System.out.println(p);
```

通常多维数组占机时间多，如果能用一维数组代替二维数组或三维数组，就可能节省时间。另一方面，减少访问二维或三维数组有利于减少数组访问次数，同样，循环反复用数组中的元素也适合用这种方法改进。

使用 new 关键字创建数组时，可以使用变量声明数组的长度：

```
int num = 8;
int[] array = new int[num];
```

访问数组的长度可以通过 length 属性。虽然可以使用变量声明数组的长度，但是在创建数组的时候，数组的长度就已经固定了。

分析一个句子之前，不能知道它包含多少个词。如果用一个数组存储其中每个词，则在创建时仍然不知道后来需要存储多少元素。所以需要真正意义上的动态数组。实现长度可变的动态数组时，需要把数据从长度小的数组复制到新的更长的数组。

2.5.1 数组求和

实现数组求和的代码如下：

```
int[] a={1,8,3,0,5,4};
System.out.println(Arrays.toString(a));
int sum=0;

int i = 0;
while(i < a.length) {
   sum += a[i];
   i++;
}
System.out.println(sum);
```

2.5.2 计算平均值举例

Java 数组是用来存放同一数据类型的特殊对象，数组保存的是一种相同类型的、有顺序的数据，数组中存放着相同数据类型的元素，在内存中也是按照数组中的顺序来存放的。通过数组下标来访问数组中的元素。

例如，要统计一周平均温度。用一个变量记录每天的温度，求和后取平均值，然后用输出语句输出：

```
import java.util.*;
public class VarDeom{
    public static void main(String args[]){
        int count;              //用来表示第几天
        double next;            //每天的温度
        double sum;             //存放总的温度
        double average;         // 平均温度
        sum=0;//初始总温度为 0
        Scanner sc=new Scanner(System.in);
            //scanner 是解析基本类型和字符串的文本扫描器
        System.out.println("请输入今天的温度");
        for(count=0;count<7;count++){//定义 7 天的循环
            next=sc.nextDouble();
                //用 next 存入每天的温度，调用 nextDouble 进行读取
            sum+=next;//将每一天的温度都累加到 sum 中
        }
        average=sum/7;//计算出 7 天的平均温度
        System.out.print("一周平均温度为: "+average);//显示一周的平均温度
    }
}
```

对刚开始计算出平均温度的例子进行改进，让其输出每天的温度并与平均温度进行比较后输出结果。输出一周平均温度和每天的温度并将每一天的温度和平均温度做对比，这里用到了数组，也即减少了创建 7 个变量来存放每天的温度，大大地减少了代码的使用量：

```
import java.util.*;
public class ArrayDemo{
    public static void main(String args[]){
        int count;//用来表示第几天
        double sum,average;//sum 用来存放总的温度，average 用来存放平均温度
        sum=0;//初始总温度为 0
        double []temperature=new double[7]; //用 temperature 数组存入每天的温度
        Scanner sc=new Scanner(System.in);
            //scanner 是解析基本类型和字符串的文本扫描器
        System.out.println("请输入一周的温度");
        for(count=0;count<temperature.length;count++){//定义 7 天的循环
            temperature[count]=sc.nextDouble();//调用 nextDouble 进行读取
            sum+=temperature[count];//将每一天的温度都累加到 sum 中
        }
        average=sum/7;//计算出 7 天的平均温度
        System.out.print("一周平均温度为："+average);//显示一周的平均温度
        for(count=0;count<temperature.length;count++){
            if(temperature[count]>average)
                System.out.println("第"+(count+1)+"天温度高于平均温度"
+temperature[count]);
            else if(temperature[count]<average)
                System.out.println("第"+(count+1)+"天温度低于平均温度"
+temperature[count]);
            else
                System.out.println("第"+(count+1)+"天温度等于平均温度"
+temperature[count]);
        }
    }
}
```

2.5.3 快速复制

拷贝数组实现起来并不困难，但是如果数组长度很大，则需要考虑移动的性能。逐个赋值速度慢，就好像乘坐公共交通工具出行比开车更环保。高速铁路有专门的客运专线，能把大量的人从一个地方快速运到另外一个地方。System.arraycopy()方法专门用来批量快速移动数组中的数据。它把指定个数的元素从源数组拷贝到目的数组。其中的源数组和目的数组中的元素类型必须相同。

因为可以只选择复制一段，所以 System.arraycopy()方法有 5 个参数，分别是源数组变量和目的数组变量，以及源数组要复制的起始位置和放置到目的数组的起始位置，最后是复制的长度。5 个参数按顺序分别说明如下。

- src：源数组。
- srcPos：源数组要复制的起始位置。
- dest：目的数组。
- destPos：目的数组放置的起始位置。
- length：复制的长度。

实现动态数组时，当数组长度变大以后，可能需要更换存储空间，这时候可以使用 System.arraycopy 方法。

例如，使用单个元素赋值的方法复制一个二维数组：

```
static int[][] copy2D(int[][] in){
    int[][] ret = new int[in.length][in[0].length];  //创建新的二维数组
    for(int i = 0; i < in.length; i++) {
        for(int j = 0; j < in[0].length; j++) {
            ret[i][j] = in[i][j];  //逐个元素赋值
        }
    }
    return ret;
}
```

使用 System.arraycopy 方法快速复制二维数组：

```
static int[][] fastCopy2D(int[][] in){
    int[][] ret = new int[in.length][in[0].length];
    for(int i = 0; i < in.length; i++) {
        System.arraycopy(in[i], 0, ret[i], 0, in[0].length);  //快速复制数据
    }
    return ret;
}
```

但如果把一个二维数组作为 System.arraycopy 的参数，则会把这个二维数组看成是一维数组，只不过其中的每个元素都是一个一维数组。所以下面这样的写法不是值复制，只是复制一维数组的引用：

```
static int[][] fastCopy2D(int[][] in){
    int[][] ret = new int[in.length][in[0].length];
    System.arraycopy(in, 0, ret, 0, in.length); //不是深度复制
    return ret;
}
```

有些动态规划算法把计算的中间结果存储在二维数组中。例如，创建一个存储概率的二维数组：

```
int stageLength = 10; //第一维的长度
int types = 20;
double[][] prob = new double[stageLength][types];//二维数组
```

java.util.Arrays 包含一些操作数组的方法。例如排序：

```
int[] data ={6,3,7,2,1};
Arrays.sort(data);  //对数组排序
for(int i:data){     //遍历数组中的每个元素
    System.out.print(i+"\t");
}
```

输出结果：

```
1   2   3   6   7
```

char 可以直接比较大小，和 int 类似。实际比较的是字符的内部编码。例如：

```
System.out.println((int)'零'); // 输出 38646
System.out.println((int)'一'); // 输出 19968
System.out.println('零'>'一'); // 输出 true
```

又如：

```
char[] digitals = {'零','一','二','三','四','五','六','七','八','九'};
Arrays.sort(digitals); //对字符数组排序
```

一个和数组相关的问题：从已经有序的数组中删掉重复的数据项，同时不破坏有序性。例如将数组{1, 1, 2, 2, 3, 3}变成{1,2,3}。

首先可以标示出重复的数据，然后再压缩数组。两次遍历数组。第一个 for 循环将重复的数据置空，也就是零。第二个 for 循环将元素放到应有的位置：

```
public static int noDups(int[] a) {
    int current = 0; //当前值
    for (int i = 0; i < a.length; i++) { //将重复的数据置零
        if (current == a[i]) {
            a[i] = 0;
        }else{
            current = a[i];
        }
    }

    int offset = 0; //偏移量
    for (int i = 0; i < a.length; i++) { //将元素放到应有的位置
        if (a[i] == 0) {
            offset++;
        } else if (offset > 0) {
            a[i - offset] = a[i];  //元素应该在的位置是：当前位置 - 偏移量
        }
    }
    return (a.length - offset); //返回数据实际长度
}
```

测试这个方法：

```
int[] a = {1, 1, 2, 2, 3, 3};
int len = noDups(a);
for(int i=0; i<len; ++i)
    System.out.println(a[i]); //输出 1 2 3
```

2.5.4 循环不变式

可以使用循环不变式来检查循环的正确性。两个小球碰撞前后的动量是守恒的。每次执行循环体中的语句时，一直都有效的布尔表达式叫做循环不变式。例如找数组中元素的最大值所在位置：

```
int[] list = {1,5,7,8};
int indexMax = 0; //记录数组中最大值所在的位置
for (int k = 1; k < list.length; k++) {
    // 这里存在循环不变式
    // 在当前的 k 之前，最大值的下标是 indexMax
    if (list[k] > list[indexMax])
        indexMax = k;
}
```

可以看出，这个式子在整个循环过程中是始终成立的，所以在循环结束的时候(k=list.length)，这个式子也成立。不断扩大 indexMax 能覆盖到的范围，直到覆盖整个数组为止，这样就找到了数组中元素最大值所在的位置。

排序可以看成是减少逆序的过程。通过交换值来消除逆序。对于已经排好序的数组来说，最大的元素位于数组尾部。下面的循环将一个最重的元素沉底，顺便减少逆序：

```
int[] scores = { 1, 6, 3, 8, 5 }; //待排序的数组
for (int j = 0; j < scores.length - 1 ; j++) {
    //循环不变式是：scores[j]存储了数组从开始一直到 j 为止最大的一个数
    //比较相邻的两个数，将小数放在前面，大数放在后面
    if (scores[j] > scores[j + 1]) {
        int temp = scores[j];
        scores[j] = scores[j + 1];
        scores[j + 1] = temp;
    }
}
```

这就是冒泡排序算法的基本原理。

术语：loop invariants，循环不变式。

2.6 字　符　串

ASCII 编码是最简单的编码，但是它不能很好地支持多国语言和大字符集。Java 中的字符型数据是 16 位无符号型数据，它表示 Unicode 字符集，而不是 ASCII 字符集。

可以通过直接指定 Unicode 编码值来定义一个字符。格式是：前面是一个\u，后面是 4 个十六进制数。取值范围从'\u0000'到'\uFFFF'。因此可以表示 65536 个字符。例如，全角空格的 Unicode 码是 12288，十六进制为 3000，在 Java 里就是'\u3000'。

ASCII 字符集是 Unicode 从'\u0000'到'\u007F'的一个子集。例如'\u0061'表示 ISO 拉丁码的'a'。

此外，还可以用 1～3 位八进制数据表示 ASCII 字符集范围内的字符。用八进制给字符赋值时，最多只能有 3 位。表示的数不大于 0x7F 的值才能通过编译。例如：

```
char c = '\67';
System.out.println(c); //输出 7
```

如果 Eclipse 工作空间的编码是 GBK，则下面的字符串输出会是问号：

```
System.out.println("\u0905\u092E\u0940\u0924\u093E\u092A");
```

可以把 Eclipse 工作空间的编码设置成 UTF-8。方法是通过 General → Workspace → Text file encoding 设置。这样设置时，需要将 GBK 编码的源代码修改为 UTF-8 编码的文本文件。使用记事本打开有汉字的源代码，指定编码为 UTF-8，然后保存。再运行上面的程序，输出就不是问号了。

有时候需要将一个 GBK 编码的项目修改成 UTF-8 编码。整个项目涉及几百个 Java 文件。这时候，需要一个能将 GBK 文件批量转换成 UTF-8 编码的软件。Unicode Transmuter (http://uni-transmuter.sourceforge.net/)是一个小工具软件，可以把一个目录下的 ASCII 编码

的文件批量转换成 Unicode 编码的文件。它会把每个文件复制到目录 unicode_files 中，所以不必担心转换出问题后会破坏了你的文件。因为它是一个 Python 编写的脚本，偶尔也可能出错。

可以这样定义一个字符数组。

```
char[] name = {'M','i','k','e'};
```

这样定义太麻烦。老罗说“彪悍的人生无须解释”。这句话用一个双引号括起来了。所以 Java 中也可以用一个双引号把整个字符序列括起来。这样就定义了一个字符串常量。

例如：

```
System.out.println("Hello World!");
```

注意，定义字符常量和字符串常量的方法不同，前者是用单引号，而后者用双引号。

字符串变量可以定义成 String 类。String 是一个特殊的类型。注意，因为 Java 是区分大小写的，所以 String 中的 S 要大写。main 方法中的 String[]表示字符串数组，而 args 则表示数组名。

可以通过一个字符串常量给它赋值：

```
String name = "Mike";
```

可以包含转义字符：

```
String a =
"\uFF08\u77E5\u4EBA\u6027\u653B\u4EBA\u5FC3\uFF0C\u8C01\u90FD\u53EF\u4EE
5\u88AB\u8BBE\u8BA1\uFF09";
System.out.println(a);  //输出：(知人性攻人心，谁都可以被设计)
```

我们需要正确地区分变量和常量。字符串变量不能写在""中间。引号中的字符是常量：

```
String name = "JackSon";
String secondName = "name"; // 变量 secondName 的值是 name
```

字符串中可以包含任何字符，但要包含引号本身就碰到麻烦了。就好像下面这个麻烦：

```
公主被魔王抓走了......
魔王：你尽管叫破喉咙吧，没有人会来救你的！
没有人：公主，我来救你了！
```

所以像引号这样的特殊字符要转义。转义符号是\。例如：

```
String words = "Mike say:\"hello\""; //words 实际包含 Mike say:"hello"
```

\\表示一个反斜杠。例如表示一个目录：

```
String dir = "c:\\windows\\"; //dir 实际包含 c:\windows\
```

为了打印出多行，需要输入回车和换行符号。这两个名字来源于打字机时代，“回车”告诉打字机把打印头定位在左边界。“换行”则告诉打字机把纸向下移一行。

回车换行是特殊的符号。可以用普通的英文字母表示这样的特殊符号，但要在前面加上转义符\。例如回车就是\r，而换行就是\n。r 是 enter 的简写。n 是 new line 的简写。Windows 的换行符是两个字符\r\n，而 Linux 下的换行符简化成了一个字符\n。在 Windows 下，记事本不能正确识别 Linux 格式的文本文件，这时候可以用写字板打开。

表 2-5 给出了转义字符说明。

表 2-5　转义字符

描　述	转义序列	Unicode
空格	\b	\u0008
制表符	\t	\u0009
换行	\n	\u000A
回车	\r	\u000D
反斜线	\\	\u005C
单引号	\'	\u0027
双引号	\"	\u0022

可以通过加号把两个字符串的值连接到一起：

```
System.out.println("Mike" + " JackSon"); //输出 Mike JackSon
```

2.6.1　字符编码

汉字编码有 4 种：GB2312、BIG5、GBK 和 GB18030。其中 GB2312 字符集是简体字符集，全称为 GB2312(80)字集，共包括国标简体汉字 6763 个。这个字符集包含的汉字太少。BIG5 字符集是台湾繁体字符集，共包括国标繁体汉字 13053 个。GBK 字集是简繁字集，包括了 GB 字集、BIG5 字集和一些符号，共包括 21003 个字符，这个字符集比较常用。GB18030 是国家制定的一个强制性大字符集标准，全称为 GB18030-2000，它的推出使汉字集有了一个“大一统”的标准。

如果每个字符都用固定长度位编码，就是定长编码，例如 ASCII。为了节省空间，常见的字符用短的编码，不常见的字符用长的编码，这叫做变长编码。GB2312 编码是英文用一个字节，而汉字用两个字节编码，所以也是变长编码。

在 Java 中，汉字采用 Unicode 编码。Unicode 的编码方式与 ISO 10646 的通用字符集概念相对应。用 Unicode 编码 Universal Character Set(UCS)通用字符集。UCS-2 编码方式用两个字节编码一个字符。为了能表示更多的文字，人们又提出了 UCS-4，即用 4 个字节编码一个字符。目前使用的 Unicode 版本对应于 UCS-2，使用 16 位的编码空间。也就是每个字符占用 2 个字节，基本满足各种语言的使用。实际上目前版本的 Unicode 尚未填充满这 16 位编码，保留了大量空间作为特殊使用或将来扩展。

UTF 是 Unicode 的实现方式，不同于编码方式。一个字符的 Unicode 编码是确定的，但是在实际传输过程中，由于不同系统平台的设计不一定一致，以及出于节省空间的目的，对 Unicode 编码的实现方式有所不同。Unicode 的实现方式称为 Unicode 转换格式，也就是 UTF。UTF 的两种实现方式如下。

- UTF-8：8 位变长编码，对于大多数常用字符集(ASCII 中 0～127 字符)它只使用单字节，而对其他常用字符(特别是朝鲜和汉语会意文字)，它使用 3 字节。
- UTF-16：16 位编码，是变长码，大致相当于 20 位编码，值在 0～0x10FFFF 之间，基本上就是 Unicode 编码的实现，与 CPU 字序有关。

在 Windows 系统中保存文本文件时，通常可以选择编码为 ANSI、Unicode、Unicode Big Endian 和 UTF-8，这里的 ANSI 和 Unicode Big Endian 是什么编码呢?

ANSI 使用 2 个字节来代表一个字符的各种汉字延伸编码方式，称为 ANSI 编码。在简体中文系统下，ANSI 编码代表 GB2312 编码，在日文操作系统下，ANSI 编码代表 JIS 编码。

UTF-8 以字节为编码单元，没有字节序的问题。UTF-16 以两个字节为编码单元，在解释一个 UTF-16 文本前，首先要弄清楚每个编码单元的字节序。

一个抽象字符的集合就是字符集(Charset)。首先得到字符集的一个实例：

```
Charset charset = Charset.forName("utf-8");  //得到字符集
```

调用 Charset.encode 实现字符串转字节数组：

```
CharBuffer data = CharBuffer.wrap("数据".toCharArray());
ByteBuffer bb = charset.encode(data);
System.out.println(bb.limit());  //输出数据的实际长度 6
```

Charset.decode 把字节数组转回字符串：

```
byte[] validBytes = "程序设计".getBytes("utf-8"); //字节数组
//对字节数组赋值
Charset charset = Charset.forName("utf-8");  //得到字符集
//字节数组转换成字符
CharBuffer buffer = charset.decode(ByteBuffer.wrap(validBytes));
System.out.println(buffer); //输出结果
```

Unicode 规范中推荐的标记字节顺序的方法是 BOM(Byte Order Mark)。在 UCS 编码中有一个叫做 ZERO WIDTH NO-BREAK SPACE 的标记，它的编码是 FEFF。而 FFFE 在 UCS 中是不存在的字符，所以不应该出现在实际数据中。UCS 规范建议在传输字节流前，先传输标记 ZERO WIDTH NO-BREAK SPACE。这样如果接收者收到 FEFF，就表明这个字节流是 Big Endian 的；如果收到 FFFE，就表明这个字节流是 Little Endian 的。因此标记 ZERO WIDTH NO-BREAK SPACE 又被称作 BOM。Windows 就是使用 BOM 来标记文本文件编码方式的。

Java 使用 2 个字节存储一个字符，如果 2 个字节的空间不够编码那个字符，则使用 2 个字符组成的字符对作为替代编码。

字符串可以比较大小，方法就是从前往后逐个比较字符。但并不能用“>”或者“<”这样的操作符比较大小，而要调用字符串对象的 compareTo 方法。

2.6.2 格式化

写邮件，经常用固定的模板。例如“你好,张三”这样的常用问候语，可以把人名当作参数。

需要按照一定的格式生成字符串。String.format()方法可以使用指定的格式字符串和参数返回一个格式化字符串。例如：

```
String name = "张三";
System.out.println(String.format("你好,%s", name));
```

日期类型也可以作为参数。例如：

```
Date d = new Date(now);
s = String.format("%tD", d);                    // "07/13/04"
```

format 方法中可以使用多个变量。

```
System.out.println(String.format("%s 有%d 岁了", "张三", 45));
                    //输出：张三有 45 岁了
```

2.6.3　增强 switch 语句

早期版本的 Java 中，在 switch 语句中只能使用基本数据类型。从 Java 7 开始，可以在 switch 语句中使用 String 类型的变量。例如：

```
public String getTypeOfDayWithSwitchStatement(String dayOfWeekArg) {
    String typeOfDay;
    switch (dayOfWeekArg) {
    case "Monday":
        typeOfDay = "Start of work week";
        break;
    case "Tuesday":
    case "Wednesday":
    case "Thursday":
        typeOfDay = "Midweek";
        break;
    case "Friday":
        typeOfDay = "End of work week";
        break;
    case "Saturday":
    case "Sunday":
        typeOfDay = "Weekend";
        break;
    default:
        throw new IllegalArgumentException("Invalid day of the week: " +
dayOfWeekArg);
    }
    return typeOfDay;
}
```

2.7　数 值 类 型

int 类型是最常使用的一种整数类型。它所表示的数据范围足够大，而且在 32 位或 64 位处理器上 int 类型的精度不变。int 类型的变量可以存很大的数。具体来说，可以存的最大值是 2147483647，也就是说，十亿以下的数不会溢出。可以存的最小值是-2147483648。也就是从-2^{31}～$2^{31}-1$，占用 4 个字节。

```
int x = 100;
```

但对于大型计算，常会遇到很大的整数，超出 int 类型所表示的范围，这时要使用 long 类型。它的取值范围为−9223372036854774808～9223372036854774807，也就是从-2^{63}～$2^{63}-1$。占用 8 个字节。长整型的文字型操作数是数字后面跟个 L。例如 1L。

术语：Literal，文字型操作数。直接在程序中出现的常量值。

一般在给超过 int 表示范围的长整型变量赋值时才有必要在后面加上 L。例如：

```
long i = 2332443434344L;
```

对于房贷利率这样的小数，则用浮点类型。浮点类型包括 float 和 double，其中 double 的精度更高。带小数位的文字型操作数默认是双精度类型的。定义一个浮点数类型的文字型操作数，就是数字后面跟个 F。例如：

```
float x = 1.0F;
```

在给 float 赋值的时候后面加上 F，在给 double 赋值的时候后面可以加上 D。一般对于整型值才有必要用如此写法。例如：

```
double x = 1D;
```

float 或 double 表示的数值精度是有限的。例如：

```
float f = 20014999;
double d = f;
double d2 = 20014999;
System.out.println("f=" + f);
System.out.println("d=" + d);
System.out.println("d2=" + d2);
```

得到的结果如下：

```
f=2.0015E7
d=2.0015E7
d2=2.0014999E7
```

从输出结果可以看出，double 可以正确地表示 20014999，而 float 没有办法表示 20014999，得到的只是一个近似值。

IEEE 754 定义了 32 位和 64 位双精度两种浮点二进制小数标准。Java 的浮点类型都依据 IEEE 754 标准。表示的原理是科学计数法。

术语：Scientific notation，科学计数法。用来方便地表示很大的数，或者很小的数。

对于很大的数字，用自然的表示方法很不方便，比如中国有 13 亿人口，写出来就是：1300000000，所以人们发明了科学计数法，上面的数字写成 1.3×10^9，就是 13 后面跟 8 个 0。用法如下：

```
System.out.println(1.3E9); //输出：1.3E9
```

E 是指数的意思，这里 E9 表示 10^9。E 代表的英文是 exponent。

很小的数也用类似的方法表示。例如，一个氢原子的直径大约是 $1.5\div100000000=1.5\times10^{-8}$cm。科学计数法把一个数表示成 $a*10^n$ 的形式，这里的 $1\leqslant a<10$，n 为整数。1.5×10^{-8} 中的 a 是 1.5，而 n 是-8。

IEEE 754 用科学记数法以底数为 2 的小数来表示浮点数。32 位浮点数用 1 位表示数字的符号，用 8 位来表示指数，用剩下的 23 位来表示尾数，即小数部分。作为有符号整数的指数可以有正负之分。小数部分用二进制小数来表示。对于 64 位双精度浮点数，用 1 位表示数字的符号，用 11 位表示指数，用剩下的 52 位表示尾数。折算成十进制，float 的精度最高为 7 位，double 为 15 位。

double 可以表示的最小精度值是 $1/2^{52}$。很小的数连乘起来可能会向下溢出，乘出来的结果直接变成 0 了。

整数除以 0 会出错，但是允许浮点数除以 0，其结果是无穷大。下面这两条语句是等价的：

```
double i = 1.0 / 0.0;
double i = Double.POSITIVE_INFINITY; //正无穷大
```

双精度类型 double 比单精度类型 float 具有更高的精度和更大的表示范围，所以更常用。

byte 的取值范围为-128～127，也就是从-2^7～2^7-1。占用 1 个字节。

例如：

```
byte b = '1';
System.out.println(b);  //输出 49，也就是 1 的 ASCII 码
```

short 的取值范围为-32768～32767，也就是从-2^{15}～$2^{15}-1$。占用 2 个字节。

一种基本数值类型占用同样长度的空间。而且是按字节对齐的。整数类型按取值范围从低到高分别是 byte、short、int、long。byte 占用 1 个字节，short 占用 2 个字节，int 占用 4 个字节，long 占用 8 个字节。float 占用 4 个字节，double 占用 8 个字节，如图 2-10 所示。

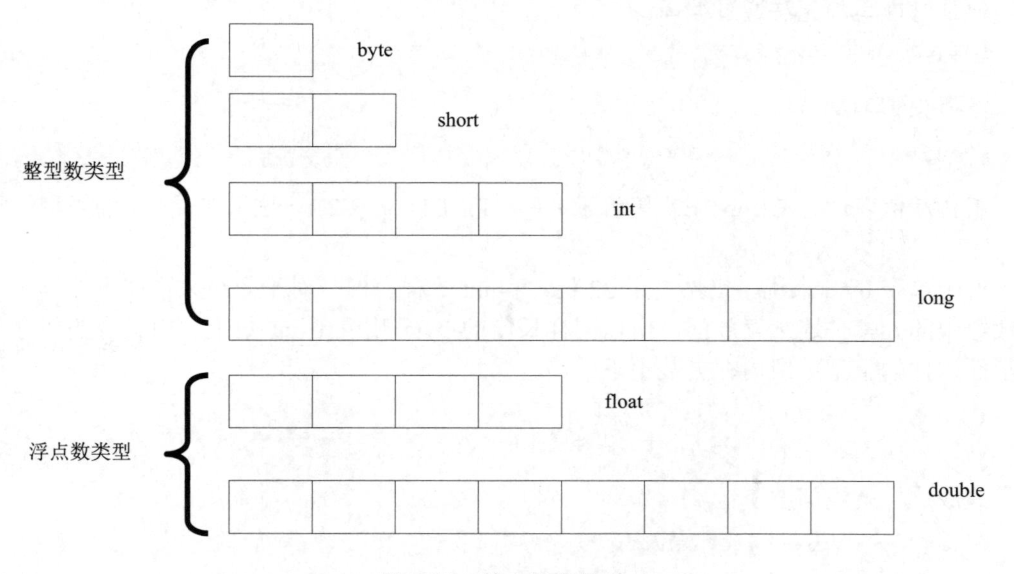

图 2-10 基本数值类型

高级数据要转换成低级数据时，需用到强制类型转换，例如：

```
int i=1;
byte b=(byte)i; //把 int 型变量 i 强制转换为 byte 型
```

这种使用可能会导致溢出或精度的下降，除非必须，否则不要使用。

虽然数字字面值是一个整数类型的，但是给 byte 赋值时不需要强制类型转换。可以自动把整数类型转换成字节类型。例如：

```
byte theAnswer = 42; //可以通过编译
```

这里为什么不用强制类型转换？如果没有窄化，则整数的字面值 42 是 int 类型，意味着需要强制类型转换：

```
byte theAnswer = (byte)42;  // 允许强制类型转换，但是不要求如此
```

因为编译器自动进行了窄化处理。所以直接赋值，不加强制类型转换是允许的。

如果变量的类型是如下几种，则编译器可以使用窄化基本数据类型。

- 字节和可以表示成字节类型的常量表达式的值。
- 短整型和可以表示成短整型类型的常量表达式的值。
- Character 和可以表示成字符类型的常量表达式的值。

> **术语**：Constant Expression，常量表达式。在编译时可以完全计算出结果的表达式。例如，1*2*3*4*5*6 就是一个常量表达式。

组合赋值运算和普通的赋值运算并不完全等价。例如：

```
short s=1;
s+=1; //这行没问题
```

但是这样写却无法通过编译：

```
s = s + 1;
```

需要强制类型转换：

```
s =(short)(s+1);
```

组合赋值表达式 E1 op= E2 等价于 E1 = (T)((E1) op (E2))，这里 T 是 E1 的类型，只是 E1 仅仅计算了一次。

对于单个 byte 来说，仍然占用 32 位，和 int 一样。但是对于数组来说就不一样了。因为数组中的元素是连续存放的，所以同样长度的 byte 数组比 int 数组占用更少的内存。例如下面这样的整型数组内存会装不下：

```
int len = 50000000;
int[] x = new int[len]; //内存溢出
```

改成这样就没问题了：

```
byte[] x = new byte[len];
```

Java 中没有无符号型整数，而且明确规定了整型和浮点型数据所占的内存字节数，这样就保证了安全性、稳定性和平台无关性。

如果计算的过程中出现溢出，Java 虚拟机不会报错。也就是说，它不能像 C#那样自动检查这样的错误。例如 2147483647 + 1 的结果是一个负数 -2147483648。

```
System.out.println(2147483647 + 1); //输出 -2147483648
```

可以把 assert 语句放到 Java 源代码中来帮助用户检测计算结果溢出。如果不满足断言条件，则抛出错误 java.lang.AssertionError。

使用断言的格式是：

```
assert 布尔表达式 : 字符串表达式;
```

例如，判断计算结果是否溢出的断言：

```
int x = 2147483647;
++x;
assert x>0:"计算结果溢出";
```

如果断言失败，会让程序立刻退出。

所以建议在开发阶段使用断言，产品发布时就去掉。也就是在开发阶段增加虚拟机参数 enableassertions，上线运行时使用参数 disableassertions。

可以把 enableassertions 参数简写成-ea。如果是在 Eclipse 中执行有断言的程序，可以增加虚拟机参数-ea。

2.7.1　类型转换

在计算过程中，如果参与的值类型不一样，则低精度的数自动按高精度的方式计算。例如 byte、short 和 char 在计算时首先转换成为 int 类型。int 会自动转换成 double 类型参与计算。例如：

```
System.out.println(220*2.5*8); //输出 4400.0
```

数值相关类型精度从低到高依次如下：

byte、short、char				
	int			
		long		
			float	
				double

但计算结果不会依据结果类型而自动扩展。例如返回结果定义成双精度类型，但参与计算的都是整数，则整个计算过程都是整数精度，计算完成后，将结果再转换成双精度类型：

```
int freq = 10;
int n = 10000;

double p = freq / n;
System.out.println(p); //输出值是 0.0
```

这样的计算结果可能不是我们想要的。可以显式地指定类型转换参与运算的数。可以在小括号中指定要转换的类型。例如转换成双精度类型的：

```
int freq = 10;
System.out.println((double)freq); //值是 0.001
```

这样，计算的代码可以改成：

```
int freq = 10;
int n = 10000;

double p = (double)freq / n; //值是 0.001
```

整型数加法、乘法的运算总比浮点数快得多，所以运算时应尽量用整型数而不是浮点数。

2.7.2 整数运算

Java 中用 int 表示整数 integer。定义整数变量的格式是：

```
int 变量名;
```

例如：

```
int sum; // 用来存加法的和
```

两个值相加：

```
int sum = 5+6; //定义求和变量
System.out.println("加法的和为" + sum);
```

要求计算出 1 + 2 + 3 + 4 + 5 的和，使用如下代码：

```
int sum = 1 + 2 + 3 + 4 + 5;
System.out.println("(1 + 2 + 3 + 4 + 5)= "+sum);
```

从 1 加到 100，也就是计算 1+2+3+…+100 的值。用 do-while 循环实现。循环都需要一个循环条件。例如定义一个变量 k，循环条件是：(k <= 100)。测试循环条件的代码如下：

```
int k = 20; //循环变量

System.out.println(k <= 100); //输出 true
```

判断一个数是否不大于 100：

```
System.out.println("请输入一个整数:");
BufferedReader reader = new BufferedReader(new InputStreamReader(System.in));
int i = Integer.parseInt(reader.readLine()); //读入一个整数
if (i <= 100)  {
   System.out.println("整数{0}不大于 100! ",i);
} else {
   System.out.println("整数{0}大于 100! ",i);
}
```

用 do-while 循环实现从 1 加到 100 的代码如下：

```
int sum = 0;     //定义求和变量
int k = 1;       //定义值，初始值是 1
do {
    sum = sum + k;       //每次加一个值
    k = k + 1;           //每次加 1
} while (k <= 100);      //一直加到 100
System.out.println("从 1 加到 100 的值为" + sum); //输出: 5050
```

下次要用 1 加到 50，也就是计算 1+2+3+…+50 的值。把 50 这个值抽象成变量 x：

```
int x = 100;              //变量
int sum = 0;              //定义求和变量
int k = 1;                //定义值，初始值是 1
do {
    sum = sum + k;        //每次加一个值
    k = k + 1;            //每次加 1
} while (k <= x);         //一直加到 x
System.out.println("从 1 加到"+x+"的值为" + sum);  //输出从 1 加到 x 的值
```

把计算 1+2+3+…+x 的过程抽象成一个方法。方法名字叫做 getSum。输入参数，返回计算结果。输入参数 x 是整数类型，返回值也是整数类型。方法中的语句用{}包围起来。

getSum 方法实现代码如下：

```
static int getSum(int x){
    int sum = 0;          //定义求和变量
    int k = 1;            //定义值，初始值是 1
    do {
        sum = sum + k;    //每次加一个值
        k = k + 1;        //每次加 1
    } while (k <= x);     //一直加到 x
    return sum;
}
```

这里定义的 getSum 方法接收一个 int 类型的输入参数，返回一个值，返回值的类型是 int。调用这个 getSum 方法计算从 1 加到 100 的值：

```
static void main(string[] args){
    int x = 100; //变量 x 赋值成为 100
    int sum = getSum(x);
    System.out.println("从 1 加到"+x+"的值为" + sum); //输出从 1 加到 x 的值
}
```

2.7.3　数值运算

开发搜索引擎和中文分词应用时，需要计算概率。

例如，有一本现代汉语词典，从词典翻页看到的词是一个动词的概率为多少？

$$P(\text{取出一个动词}) = \frac{\#\text{得到一个动词的方法}}{\text{全部的词}}$$

全部的词 = 对词典中所有的词计数

#得到一个动词的方法 = 是动词的单词数量

如果一个词典有 50000 项，有 10000 项是动词，则找到的词是动词的概率 P(V) = 10000/50000 = 1/5 = 0.2。用程序表示是：

```
int freq = 10000;
int total = 50000;

double prob = freq/total;  //值是 0
```

这样计算动词的概率会有问题。两个整数参与运算，值会取整，这样 prob 的值也就变

成 0 了。只有一个参与运算的值是双精度类型，其他的值也会按高精度的值参与运算：

```
int freq = 10000;
double total = 50000;

double prob = freq/total;  //值是0.2
```

任何数除以 0 就会得到一个无限大的数。Double.isInfinite 判断这个数是否为无限值：

```
double emiprob = (0.1 / 0);
System.out.println ( Double.isInfinite(emiprob) ); //输出 true
```

2.7.4 位运算

计算机最底层只存储 0 和 1 组成的序列。可以把 int 类型看成是 0 和 1 组成的序列，也就是一个二进制数组。布尔变量只存储两种状态。如果每个布尔变量的值用一个字长表示，就会浪费空间，有省空间的表示方法。用 1 编码 true，用 0 编码 false。如果有很多布尔变量需要表示，则用二进制数组中的每一位表示，可以节省空间。

一个字节 byte 在 Java 中是 8 位，可以表示 8 个二进制数。短整型数 short 在 Java 中是 16 位，可以表示 16 个二进制数。整型数 int 在 Java 中是 32 位，可以表示 32 个二进制数。长整型数 long 在 Java 中是 64 位，可以表示 64 个二进制数。

Java 中没有无符号的类型。例如没有无符号的 int 或者无符号的 long。int 和 long 的最高位是符号位。

7.7 转化成二进制就是 111.111。十进制这样的表示方法很难转换成二进制数。

代码中一般用十进制定义整数，如 123、-456、0 等。但是计算机实际用的是二进制。一个熟悉二进制数的方法是玩 2048 游戏。二进制和十进制的转换关系很麻烦，所以还经常用十六进制。古代一斤等于十六两，也就是十六进制计数方式。“十六两”米大致相当于一个成年人一天的口粮，因此就把“十六两”定为一斤。这就是中国古代斤两之间为十六进制的起源。所以有“半斤八两”这个成语。

作为常量的多位二进制数写起来会很长，所以经常用十六进制表示常量，十六进制中的数字由 0～9、A～F 组成，满 16 则进位。A～F 分别表示 10～15。数的二进制表示和十六进制表示对照如表 2-6 所示。

表 2-6　数的二进制表示和十六进制表示对照

二进制表示	十六进制表示
0000	0
0001	1
0010	2
0011	3
0100	4
0101	5
0110	6

续表

二进制表示	十六进制表示
0111	7
1000	8
1001	9
1010	A
1011	B
1100	C
1101	D
1110	E
1111	F

十六进制整数以 0x 或 0X 开头，如 0x123 表示十进制数的 291，-0X12 表示十进制数的-18。如 0xff 就是 11111111 的十六进制表示：

```
int x = 0xff;
System.out.println(Integer.toBinaryString(x)); //输出 11111111
```

此外还有八进制整数：以 0 开头，如 0123 表示十进制数 83，-011 表示十进制数-9。两个十六进制数正好是一个字节，所以十六进制数表示法比八进制更常用。

在 Java 7 中，整数还可以使用二进制来表达。比如：

```
int x = 0b11111111;    //给 x 赋值为 255
```

进制越大，同样的值表现形式越短。

两个二进制数组可以做位运算。位运算是处理器直接支持的基本操作，所以执行速度很快。例如，除法运算往往比较慢，可以用位运算代替。

两个整数或者长整型数可以按位进行逻辑运算。按位与的符号是&。把 0 看成假，把 1 看成真。只有 1&1 结果才为 1，否则为 0。计算结果列表如下：

```
1 & 1 == 1
1 & 0 == 0
0 & 1 == 0
0 & 0 == 0
```

例如：

```
System.out.println(6&3); //输出结果：2
```

6 的二进制：　　0000-0000 0000-0000 0000-0000 0000-0110
3 的二进制：　　0000-0000 0000-0000 0000-0000 0000-0011
按位与的结果：0000-0000 0000-0000 0000-0000 0000-0010　=　2

例如，与运算取得低 8 位值：

```
long x = 0xfe07;
long low = x & 0xff;  //取得变量 x 的低 8 位
System.out.println(Long.toBinaryString(low)); //输出 111
```

有时候需要根据一个大的整数得到一个小的整数，取模运算可以达到这个目的。例如：

```
int h = 0xfe07;
int pos = h % 16;  //h 除以 16 取余数
```

更快的一种方法就是通过与运算：

```
int h = 0xfe07;
int pos = h & 0xf;  //取得 h 的低 4 位
```

把这里的 0xf 叫做掩码(Mask)，因为它屏蔽了除低 4 位以外的其他位。0xf 是 15，可以通过 16-1 得到。取低 n 位的掩码值可以通过 2^n-1 得到。

按位或的符号是|。把 0 看成假，把 1 看成真。只要参与运算的两个位中有一个为 1，该位的结果就是 1。计算结果列表如下：

```
1 | 1 == 1
1 | 0 == 1
0 | 1 == 1
0 | 0 == 0
```

例如：

```
System.out.println(6|4); //输出结果：6
```

6 的二进制是：0000-0000 0000-0000 0000-0000 0000-0110

4 的二进制是：0000-0000 0000-0000 0000-0000 0000-0100

位或的结果： 0000-0000 0000-0000 0000-0000 0000-0110

任何数和 1 做或运算，则结果都不会是 0。例如：

```
System.out.println(x|1); //输出结果不会是 0
```

按位异或的符号是^。就是不带进位的加。若参与运算的两个位中有且只有一个为 1，该位的结果就是 1。计算结果列表如下：

1 ^ 1 == 0

1 ^ 0 == 1

0 ^ 1 == 1

0 ^ 0 == 0

其结果是，把参与运算的两个数中有差别的位置成 1。例如：

```
System.out.println(4 ^ 6); //输出结果：2
```

4 的二进制： 0000-0000 0000-0000 0000-0000 0000-0100

6 的二进制： 0000-0000 0000-0000 0000-0000 0000-0110

异或的结果：0000-0000 0000-0000 0000-0000 0000-0010

左移运算符是<<。例如把 1 左移 8 位：

```
System.out.println(1<<8); //输出 256，也就是 2 的 8 次方
```

例如乘以 2，就是左移 1 位：

```
System.out.println(2<<1); //输出 4
```

例如 3<<2，则结果为 12。

3 的二进制：　　　0000-0000 0000-0000 0000-0000 0000-0011
左移 2 位：　　　　00|00-0000 0000-0000 0000-0000 0000-0011
右边填零的结果：0000-0000 0000-0000 0000-0000 0000-1100　= 12

右移运算符是>>。例如除以 2，就是右移 1 位：

```
System.out.println(4>>1); //输出 2
```

右移 1 位的速度比除以 2 的速度快。

例如，通过位移取得中间 8 位的值：

```
(x >> 8) & 0xff;
```

在右移操作中，空位是填 0，还是填符号位？如果是无符号右移，则右侧空位填零。无符号右移用操作符>>>表示。

>>：右移，例如 6>>2，结果为 1。

6 的二进制：0000-0000 0000-0000 0000-0000 0000-0110
右移 2 位：　0000-0000 0000-0000 0000-0000 0000-01|10　　舍去
结果：　　　0000-0000 0000-0000 0000-0000 0000-0001　= 1

>>>：无符号右移动，例如-6>>>2。

-6 的二进制：1111-1111 1111-1111 1111-1111 1111-1010
右移 2 位：　1111-1111 1111-1111 1111-1111 1111-10|10　　舍去
结果：　　　0011-1111 1111-1111 1111-1111 1111-1110

规律：

<<：就是乘以 2 的移动位数幂。

>>：就是除以 2 的移动位数幂。注意：最高位补的数字由原来的二进制数的最高位，也就是符号位决定。如果是 1 就补 1，如果是 0 就补 0。

注：移动 N 位，就是乘以或者除以 2 的 N 次幂。

>>>：无论最高位是什么都使用 0 补。

位移右边的操作数必须是一个整数，但没有要求必须是正数。所以下面的代码也是合法的：

```
byte b = 13;
b = (byte)(b >> -6);
```

这两行代码的功能是什么？它向左移位了，而不是向右移位了吗。当执行一个移位操作时，只用到了右边操作数的一部分。

如果对一个整数移位，只用到了移位值最右边的 5 位。这样移位的数量总是位于 0～31 的区间内。如果对一个长整型数移位，只会用到移位值最右边的 6 位，移位的距离位于 0～63 之间。

-6 的二进制表示是 11111010。

正在对一个整数移位时，记住任何比整数小的数都会提升成一个整数。所以对字节操作就是相当于对整数操作。因此，只使用最右边的 5 位，二进制的 11010 的十进制表示是 26。

因此前面这个例子等价于：

```
b = (byte)(b >> 26);
System.out.println(b); //输出:0
```

如果把 13 向右移位 26 个位置，就会把所有的实在的数据推走了，把它用零代替了。所以最后得到 b 等于 0。

循环位移，例如向左循环位移：

```
long x =  0xff;
long t = Long.rotateLeft(x, 16); //循环向左移动 16 位，最右边用最左边的 16 位补齐
System.out.println(Long.toBinaryString(t)); //输出:111111110000000000000000
```

负数的左循环位移等价于右循环位移。

给一个数，找一个数，这个数是比给定数大的最小的 2^n。容易想到的一种方法为：反复乘以 2。从小到大试出来那个数。即：

```
int initialCapacity = 1;
while (initialCapacity <= numElements) {
    initialCapacity = initialCapacity << 1; //反复乘以 2
}
```

一个竹笋通过一个增生到 2 个，2 个增生到 4 个，可以迅速扩展到整个田地。另外一种找 2^n 的方法是增生 1：首先得到一个二进制所有位都是 1 的数，然后把这个数加 1，就得到了 2^n。从高位往低位扩展 1。即：

```
/** 返回下一个最大的 2 的 n 次方，如果它已经是 2 的幂或者 0，则返回当前值*/
public static int nextHighestPowerOfTwo(int v) {
  v--;
  v |= v >> 1; //最少 2 个 1，最高 2 位都是 1，所以接下来把它右移 2 位
  v |= v >> 2; //最少 4 个 1，最高 4 位都是 1，所以接下来把它右移 4 位
  v |= v >> 4; //最少 8 个 1，最高 8 位都是 1，所以接下来把它右移 8 位
  v |= v >> 8; //最少 16 个 1，最高 16 位都是 1，所以接下来把它右移 16 位
  v |= v >> 16; //最少 32 个 1，32 位全是 1
  v++;
  return v;
}
```

按位取反运算符~是一元运算符。对数据的每个二进制位取反，即把 1 变为 0，把 0 变为 1。计算结果列表如下：

```
~0 == 1
~1 == 0
```

例如，0010101 取反后变成 1101010：

```
int n=37;
System.out.println(~n); //输出：-38
```

为什么取反后得到这个值。因为在 Java 中，所有数据的表示方式都是以补码形式来表示，如果没有特别的说明，Java 中的数据类型默认为 int。int 数据类型的长度为 32 位，因此，n=100101 的补码运算过程就是：

原码：00000000 00000000 00000000 00100101=37

因为正数的补码、反码、原码都是一样的，所以在 Java 里面保存的 n 的补码就是原码：

补码：00000000 00000000 00000000 00100101=37

~n 取反运算得 11111111 11111111 11111111 11011010。很明显，最高位是 1，意思是原码为负数，负数的补码是其绝对值的原码取反，末尾再加 1，因此，我们可将这个二进制数进行还原：

首先，末尾加 1 得：11111111 11111111 11111111 11011001。

其次，将各位取反得：00000000 00000000 00000000 00100110。这个就是~n 的绝对值形式，|~n|=38，所以，~n=-38。

异或也就是无进位相加。可以通过异或运算取得二进制数组有差别的位：

```
long x = 0xfe07;
long y = 0x07;
long val = x ^ y;  //异或运算
System.out.println(Long.toBinaryString(val)); //输出 1111111000000000
```

要比较人之间的差别，可以手和手比，脚和脚比，鼻子和鼻子比。例如西方人的鼻子往往更大。对长度相同的二进制数组，可以使用对应位有差别的数量来衡量相似度。这叫做海明距离(HammingDistance)。例如：10**1**1**1**01 和 10**0**1**0**01 的第 3 位和第 5 位有差别，所以海明距离是 2。

可以把两个无符号整型数按位异或(XOR)，然后计算结果中 1 的个数，结果就是海明距离。

计算两个数的海明距离：

```
public static int hammingDistance(int x, int y){
    int dist = 0;          //海明距离
    int val = x ^ y;       //异或结果
    // 统计 val 中 1 的个数
    while (val>0) {
        ++dist;
        val &= val - 1; //去掉 val 中最右边的一个 1
    }
    return dist;
}
```

测试：

```
int x = 1;
int y = 2;

System.out.println(hammingDistance(x,y)); //输出结果 2
```

压缩：

```
//压缩第一个和第二个整数成为一个长整型数
public static long makePair(int first, int second, int bits) {
    final long mask = (1L << bits) - 1; //位移 bits 后减 1，这样得到掩码
    return (first & mask) << bits | second & mask;
}
```

或者也可以直接这样写：

```
public static long makePair(int first, int second) {
    long result = first;
```

```
    result <<= 32;
    result |= second;
    return result;
}
```

取得第一个整数：

```
public static int getFirst(long key) {
    return (int) (key >>> 32);
}
```

取得第二个：

```
public static int getSecond(long key) {
    return (int) (key & 0xFFFFFFFFL);
}
```

Java 中有专门的二进制位数组类 BitSet。可以在二进制数组上进行位运算。很多快速计算都会用到它。BitSet 底层使用 long 数组表示二进制数组。

例如冰箱里面放鸡蛋的格子，有就表示 1，没有就表示 0。例如，OCR 识别的时候需要把图像二值化。图像中的一个位置表示数字就用 1 表示，不表示数字就用 0 表示，可以用字符串表示，例如"0011111111100"。但是用二进制数组表示更节约存储空间。

创建一个默认长度的 BitSet 对象：

```
BitSet images = new BitSet();
```

创建一个长度是 16 的 BitSet 对象：

```
BitSet images = new BitSet(16);
```

遍历 BitSet 中所有为 1 的位：

```
BitSet states = new BitSet();

states.set(10); //设置第 10 位成为 1
states.set(18); //设置第 18 位成为 1
// 遍历所有为 1 的位
for (int i = states.nextSetBit(0); i >= 0; i = states.nextSetBit(i + 1)) {
     System.out.println(i); //输出 10 和 18
}
```

用位图实现火车票订票系统，假设每天 5000 个车次，每个车次 5000 个座，每个车次有 100 个经停站，用一位来标识座位是否已经被订，只需要 $5000 \times 5000 \times 100 < 2.5\text{GB}$，不到 1GB 而已。

整数在 Java 里固定占 4 个字节，如果我们存储和传输一个很多整数组成的长数字，并且大部分数的值比较小，就会浪费很多的网络流量和磁盘存储。对正整数编码时，让值小的数占少量几个字节，值大的数占多个字节。这样一来，变短的数相对于变长的数更多，整数数字的总长度就会减少。

变长的正整数表示格式叫做 VInt。每字节分成两部分，最高位和剩下的低 7 位。最高位表明是否有更多的字节在后面，如果是 0，表示这个字节是尾字节，1 表示还有后续字节。低 7 位表示数值。按以下规则编码正整数 x：

如果 $x < 128$，则使用一个字节编码这个数，最高位置 0，低 7 位用原码表示数值。

- 否则如果 x< 128×128，则使用 2 个字节编码这个数。其中第一个字节最高位置 1，低 7 位表示低位数值，第二个字节最高位置 0 ，低 7 位表示高位数值。
- 否则如果 x< 128^3，则使用 3 个字节编码这个数。依次类推。

每字节的低七位表明整数的值，可以把 VInt 看成是 128 进制的表示方法，低位优先，也就是说，随着数值的增大，向后面的字节进位，从 VInt 编码示例表 2-7 可以看出。

表 2-7　VInt 编码示例

值	二进制编码	十六进制编码
0	00000000	00
1	00000001	01
2	00000010	02
127	01111111	7F
128	10000000 00000001	00 01
129	10000001 00000001	01 01
130	10000010 00000001	02 01
16383	11111111 01111111	7F 7F
16384	10000000 10000000 00000001	00 00 01
16385	10000001 10000000 00000001	01 00 01

变长字节编码整数数组例子如下：

整数数组	824	829	215406
差距		5	214577
变长字节编码	10111000 00000110	00000101	10110001 1001100 00001101

对于一个 VInt 字节流来说，其中如果高位是 0，则表示一个数的编码到此为止了，否则，如果高位是 1，就表示后面的字节也是这个数的编码。

为了方便调试，写一个方法把字节转换成二进制字符串。方法是：首先创建一个初始值为 8 个零的字符串缓存，然后把字节中对应位不为 0 的值设置为 1。代码如下：

```
public static String toBinaryString(byte n) {
    //创建一个字符串缓存初始值，并设置初始值为 00000000
    StringBuilder sb = new StringBuilder("00000000");
    for (int bit = 0; bit < 8; bit++) {       //遍历每一位
        if (((n >> bit) & 1) > 0) {           //n 右移 bit 位
            sb.setCharAt(7 - bit, '1');       //设置一个字符的值
        }
    }
    return sb.toString();
}
```

把一个整数的 VInt 编码写入字节缓存：

```
int data = 824; //待编码的正整数
ByteBuffer buff = ByteBuffer.allocate(4); //写入缓存
while ((data & ~0x7F) != 0) { //如果大于 127
    buff.put((byte) ((data & 0x7f) | 0x80)); // 写入低位字节
```

```
    data >>>= 7; // 右移 7 位
}
buff.put((byte) data); //取低 8 位
for (int k=0;k<buff.position();++k) //遍历已经写入的字节
    System.out.println(toBinaryString(buff.get(k)));
```

从字节缓存 buff 中解压缩一个 VInt 编码的整数：

```
buff.rewind();                //重置读取缓存的位置

byte b = buff.get();          // 读入一个字节
int i = b & 0x7F;             // 取低 7 位的值

// 每个高位的字节多乘个 2 的 7 次方，也就是 128
for (int shift = 7; (b & 0x80) != 0; shift += 7) { //如果最高位字节是 1，则继续
    if (buff.hasRemaining()) { //有更多的字节待读入
        b = buff.get(); //读入一个字节
        i |= (b & 0x7F) << shift; // 当前字节表示的位乘 2 的 shift 次方
    }
}
System.out.println(i); //解压缩后得到的数
```

计算机中的一切数据都可以看成是由位组成的，但是却有字符和字符串这样的概念，因为需要从使用的角度来看这些位。

2.8 提高代码质量

代码中可能会存在各种各样的错误。经常把程序中的错误叫做 bug。

当一个程序出现错误时，它可能的情况有 3 种：语法错误、运行时错误和逻辑错误。语法错误是指代码的格式错了，或者某个字母输错了。运行时错误是指在程序运行的时候出现的一些没有想到的错误，如空指针异常、数组越界、除数为零等。逻辑错误是指运行结果与预想的结果不一样，这是一种很难调试的错误。

软件往往是自底向上开发出来的，所以开始可以写出来一些核心模块的代码，写单元代码时需要做单元测试。上线运行时，需要输出日志。如果代码经过修修补补后，结构不好，就需要重构。

2.8.1 代码整洁

写文章要通过缩进分段。缩进同样也能够把代码分段。一般函数体、循环体(for、while、do)、条件判定体(if)和条件选择(switch、case)需要向内缩进一格，同层次的代码在同层次的缩进层上。

可以使用空格或者制表符来实现缩进。如果要使用制表符来实现缩进，可以按一下键盘左上角的 Tab 键，则向里面缩进一格，按下键盘右上角的 BackSpace，就反缩进一格，非常方便。虽然可以使用 4 个空格来代替一个制表符，但是不建议这样做，应使用统一的缩进。

如果不想手工做，IDE 可以帮忙搞定缩进。

2.8.2 单元测试

维修电脑主机时，分别检测主板和内存是否有故障，确定故障在主机的哪个部件。可以通过单元测试确定软件的各个模块功能是否正常。有些很难写的代码模块需要单独拿出来运行，这样方便调试。可以用单元测试的方法运行这些模块。

最简单的方法是，可以把一个类的测试代码直接写在这个类的 main 方法中。往往需要有很多可以直接执行的测试代码。把这些功能不同的代码封装在不同的方法中，这样至少避免了大量的注释代码。

JUnit(http://www.junit.org/)是一个用于单元测试的框架。可以在 Eclipse 中运行 JUnit。JUnit 使用测试用例(Test Case)来测试一个类或者其中的方法是否有效。

每个主要的功能类都有对应的测试类。例如，Search 类的测试类 TestSearch。所有的测试类都需要扩展 TestCase 类，例如，TestSearch extends TestCase。

Eclipse 中的一个项目可以有好几个源代码路径。一般把正式使用的代码放在 src 路径下，把单元测试用到的类放在独立的 test 路径下。

有时候用 JUnit 运行一个方法没有反应，Eclipse 没有执行那个方法，是因为这个方法名不是以 test 开头，将方法名改了就好了。

可以根据给定的输入判断输出是否符合预期。assertEquals 方法判断实际值和期望值是否相同。

例如测试一个位向量：

```
BitVector bv = new BitVector(n);    //新建一个 n 位的位向量
// 增量设置位时，测试位计数
for(int i=0;i<bv.size();i++) {
   assertFalse(bv.get(i));          //第 i 位是 false
   assertEquals(i,bv.count());      //位向量中 1 的数量是 i
   bv.set(i);                       //设置第 i 位是 1
   assertTrue(bv.get(i));           //第 i 位是 true
   assertEquals(i+1,bv.count());    //位向量中 1 的数量是 i+1
}
```

2.8.3 调试

应当正确地编写程序，而不仅仅是把程序调试成正确的就行了。可以输出一些中间状态。例如在 factorial 方法中输出传入的参数。

```
static int factorial(int n){
   System.out.println("n:" + n);
   if(n == 1) //退出条件
      return 1;
   else
      return (n*factorial(n-1)); //向下递归调用
}
```

Eclipse 中有个专门用来调试的透视图(Perspective)。首先设置断点，然后在调试状态下运行程序时，Eclipse 会自动转换到调试透视图。

2.8.4 重构

中文已经发展了 5000 年，古代用文言文，现在用白话文。白话文相对于文言文是结构上的改变。古代的车轮子上没有轮胎。现在公路上运行的大小车辆，基本都有轮胎。

软件同样需要重构。当小的修修补补已经不能适应新环境时，就需要做结构化的调整。例如，C 语言是早期程序设计语言，其中声明函数原型的 include 书写起来麻烦，而且累赘。Java 使用简化的 import 关键字代替。可以把 Java 看成是对 C 语言的重构。

重构代码有时候是为了提高性能。往往首先保证代码运行正确了，然后再改进性能。重构代码时，可以把要重构的代码注释掉，然后重新写实现方法。

在代码调整中，最强有力的手段之一是好的程序分解。小的、明确的程序可以节省空间，因为它们把将要做的工作独立地放到多个地方。它们使程序更容易优化，因为你可以调用每个小程序。小程序相对容易被重写，而长的、拐弯抹角编成的程序很难被理解。

想起来要重构，却不知道从何处着手，或者没有改进的思路。可增加 TODO 说明，方便以后重构代码。很多时候并不是要增加代码量，而是用更少的代码实现同样的功能：

```
//TODO:去掉这个冗余的方法
```

Eclipse 可以在任务视图中列出所有的待完成的任务列表。

用一个执行时间少的程序代替一个执行时间多的程序。下面是几种可能的替换。

- 用加法代替乘法。
- 用乘法代替指数运算。
- 用等价三角函数代替三角函数子程序。
- 用短整型代替长整型。
- 用定点数浮点数代替双精度浮点数。
- 用单精度浮点数代替双精度浮点数。
- 用再次移位操作代替整型乘除法。

可以用单元测试保证重构后的代码有相同的输出。总之，好文章是改出来的，好代码是重构出来的。

2.9 本 章 小 结

小时候，从数数开始学数学。现在从数值类型开始学 Java 程序设计。int 和 double 是最常用的数值类型，此外还有 short、long、byte 和 float 类型。

有的运算符是一元的，例如自增运算符，或者逻辑运算符中的!。大部分运算符是二元运算符，例如+或者-。只有一个三元运算符。

德国数学家莱布尼兹系统地提出了二进制算术。

break、continue 语句用来控制流程的跳转。break 可用于从 switch 语句、循环语句或标号标识的代码块中退出。continue 可用于跳出本次循环，执行下一次循环，或执行标号标识的循环体。

早期的程序经常使用 goto 语句来控制语句执行，容易导致代码逻辑混乱。结构化程序设计方法规定使用顺序、选择、循环三种基本控制结构构造程序。如果一定要实现类似 goto 的功能，可以用标签化的 break 和 continue 语句。

在编写程序的过程中，往往出现相同类型的操作需要重复出现，如实现 1+2+…+100，则需要做 99 次加法，这类问题如果使用循环语句解决，则可以简单地实现。即循环语句用于实现语句块的重复执行。根据问题的具体情况，Java 中提供了四种不同的循环机制：for 循环、while 循环、do-while 循环和 foreach 循环。与 for 循环语句比较，while 语句使用的频率要低一些，它可以用于不知道循环次数的情况。

汉字是由图画简化成的。可以把 Java 中的关键词看成是自然语言表述的简化。人们并不需要认识所有的汉字以后才开始写作文。同样，并不是要求认识 Java 中所有的关键词后才开始写程序。本阶段需要掌握的关键词如下。

- 用于定义数据类型的关键词：byte、short、int、long、char、boolean、float、double、void、final。
- 用于定义布尔数据类型值的关键词：false、true。
- 用于定义流程控制的关键词：if、else、return、switch、case、while、for、default、continue、break。
- 用于创建复杂数据类型的关键词：new。

世界上最遥远的距离，是我在 if 里你在 else 里，似乎一直相伴又永远分离；世界上最痴心的等待，是我当 case 你是 switch，或许永远都选不上自己。continue 是符合循环条件却不执行，就好像考上公务员了，却没岗位。

在程序中使用的变量名、方法名、常量名等统称为标识符。要注意不能使用关键词作为标识符。

> **术语：**identifier，标识符。在程序中自定义的一些名称称为标识符。由 26 个大小写英文字母、数字、下划线(_)、美元符号($)组成。

JavaDoc 就是方法定义部分的说明文档，它只给出方法说明，却不给出方法的具体实现。而方法实现则在源代码中。

很多比较难写的 Python 代码是调试出来的，Java 代码是单元测试出来的。因为单元测试的代码能保留下来，所以 Java 在这点上有优势。

第 3 章　面向对象编程

最早的程序设计是面向过程的，也就是把写的代码放在函数里。

但是光有函数还不够，还要根据条件数据决定调用哪个函数，所以要同时封装函数和数据，这就叫做面向对象编程。

术语：encapsulation，封装。目的是增强安全性和简化编程。

对象把相关的数据和方法封装在一起。例如 HashMap，如果把数据和查找的过程分开就难以使用。

为了实现一个搜索引擎。需要写很多的代码。为了方便管理，需要把这些代码封装到不同的类中。例如，网页中的内容抽象成一个文档类。查询词也抽象成一个词类。

3.1　类和对象

软件往往由很多行代码组成，也是一个复杂的系统，为了能够封装细节，需要抽象出对象。只要写出对象的实现代码，就可以创建出这个对象并使用它。但是往往要创建很多结构相同的对象。例如“Java 软件开发”这个文本中包含三个词[Java] [软件] [开发]。可以把这三个词封装成结构相同的三个对象。

类就是对对象的定义。对象是类的一个实例。可以把这三个对象看成来自同一个类的三个实例。把这个类命名为 Token，如图 3-1 所示。

如果将对象比作房子，那么类就是房子的设计图纸。在 Java 中，类往往就是一个.java 文件编译出的.class 文件。对象就是类代码到内存区域的一个映射。

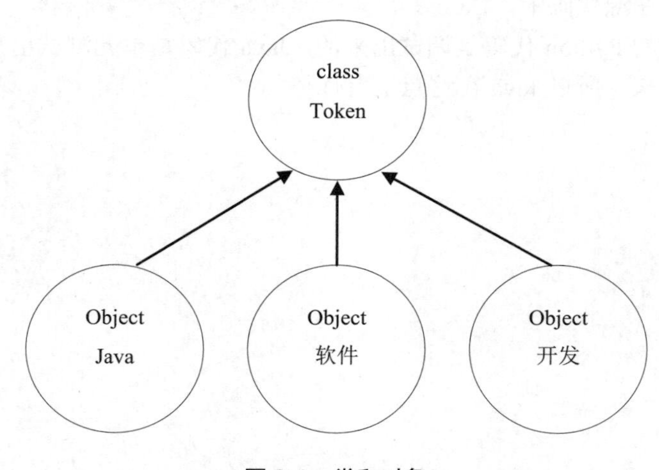

图 3-1　类和对象

3.1.1 类

如果有汽车的设计图，汽车厂就可以造出很多的汽车。如果有类的定义，Java 虚拟机就可以创建出需要的对象。平时写的代码就是类的定义。对象是在运行时创建出来的。

类的定义中包括属性和方法。符合社会契约的行为让人更容易融入社会。良好的编程风格是产生高质量程序的前提。类名和方法名一般都是大写字母开头，而变量名则是小写字母开头。类名也遵循标识符的命名约束。例如，定义一个类，表示文档中的一个词：

```
public class Token {
}
```

Java 源文件的扩展名为.java，而且源文件去掉扩展名后的名字必须与类名相同。Token 类必须放在 Token.java 文件中，因为文件名是区分大小写的，所以这里的 T 只能大写。

3.1.2 类方法

如果只需要一些互相独立的方法，则可以定义一些类方法。例如把数组转换成可读的字符串，可以调用 java.util.Arrays 类的 deepToString(array)方法输出数组中的内容。例如：

```
String[][] pronouns = {{"我","你","他","它"},
          {"我们","你们","他们"}};
System.out.println(java.util.Arrays.deepToString(pronouns));
```

输出结果：

```
[[我, 你, 他, 它], [我们, 你们, 他们]]
```

通过类名就可以调用 deepToString 方法，所以叫做类方法。这样的方法也叫做静态方法，用 static 关键词修饰。

```
public static String deepToString(Object[] a) {
 //方法实现
}
```

程序执行的入口方法 main 也是静态方法。

3.1.3 类变量

有些变量当作常量用，从程序运行开始就一直不变。在 C#中，使用 const 关键词修饰常量，但是 Java 语言的设计者认为开发者不需要 const 关键词。在 Java 中，一般把值不会改变的变量声明成 final 类型的，表示以后不会再修改它。例如，定义词性编码：

```
public class PartOfSpeech {
  public static final byte a = 1; //使用 final 来定义常量
  public static final byte n = 2;
  public static final byte v = 3;
}
```

final 修饰的变量只能赋值一次，所以下面的代码则无法通过编译：

```
final String constName =  "jack";
constName =  "mike"; //不能再次赋值给 final 修饰的变量
```

如果需要动态给这个常量赋值，则可以放在 static{}程序块中。而且最好放在一个单独的类中，这样其他的类就可以把它当成静态常量访问。例如判断程序运行的 Java 虚拟机是否是 64 位的：

```
public final class Constants {
    //取得操作系统属性
    public static final String OS_ARCH = System.getProperty("os.arch");

    public static final boolean JRE_IS_64BIT;  //常量
    static {  //静态块
        String x = System.getProperty("sun.arch.data.model");
            //取得虚拟机系统属性
        if (x != null) {
            JRE_IS_64BIT = x.indexOf("64") != -1;
        } else {
            if (OS_ARCH != null && OS_ARCH.indexOf("64") != -1) {
                JRE_IS_64BIT = true;
            } else {
                JRE_IS_64BIT = false;
            }
        }
    }
}
```

3.1.4 实例变量

任何词都有字符串表示它的值，每个词有自己的字符串值。字符串值就是 Token 的一个实例变量。每个对象有一个自己的实例变量值。例如：

```
public class Token {
    public String term;        // 词
    public int start;          // 词在文档中的开始位置
    public int end;            // 词在文档中的结束位置
}
```

没有用 static 关键词修饰的类变量就是实例变量。可以通过 this.term 访问实例变量 term：

```
public void setTerm(String term){ //设置一个对象自己专有的词
   this.term = term; //设置实例变量的值
}
```

可以把实例变量设置成外部不能直接访问的，也就是私有的实例变量。私有的实例变量用 private 关键词修饰：

```
public class Token {
   private String term; //词

   public void setTerm(String t){ //设置一个对象自己专有的词
      term = t; //设置实例变量的值
   }
}
```

经常把一些内部数据设置成私有的实例变量。例如存放整数的动态数组类中保存数据的数组是私有的：

```
public class DynamicArrayOfInt {     // 存放整数的动态数组
   private int[] data;               // 保存数据的数组

   public DynamicArrayOfInt() {      // 构造器
      data = new int[1];             // 按需增长的数组
   }

   public int get(int position) {    // 得到数组中指定位置的值
      return data[position];
   }

   public void put(int position, int value) {  //把值存储到数组中指定位置
      //为了包含这个位置，如果需要，数据数组大小会增长
      if (position >= data.length) {
         // 如果指定的位置超出了数据数组的实际大小，则把数组的大小翻倍
         // 如果仍然不包含指定的位置，则新数组的大小设置成 2*position
         int newSize = 2 * data.length;
         if (position >= newSize)
            newSize = 2 * position;
         int[] newData = new int[newSize];
         System.arraycopy(data, 0, newData, 0, data.length);
             //复制内容到新的数组
         data = newData; //用新数组代替原来的数组
      }
      data[position] = value;
   }
}
```

测试这个动态数组类：

```
DynamicArrayOfInt numbers;
numbers = new DynamicArrayOfInt();

numbers.put(0,0); //放入一个整数
numbers.put(1,1); //放入另外一个整数

System.out.println(numbers.get(0)); //得到元素
```

类中定义的变量也叫做属性。用 static 关键词修饰的类变量叫做静态变量。

静态变量在内存中只有一个，Java 虚拟机在加载类的过程中为静态变量分配内存，静态变量位于方法区，被类的所有实例共享。静态变量可以直接通过类名进行访问，其生命周期取决于类的生命周期。所以静态变量又叫做类变量。例如，System 类中有个静态类变量 out，可以通过 System.out 访问这个静态类变量。

在方法中定义和使用的变量叫做局部变量。就好像一次性使用的餐具，用完一次就要回收了。

根据变量所处的位置，把变量分为静态变量、实例变量和局部变量。下面是一个静态变量、实例变量和局部变量的完整例子：

```
public class Person{
    static int chromosomeNumber = 23; //静态变量
    private String name; //实例变量

    public void eat(){
```

```
        String food = "米饭"; //局部变量
    }
}
```

不仅仅是变量有静态变量和实例变量之分，方法也有静态方法和实例方法。打印计算结果的例子并没有创建对象。因为 main 是一个静态方法，不属于任何一个具体的对象。就好像世界文化遗产，不属于任何某个人，而是全人类共享的。而 Person 类中的 eat()方法就是实例方法。

可以像调用其他的静态方法一样调用 main 方法。例如，ClassA 调用 ClassB 的 main 方法：

```
ClassB {
    public static void main(String[] args) {
        System.out.println("ClassB main() Called");
    }
}

ClassA {
    public static void main(String[] args) {
        System.out.println("ClassA main() Called");
        ClassB.main(args);
    }
}
```

3.1.5 构造方法

一个人的先天基因很重要，一个对象的初始状态也很重要。可以通过构造方法初始化对象中的属性。例如，构造一个 WordToken 类：

```
public class WordToken {
    public String term;      //词
    public int start;        //开始位置
    public int end;          //结束位置

    public WordToken(String t, int s, int e) { //构造方法
        term = t;            //参数赋值给实例变量
        start = s;
        end = e;
    }
}
```

> **术语：** Constructor，构造器。又叫构造方法，是创建对象时自动调用的方法，用来完成类初始化。

构造方法与类同名，无返回值，甚至不需要用 void 关键字特别声明。因为构造方法只能返回一个类所对应的对象，所以构造方法不定义返回值的类型。构造方法不显式地返回值，所以不能写 return object 这样的语句。

可以通过 this.term 访问 WordToken 的实例变量 term，所以构造方法可以这样写：

```
public WordToken(String t, int s, int e) { //构造方法
    this.term = t; //用 this 关键字作前缀修饰词来指明 term 是当前对象的实例变量
```

```
    this.start = s;
    this.end = e;
}
```

例如，创建一个 WordToken 类需要传入三个参数：词本身、词的开始位置和结束位置：

```
WordToken t = new WordToken("剧情", 0, 2); //出现在开始位置的“剧情”这个词
```

这里调用构造方法 WordToken(String t, int s, int e)来创建这个 WordToken 类的实例。

在创建对象时调用构造方法。所有类都有构造方法，如果不定义构造方法，则系统默认生成空的构造方法，若有定义的构造方法，那么默认的构造方法就会失效。例如下面的代码：

```
public class FAQTokenizerFactory { //有个无参数的构造方法
    public void create(Reader input) {
        //;
    }
}
```

因为 FAQTokenizerFactory 有默认的无参数构造方法，所以可以通过 new FAQTokenizerFactory(); 语句创建一个实例。

有的类只是用来存放数据，没有特别的方法。把这样的类叫做 POJO (Plain Old Java Object)类。还有些是用来执行任务，例如爬虫类或者搜索类。

不能定义下面这样的构造方法：

```
public class RecursiveConstructor {
    private RecursiveConstructor rm;

    public RecursiveConstructor() { //构造方法
        rm = new RecursiveConstructor(); //递归调用
    }

    public static void main(String[] args) {
        RecursiveConstructor recursive = new RecursiveConstructor();
        System.out.println("不会到这里");
    }
}
```

因为在构造方法中递归调用了构造方法，所以会产生 java.lang.StackOverflowError 异常。

签署合同时，为了防止被篡改，双方各拿一份副本。同样，在构造方法中设置对象的状态时，需要防御性地复制对象，以避免对象的内部状态被改变了。例如，以下的代码定义了一个 Student 类，它有一个私有的属性 birthDate，在对象构造的时候初始化：

```
public class Student {
   private Date birthDate; //生日

   public Student(birthDate) {
      this.birthDate = birthDate;
   }

   public Date getBirthDate() {
      return this.birthDate;
   }
}
```

现在有其他的代码使用这个 Student 对象。

```
public static void main(String []arg) {
    Date birthDate = new Date();
    Student student = new Student(birthDate);

    birthDate.setYear(2019);

    System.out.println(student.getBirthDate());//student对象中的值被改变了
}
```

上面的代码中，创建了一个 Student 对象，用一个默认的 birthDate。但是当我们改变 birthDate 对象的年份时，student 对象的生日也改变成了 2019。

为了避免这样的情景发生，使用防御性的复制机制。改变 Student 类的构造器代码如下：

```
public Student(birthDate) {
    this.birthDate = new Date(birthDate);
}
```

这样就保证有 birthDate 的另外一个副本专门用在 Student 类中。

对象往往用来实现某种功能。为了调用方便，不要暴露对象内部实现的细节。为了运输方便，会把物品包装起来。封装在内部的属性或者方法用 private 关键词修饰，暴露在外的属性或者方法用 public 关键词修饰。例如，main 方法用 public 关键词修饰。文本中的一个词包括开始位置和结束位置，把这些都定义成外部可以访问的：

```
public class Token{          //对词的定义
    public String term;      //词
    public int start;        //开始位置
    public int end;          //结束位置
}
```

可以使用 UML 类图来形象地描述一个类。Java 类和对应的 UML 类图如图 3-2 所示。

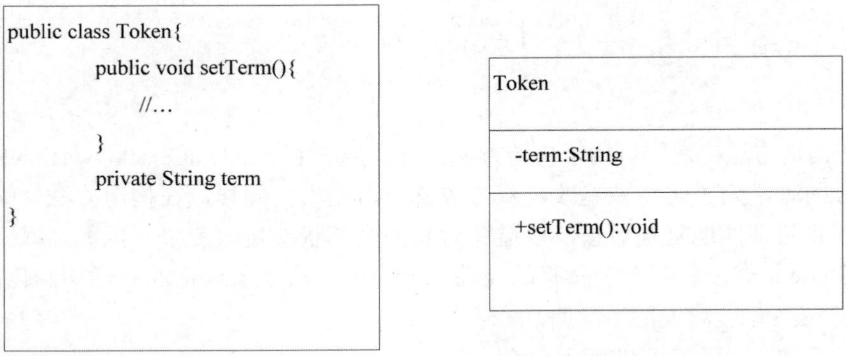

```
public class Token{
        public void setTerm(){
            //...
        }
        private String term
}
```

Token
-term:String
+setTerm():void

图 3-2　UML 类图

初学者可以在 BlueJ(http://www.bluej.org/)开发环境中画 UML 类图。在 BlueJ 中画好类图后，BlueJ 根据类图自动生成代码。

像 setTitle 这样设定私有变量值的方法曾经很流行。还可以通过 getTitle 得到属性值。

```
public class Document {
    private String title; //私有变量
```

```
    public String getTitle() { //得到私有变量的值
        return title;
    }
    public void setTitle(String name) { //设定私有变量的值
        this.title = name;
    }
}
```

Eclipse 可以自动生成一个类中指定属性的 get 和 set 方法。而且有些 Web 开发框架依赖这样的编程约定。

3.1.6　对象

就好像世界有很多各种各样的生物，Java 虚拟机的内存中也有很多各种各样的对象。

创建一个对象，并给它起一个名字：

```
public class Document{
    …
    public static void main(String args[]) {
        Document d = new Document(); //新建一个对象，名字叫做 d
        d.setTitle("真人真事");
    }
}
```

这里已经看到了如何生成对象。创建一个 Document 类的语句：

```
new Document(); //调用没有参数的构造方法来创建一个对象
```

默认有一个不需要传递参数的构造方法，这里调用了这个构造方法。使用 new 关键字生成对象的通用语法如下：

```
new 类名(); //调用没参数的构造方法创建一个对象
```

往往把生成的对象赋值给一个变量，例如：

```
Document doc = new Document();
```

抽象出创建对象的一个常见的语法格式是：

```
类名 变量名 = new 类名();
```

每个对象都占据不同的内存空间。使用关键字 new 来为对象分配空间，也就是实例化对象。关键字 new 声明了对象的诞生。但是不是所有的数据类型都是对象。一些基本的数据类型如 int、boolean 等都不是对象，不能够用 new 的方式实例化。

在面向对象编程中，“文档的标题”用“doc.title”语句表示。

车牌号用来唯一标识一辆车。现在创建一个叫做 c 的车牌号：

```
Car c = null; // null 是啥意思？就是空
```

现在光有车牌没有车。变量 c 并没有存储值，而是用来引用一个对象。需要注意：一个对象变量并没有实际包含一个对象，而仅仅是一个对象的引用。这里的 c 只是类似一个车牌号，并不是车本身。一辆车挂一个牌号：

```
Car c = new Car(); //创建一个对象
```

一辆车可以挂两个牌照：

```
Car d = c; //d 和 c 都代表同一辆车，两个变量引用同一个对象
```

相当于一辆车上同时挂了 d 和 c 两个车牌号。用箭头表示 c 和 d 这样的对象变量，如图 3-3 所示。

图 3-3　一个对象和引用这个对象的变量

我们使用天平测量两个物体是否相等。看两个变量是否相等时，通常使用“==”关系运算符。例如：

```
int i = 1;
int j = 2;
if (i == j) {
   System.out.println("两个变量的值相等");
}
```

可以用“==”比较两个对象变量是否引用同一个对象：

```
public class Document {
    public static void main(String args[]) {
        Document  p = new Document(); //新建一个对象
        Document  p2 = p;
        System.out.println(p2 == p); //两个对象变量都指同一个对象，所以返回 true
    }
}
```

如果对应两个不同的对象呢？例如：

```
Document  p = new Document();    //新建一个对象
Document  p2 = new Document();   //现在是两个文档，多了一个文档
System.out.println(p2 == p);     //返回 false
```

对于 int 或者 long 这样的基本数据变量，可以使用等号比较。比较两个对象变量有两种意义：一种是判断是否指向同一个对象，还有一种是比较两个对象变量中是否放了等价的东西。例如两个同样批次的药品在效用上是等价的。等号用于比较两个对象变量是否指向同一个对象。例如对于字符串对象：

```
String nameA = "jack";
String nameB = new String("jack");
if (nameA == nameB) {
   // 判断无法成立，因为两个变量所指对象的内存地址不同
   System.out.println("两个变量的值相等");
}
```

对于下面的代码：

```
String s = "abc";
String t = "abc";
```

编译器只创建一个"abc"，而 s 和 t 都表示同一个字符串常量。因此 s == t 的结果是 true。然而，如果写：

```
String u = "a" + "bc";
```

则 s == u 会是 false。

对象的 equals 方法用于比较两个对象变量内容是否相同。例如：

```
String nameA = "jack";
String nameB = new String("jack");
System.out.println(nameA.equals(nameB)); //判断成立，因为两个对象的内容都是"jack"
System.out.println(nameA == nameB); //不是同一个引用，所以返回 false
```

这里的 nameA 和 nameB 可以替换使用，但不是同一个东西。例如，两个同样型号的钻头，可以等价地用，但毕竟是两个，不是一个。

经常需要判断用户输入的密码和系统内部保存的是否相等。==可以用来比较两个基本数据类型，或者比较两个变量是否引用同一个对象。如果要比较对象的内容是否相等，就要用对象的 equals()方法。

如果没有赋值就使用一个变量，这样的代码连编译都通不过。但是一个对象型的变量可能赋成空值，这时候，调用变量的方法会产生空指针异常。例如：

```
String name = null;
if (name.equals("jack")){ // 会产生空指针异常
    //...
}
```

就好像要刷卡的时候，却发现卡里没钱了。为了避免空指针异常，比较一个常量字符串和变量字符串是否相等时，最好调用常量字符串的 equals 方法。例如：

```
String name = null;

if ("jack".equals(name)) {  // 即使 name 是 null，也不用担心空指针异常
    //...
}
```

往往用实例方法 toString()返回一个描述对象内部状态的字符串：

```
public class Token {
    public String term;          // 词
    public int start;            // 开始位置
    public int end;              // 结束位置

    public Token(String t, int s, int e) { // 构造方法
        term = t;
        start = s;
        end = e;
    }

    public String toString() {  // 用于显示对象的内容
        return this.term + ":" + this.start + ":" + this.end;
    }
}
```

使用 toString()方法：

```
Token t = new Token("汽车",1,2);
System.out.println(t);
```

System.out.println 只能输出字符串，所以，所有需要输出的对象都会被转化成字符串。当一个对象实例被转化成字符串时，Java 就会自动调用 toString()方法返回一个字符串。要学会用 toString 方法输出对象内部状态，方便调试程序。

BlueJ 可以以图形化的方式显示对象在内存中存在的状态。

3.1.7 实例方法

有的类只是用来存放数据，没有特别的方法，例如上面的 WordToken 类。把这样的类叫做 POJO (Plain Old Java Object)类。还有些是用来执行任务，例如爬虫类或者搜索类。

例如，创建一个分隔字符串的类 StringTokenizer。StringTokenizer 类中有个实例方法，返回下一个词，这个方法叫做 nextToken。例如对于字符串"Mary had a little lamb"，采用空格分隔时，第一次调用 nextToken()方法，返回单词"Mary"。第二次调用 nextToken()方法，返回单词"had"。使用 StringTokenizer 从英文句子中切分出单词的例子如下：

```
String words = "Mary had a little lamb";  //待分割的字符串
//按空格分割输入的字符串
StringTokenizer st = new StringTokenizer(words, ' ');
            //创建一个叫做 st 的对象

//每次返回一个分割出来的词
String word = st.nextToken();     //取得下一个词，调用对象 st 的 nextToken()方法
System.out.println(word);         //输出词 Mary
word = st.nextToken();            //取得下一个词，再次调用对象 st 的 nextToken()方法
System.out.println(word);         //输出词 had
```

StringTokenizer 类实现如下：

```
public class StringTokenizer {        //按指定字符分隔字符串的类
    private int currentPosition;          //当前位置
    private string str;                   //字符串
    private char delimiters;              //分隔字符
    public StringTokenizer(string str, char delimiters) {  //构造方法
        currentPosition = 0;      //当前位置设成零
        this.str = str;           //要分隔的字符串
        delim = delimiters;       //指定分隔字符
    }
    public string nextToken() {
        //返回一个字符串
    }
}
```

每次调用 nextToken 方法，实例变量 currentPosition 的值都会增加。nextToken 用到了实例变量 currentPosition，所以叫做实例方法。nextToken()方法实现如下：

```
public string nextToken(){
    //找到词的开始位置
    while (currentPosition < str.length() && str.charAt(currentPosition) == delim){
        currentPosition++; //跳过所有的分隔字符
```

```
    }
    //找到词的结束位置
    int newPosition = currentPosition;
    while (newPosition < str.length() && str.charAt(newPosition) != delim) {
        newPosition++; //前进到分隔字符或字符串的结束位置
    }
    int start = currentPosition;      //词的开始位置
    currentPosition = newPosition;    //词的结束位置
    return str.substring(start, currentPosition); //返回一个字符串
}
```

使用 StringTokenizer 逐个输出字符串中空格分开的量词：

```
String words = "个 条 片 篇 曲 堵 只 把 根 道 朵 支 间 句 门 台 株 出 头 辆 架 座 棵
首 匹 幅 本 面 块 部 扇 件 处 粒 期 项 所 份 家 床 盏 位 身 杆 艘 副 顶 卷 具 轮 枝 枚
桩 点 尊 场 吨 列 爿 届 剂 栋 幢 种 员 口 则 页 滴 户 垛 毫 体 尾 公 队 起 针 着 套 幕
级 册 团 堂 对 丸 领 行 元 张 颗 封 节 盘 名 眼 宗 管 次 阵 顿";

StringTokenizer st = new StringTokenizer(words, ' ');
while(st.hasMoreTokens()) {             //判断是否还有更多的词
    String word = st.nextToken();     //取得下一个词
    System.out.println(word);         //输出这个词
}
```

3.1.8 调用方法

调用方法的时候往方法栈中压入基本元素类型和对象的引用。方法调用结束后，方法栈出栈。

方法体里面的很多计算都是在栈顶计算。出栈的时候，方法中的局部变量和对象的引用都随着被调用方法所属的帧栈一起消失了，只是把方法的返回值赋值给调用方法的帧栈中的一个变量。

典型的调用顺序如下。

(1) 从左到右计算参数。如果参数是一个简单的变量或者是字面值常量，则不需要计算。若使用一个表达式作为参数，则在调用方法前，必须计算表达式。

(2) 在调用栈压入一个新栈帧。当调用一个方法时，需要内存来存储如下信息：

- 参数和局域变量。这部分信息存储在栈帧中。
- 当调用方法返回的时候，从哪里开始继续执行。

(3) 初始化参数。当计算出参数的值以后，分配给被调用方法的局域参数。

(4) 执行这个方法。在这个方法的堆栈帧初始化后，从第一条语句开始正常继续执行。也可以执行调用其他的方法。如果调用其他方法，将往调用栈上压入和弹出自己的栈帧。

(5) 从这个方法返回。当碰到一个 return 语句，或到达一个 void 方法的结束位置时，该方法返回。对于非 void 的方法，把返回值传递回调用方法。调用方法的栈帧存储弹出调用栈。从堆栈中弹出的东西速度很快，只是指针移动到以前的栈帧。在紧接着调用的方法产生调用后的地方继续执行。

3.1.9 内部类

一个类可以包含另外一个类。例如一个树类，可以包含一个节点类。可以把节点定义成内部类。例如：

```
public class Tree {
    public final class TreeNode {  //内部类
        //...
    }

    //...
}
```

在内部类中能访问外围类的所有实例变量。

创建内部类的实例有特殊的说法。例如对于 TreeNode 类，不能直接通过下面这样的方式创建：

```
new Tree.TreeNode();
```

而只能通过下面这样的方式创建一个 TreeNode：

```
(new Tree()).new TreeNode();
```

可以把内部类声明成静态的，直接创建静态的内部类。例如：

```
public class UnicodeBOMInputStream {
    public static final class BOM {
    }
}
```

直接创建 BOM 的实例：

```
new UnicodeBOMInputStream.BOM();
```

通过调用父类的 this 属性，子类可以得到父类对象的引用。例如 BooleanQuery 中的子类 BooleanWeight 在 getQuery()方法中，通过 BooleanQuery.this 得到父类对象的引用：

```
public class BooleanQuery  {
  protected class BooleanWeight {
    public Query getQuery() { return BooleanQuery.this; }
    }
}
```

3.1.10 克隆

当把对象赋值给一个变量时，原始变量与新变量引用同一个对象。这就是说，改变一个变量所引用的对象将对另一个变量产生影响。

如果创建一个对象的新拷贝，它的最初状态与原对象一样，但以后将可以各自改变各自的状态，这叫做深拷贝。就需要使用 clone 方法。

对象可以声明实现 Cloneable 接口来说明它支持深拷贝。在这里，Cloneable 接口的出现与接口的正常使用没有任何关系。尤其是，它并没有指定 clone 方法，这个方法是从 Object 类继承而来的。

接口在这里只是作为一个标记，表明类设计者知道要进行克隆处理。如果一个对象需要克隆，而却没有实现 Cloneable 接口，就会产生一个 java.lang.CloneNotSupportedException 异常。

在复制时，并不会调用被复制的对象的构造器，复制对象就是原来对象的拷贝。

如果一个操作 IO 流的对象被复制了，这两个对象都能对同一 IO 流进行操作。进一步说，如果它们两个中的一个关闭了 IO 流，而另一个对象可能试图对 IO 流进行写操作，这就会引起错误。因此，除非有很好的理由，否则不要实现 Cloneable。

因为复制可以引起许多问题，所以 clone()在 Object 类中被声明为 protected。所以子类往往重写这个方法，并且声明 clone()成 public。例如，词典中的词条类 Lexical 实现如下：

```
public final class Lexical implements Cloneable {
    public String mean;
    public int offset;

    @Override
    public Object clone() {
        try {
            // 调用 Object 中的 clone 方法
            return super.clone();
        } catch(CloneNotSupportedException e) {
            System.out.println("Cloning not allowed.");
            return this;
        }
    }
}
```

Lexical.mean 属性原来的值是 a feather in * cap，在实际使用时改成 a feather in her cap。测试深拷贝 Lexical：

```
Lexical x1 = new Lexical();
x1.mean = "a feather in * cap";

Lexical x2 = (Lexical) x1.clone(); // 直接调用 clone()方法
x2.mean = "a feather in her cap";
System.out.println("x1: " + x1.mean); //输出 x1: a feather in * cap
System.out.println("x2: " + x2.mean); //输出 x2: a feather in her cap
```

3.1.11　结束

对象结束后调用 finalize()方法。只有当垃圾回收器释放该对象的内存时，才会执行 finalize()。

只有在垃圾回收器认为你的应用程序需要额外的内存时，它才会释放不会再用到的对象的内存。情况经常是这样的：一个应用程序给少量的对象分配内存，因为不需要很多内存，于是垃圾回收器没有释放这些对象的内存就退出了。

如果你为某个对象定义了 finalize()方法，Java 虚拟机可能不会调用它，因为垃圾回收器不曾释放过那些对象的内存。调用 System.gc()也不会起作用，因为它仅仅是给 Java 虚拟机一个建议而不是命令。调用 System.runFinalizersOnExit()方法可强制垃圾回收器清除所有独立对象的内存。

3.2 继　　承

事物不仅有类别，而且还有分类层次。全文检索的索引可以以文件的形式存在，也可以位于内存中。设计一个抽象类 Directory。有两个实体类：文件存储方式的 FSDirectory 和内存方式的 RAMDirectory。首先定义父类：

```
//抽象路径
public abstract class Directory {
    public abstract IndexInput openInput(String name);
}
```

子类继承父类使用 extends 关键词：

```
//文件存储方式
public class FSDirectory extends Directory {

    @Override
    public IndexInput openInput(String name) {
        //打开文件
    }
}

//内存存储方式
public class RAMDirectory extends Directory {

    @Override
    public IndexInput openInput(String name) {
        //开辟内存区域
    }
}
```

抽象类用 abstract 关键字修饰。抽象类不能被实例化，即不允许创建抽象类本身的实例。没有用 abstract 修饰的类称为具体类，具体类可以被实例化。

toString 方法返回一个描述对象内部状态的字符串。所有的对象都有 toString 方法，这些共同的方法在 Object 类中定义，Object 是所有对象的共同祖先。System.out.println 方法会自动调用对象的 toString()方法。

```
Person jackson = new Person("jackson");
System.out.println(jackson);
```

因为 Object 是所有对象的共同祖先，所以很多时候一个类直接继承 Object 类。因此在写法上可以省略对 Object 类的继承。也就是说，class Person{ … }和 class Person extends Object{ … }的意思一样。

3.2.1 重写

术语：override，重写。子类重新实现基类中的方法，叫做重写这个方法。

System.Object 默认提供的 toString()方法会返回类型的名称。这样的信息一般没有什么用处，所以需要重写 Object 的 toString()方法。也就是覆盖这个方法的实现。例如：

```
public class Token {
    public String term;       // 词
    public int start;         // 开始位置
    public int end;           // 结束位置

    public Token(String t, int s, int e) { // 构造方法
        this.term = t;
        start = s;
        end = e;
    }

    @Override
    public String toString() { // 用于显示对象的内容
        return this.term + ":" + this.start + ":" + this.end;
    }
}
```

这里的 toString 方法使用@Override 标记，表示这个方法重写父类中的方法。

Object 有默认的 equals 方法，但是默认的 equals 实现效果和==一样。

```
public boolean equals(Object obj) {
   return (this == obj);
}
```

所以往往需要重写 equals 方法。equals(Object o)方法返回一个布尔类型的值。例如，一句话中的每个词都有一个唯一的编号，只有编号不同的词才认为是不同的：

```
public class TermNode {
    public String term; //词本身
    public int id;      //在句子中唯一的编号

    @Override
    public boolean equals(Object o) {
        if(!(o instanceof TermNode)) //判断传入对象的类型
            return false;
        TermNode that = (TermNode)o;

        return (this.id == that.id);
    }
}
```

在重写对象的 equals 方法时，要注意满足离散数学的特性。

- 自反性：对任意引用值 x，x.equals(x)的返回值一定为 true。
- 对称性：对于任何引用值 x,y，当且仅当 y.equals(x)返回值为 true 时，x.equals(y)的返回值一定为 true。
- 传递性：如果 x.equals(y)=true，y.equals(z)=true，则 x.equals(z)=true。
- 一致性：如果参与比较的对象没任何改变，则对象比较的结果也不应该有任何的改变。
- 非空性：任何非空的引用值 x，x.equals(null)的返回值一定为 false。

两个等价的对象往往必须是同一个类的实例。instanceof 关键词用来判断一个对象是否是某一个类的实例。例如：

```
Person p = new Person(); //新建一个对象
System.out.println(p instanceof Person); //输出 true
```

不可以被子类覆盖的方法用 final 来修饰。例如 getClass 方法：

```
public final Class<?> getClass()
```

可以覆盖的方法则不用 final 修饰。例如 toString 方法：

```
public String toString()
```

父类的构造方法和子类的构造方法之间不存在覆盖关系，因此用 final 修饰构造方法是无意义的。

继承关系的弱点是打破封装，子类能够访问父类的实现细节，而且能以方法覆盖的方式修改实现细节。不能被继承、没有子类的类也用 final 修饰。例如，java.lang.String 类是一个很通用的公共类，所以把 String 类定义为 final 类型，使得这个类不能被继承：

```
public final class String ...
```

另外，java.lang.System 也是 final 类型的类。

3.2.2 继承构造方法

为了防止儿童出于好奇将金属物插入通电的插座产生触电危险，于是就有了专门的儿童插座。像用于数学计算的 Math 类只包含一些静态化方法，没有封装任何实例变量。为了防止初级程序员实例化 Math 类的对象，只能访问该类的一些静态化方法，可以把构造方法定义成私有的：

```
final class Math {
   private Math() {}
}
```

虽然可以在构造方法中初始化静态变量，但每次创建对象的时候都需要执行一遍这些代码，所以这样效率低。一般在静态块中初始化静态变量。

子类中的构造方法可以通过 super()调用父类中的构造方法。子类的构造函数如果要调用 super()的话，必须一开始就调用。

```
public class IntQueue extends AbstractPriorityQueue<Integer> {
                                    // 存放整数的堆
    public IntQueue(int count) {
        super();
        initialize(count); // 堆的容量
    }
}
```

经常一个参数少的构造方法会调用一个参数更多的构造方法，给缺少的参数赋默认值。使用 this()调用同一个类中的其他构造方法。如下面的这个动态数组的例子，如果不指定初始容量，则创建一个容量是 10 的数组：

```
public class ArrayList<E> extends AbstractList<E>{
    private transient Object[] elementData;
    public ArrayList(int initialCapacity) {
        super();
        this.elementData = new Object[initialCapacity];
    }

    /**
     * 构建一个空数组，初始容量是 10
     */
    public ArrayList() {
        this(10); //调用另外一个参数更多的构造方法
    }
}
```

所以有两种构造对象的方法：

```
ArrayList<String> words = new ArrayList<String>(10);
//和上面的一样，数组的初始容量都是 10
ArrayList<String> words = new ArrayList<String>();
```

3.2.3　接口

加入一个国家，取得一个国家的国籍后，才可以享受这个国家给公民提供的福利待遇。所以往往只能拿到一个国家的国籍，但是可以拿好几个国家的签证。

继承一个类以后，可以访问这个类中包含的保护性的数据。为了避免混乱，规定只能继承一个类，但可以实现多个接口。国家标准规定了灯泡的使用寿命，但却没有规定采用何种方法防止灯泡老化。接口只是一种关于方法的约定，所以接口中只是定义了一些方法，并不包括方法的实现。接口是轻量级的，类似暂住证，不能当户口本用。所有的方法隐含都是 public 的。例如队列的特征包括往队列中增加元素和从队列中取出元素：

```
public interface Queue {
    boolean add(int e); //增加元素
    int poll();         //取出元素
}
```

实现一个接口的语法是：

```
... implements 接口名[, 另外一个接口, 再一个, ...] ...
```

例如，LinkedList 的行为也符合 Queue 的特征：

```
public class LinkedList implements Queue {
    @Override
    public boolean add(int e) {
        // 增加元素的代码
    }

    @Override
    public int poll() {
        // 取出元素的代码
    }
}
```

接口中可以定义属性，不过属性中的值不能改变，如 final 和 static。例如：

```
public interface Constants {
    public static final double PI = 3.14159;
    public static final double PLANCK_CONSTANT = 6.62606896e-34;
}
```

虽然可以不用 final 和 static 关键词修饰变量，但是接口里定义的成员变量都自动是 final 和 static 的。要变化的东西，就放在类的实现中，不能放在接口中，因为接口只是对一类事物的属性和行为更高层次的抽象。对修改关闭，对扩展开放，接口是对开闭原则的一种体现。

接口没有实现方法，却可以得到接口类的对象。

一个类可以实现多个接口，例如字符串类实现了序列化、比较大小和字符序列三个接口：

```
public final class String
   implements java.io.Serializable, Comparable<String>, CharSequence{
 //...
}
```

其中，序列化接口 java.io.Serializable 只是一个标记接口，本身没有任何方法定义。

一个接口可以继承另外一个接口。例如：

```
public interface Attribute {
}

public interface OffsetAttribute extends Attribute {  //继承 Attribute 接口

   public int startOffset();

   public void setOffset(int startOffset, int endOffset);

   public int endOffset();
}

public class OffsetAttributeImpl  implements OffsetAttribute {
   private int startOffset;
   private int endOffset;

   public OffsetAttributeImpl() {}

   @Override
   public int startOffset() {
      return startOffset;
   }

   @Override
   public void setOffset(int startOffset, int endOffset) {

      this.startOffset = startOffset;
      this.endOffset = endOffset;
   }

   @Override
   public int endOffset() {
      return endOffset;
```

```
    }

}

class test{
    public static void main(String[]a){
        OffsetAttribute o = new OffsetAttributeImpl (); //接口可用作类型的声明
        o. setOffset(1,2); // OK
    }
}
```

枚举类型也可以继承接口，例如：

```
public interface Operator {
    int apply (int a, int b);
}

public enum SimpleOperators implements Operator {
    PLUS { int apply(int a, int b) { return a + b; } },
    MINUS { int apply(int a, int b) { return a - b; } };
}
```

接口支持类型转换。

采用自顶向下的方式解决问题。抽象不应该依赖于细节，细节应当依赖于抽象。例如一个词有很多种属性、词性，和它在文本中出现的位置，还有拼音等。把这些都叫做词的属性，定义成一个接口：

```
public interface Attribute {
}
```

继承这个接口的子接口：

```
public interface OffsetAttribute extends Attribute {
    public int startOffset();

    public void setOffset(int startOffset, int endOffset);

    public int endOffset();
}
```

创建属性的工厂类：

```
public static abstract class AttributeFactory {
    /**
    * returns an {@link AttributeImpl} for the supplied {@link Attribute}
interface class.
    */
    public abstract AttributeImpl createAttributeInstance(Class<? extends
Attribute> attClass);
}
```

接口的多种不同的实现方式即为多态。例如一个杯子，可以用陶瓷做，也可以用不锈钢做，只要能盛饮用水就行。中文分词可以使用最大长度匹配的分词法或者概率分词法。可以把语音或者文本的相似度计算定义成一个接口。

术语： Polymorphism，多态。

如果用 final 修饰一个类，就表示这个类是不可以被继承的。例如，String 类是 final 类型的，因此不可以继承这个类。

基本类型和数组、对象等复合类型之间不能通过强制类型转换实现互相转换。

3.2.4 匿名类

有的子类只需要在某一个地方使用，可以使用匿名类。例如，有一个叫做 Runnable 的接口：

```
public interface Runnable {
    public void run();
}
```

Test 类继承 Runnable 接口：

```
public class Test implements Runnable {
    @Override
    public void run() {
        System.out.println("下载网页");
    }
}
```

用匿名类来代替 Test 类：

```
Runnable downLoader = new Runnable() {
    @Override
    public void run() {
        System.out.println("下载网页");
    }
};

Thread thread = new Thread(downLoader);
thread.start();
```

3.2.5 类的兼容性

AA.class.isAssignableFrom(BB.class)的作用是判定 AA 表示的类或接口是否同参数 BB 表示的类或接口相同，或 AA 是否是 BB 的父类。例如：

```
System.out.println(String.class.isAssignableFrom(Object.class)) ; // false
System.out.println(Object.class.isAssignableFrom(Object.class)); // true
System.out.println(Object.class.isAssignableFrom(String.class)); // true
String ss = "";
System.out.println(ss instanceof Object);    // true
Object o = new Object();
System.out.println(o instanceof Object);    //  true
```

3.3 封　　装

插线板有外壳，不暴露里面的电线，这样是为了防止触电。对象中的有些属性外部不可见，例如 String 对象中保存的 value 属性。这样的属性用 private 关键词修饰：

```
public class String{
    private final char value[]; //外部不可见
}
```

public 表示该属性公开，private 表示该属性只有在本类内部才可以访问。

属性和方法有 4 种访问级别，分别是：public、protected、default、private。访问控制修饰符的含义如表 3-1 所示。

表 3-1　访问控制修饰符

修饰符	类	包	子类	任何地方
public	Y	Y	Y	Y
protected	Y	Y	Y	N
no modifier	Y	Y	N	N
private	Y	N	N	N

这里的 no modifier 就是没有修饰符的缺省级别，也叫做包级别。

一般的类是任何地方都可以访问的，这样的类用 public 关键词修饰，例如 String 类。有些类只是包内部可以访问的辅助类，这样的类不用任何修饰符。因此，类有两种访问级别，即 public 或 default。例如：

```
package org.apache.lucene.index;

final class ByteBlockPool {
}
```

ByteBlockPool 类只在 org.apache.lucene.index 包中可以被访问到，其他包中的类无法访问这个类。

3.4　静　　态

static 关键字可以修饰变量、方法或者类。

3.4.1　静态变量

static 关键字修饰变量的例子：

```
public class TestStaticVarible {
    static int x = 0;
    int y = 1;

    public static void main(String[] args) {
        TestStaticVarible t1 = new TestStaticVarible();
        TestStaticVarible t2 = new TestStaticVarible();

        t2.y = 2;
        TestStaticVarible.x = 3;

        System.out.println(t1.x); // 3
        System.out.println(t1.y); // 1
```

```
        System.out.println(t2.x); // 3
        System.out.println(t2.y); // 2
    }
}
```

t1.y 和 t2.y 不一样，t1.x 和 t2.x 却相同。

一般通过类名访问静态变量，就像 TestStaticVarible.x。

static 关键字可以修饰方法：

```
public class TestStaticMethod {
    static void m1(){   }

    void m2(){   }

    public static void main(String[] args) {
        TestStaticMethod.m1();
        //TestStaticMethod.m2(); //错误写法
        (new TestStaticMethod()).m2();
    }
}
```

3.4.2 静态类

static 关键字可以修饰内部类。例如：

```
public class TestStaticClass {
    static class A{}    //静态类
    class B{}           //非静态类
    public static void main(String[] args) {
        new TestStaticClass.A(); //创建静态类

        TestStaticClass t = new TestStaticClass();
        B b = t.new B();
    }
}
```

在 Java 中，使用内部类来封装一个类。这里的 A 和 B 都是内部类，A 是静态类，而 B 是非静态类。对于非静态的内部类，创建它的实例需要依赖于其外部类的实例。

3.4.3 修饰类的关键词

可以使用 public、private、static 或者 final 修饰一个类。如果一个类用 final 修饰，就表示这个类不能被继承。例如，下面的 TSTNode 不能有子类：

```
public class SuffixTrie {
    public final class TSTNode {
    }
}
```

如果一个内部类用 private 关键词修饰，就表示这个类最多只能被它所在的外部类用到。如果一个内部类用 static 关键词修饰，就表示可以直接在外部创建它的实例，而不用先创建其外部类实例，然后再使用这个外部类实例创建这个内部类的实例。

3.5 枚举类型

词有名词或动词等类别。当一个对象的取值范围是固定的一些值时，往往使用枚举类型，用逗号隔开枚举类型的值。可以把词的类型或句子的类型定义成枚举类型。例如，定义词的类型：

```
public enum PartOfSpeech{ //词的类别
    a,//形容词
    n,//名词
    v//动词
}
```

在 Java 1.5 以前没有枚举类型，不得不采用下面的代替方法：

```
public class PartOfSpeech {
  public static final byte a = 1; //使用 final 来定义常量
  public static final byte n = 2;
  public static final byte v = 3;
}
```

词之间的关系类型有主语、宾语、修饰词、定语等，也定义成枚举类型的：

```
public enum GrammaticalRelation {
    SUBJECT,
    OBJECT,
    MODIFIER,
    DETERMINER,
}
```

在 POSSeq 类中包含一个词性的属性：

```
public final class POSSeq {
    public byte pos;     //词性
    public int offset;  //偏移量
    public GrammaticalRelation relation; // 枚举类型的关系

    public POSSeq(byte p, int o, GrammaticalRelation r) {
        pos = p;
        offset = o;
        relation = r;
    }
}
```

创建一个 POSSeq 类的实例：

```
new POSSeq(PartOfSpeech.n, 1, GrammaticalRelation.SUBJECT);
```

这里 PartOfSpeech.n 是字节类型，而 GrammaticalRelation.SUBJECT 则是枚举类型值。

通常用字符串存储枚举类型值，用 enum.valueOf 方法从字符串得到枚举类型值。如：

```
PartOfSpeech pos = PartOfSpeech.valueOf("n"); //得到名词枚举类型
```

所有枚举类型隐式继承 java.lang.Enum。由于 Java 不支持多重继承，所以一个枚举类型不能继承别的类。不过 java.lang.Enum 是 java.lang.Object 的子类。因为 Java 中所有的类都继承了 java.lang.Object 类。使用 instanceof 关键词测试如下：

```
PartOfSpeech pos = PartOfSpeech.valueOf("n");
System.out.println(pos instanceof java.lang.Enum);      //输出 true
System.out.println(pos instanceof java.lang.Object);    //输出 true
```

每个枚举类型的值只是封装了一个整数类型。但是使用枚举比使用无格式的整数来描述这些类型的好处有：枚举可以使代码更易于维护，有助于确保给变量指定合法的、期望的值。例如：

```
public class CnToken {
    public String termText;     //词
    public PartOfSpeech type;   //词性
}
```

使用 PartOfSpeech 枚举类型来定义词性，比使用整数更容易确保给变量的值是合法的。枚举使代码更清晰，允许用描述性的名称表示整数值，而不是用含义模糊的数来表示。例如：

```
PartOfSpeech pos = PartOfSpeech.valueOf("n");
System.out.println(pos); //输出 n
```

枚举使代码更易于键入。在给枚举类型的实例赋值时，集成开发环境 Eclipse 会通过智能感知功能弹出一个包含可接受值的列表框，减少了按键次数，并能够让我们回忆起可能的值。

但是一个枚举类型的实例相当于一个对象，每个对象的引用使用 4 个字节。如果要创建一个很长的枚举类型的数组，则相对于字节表示更消耗内存。

看以下枚举类型如何与其他类型之间互相转换。从枚举类型的名字得到值的方法：

```
PartOfSpeech pos = PartOfSpeech.valueOf("n");  //从字符串转换得到枚举常量
```

从整数得到对应的枚举类型：

```
int type=1;
PartOfSpeech pos = PartOfSpeech.class.getEnumConstants()[type]; //名词
```

使用 ordinal 方法得到枚举类型对应的整数。ordinal 的值从 0 开始：

```
PartOfSpeech pos = PartOfSpeech.valueOf("n");
System.out.println(pos.ordinal());   //因为是第二个值，所以输出 1
```

如果想知道一个枚举类型有多少个可能的取值，可以使用枚举类型的 values().length 方法。例如：

```
int x = PartOfSpeech.values().length; //输出 3
```

枚举类型可以有构造方法，但是构造方法只能是私有的。例如：

```
public enum QuestionType {
    PERSON("谁"),          // 询问人
    LOCATION("地点"),      // 询问地点
    SET("哪些"),           // 询问集合
    MONEY("多少钱"),
    PERCENT("比例"),
```

```
    DATE("时间"),
    NUMBER("多少"),
    DURATION("时长"),    // 包裹在海关停留的时间一般是多少天
    YESNO("是否"),       // 包裹是否放行了
    REASON("原因");      // 询问原因

    QuestionType(String name){
        this.name = name;
    }

    public String name;
}
```

枚举常量的 ordinal 值可以自定义：

```
public enum GameValue {
    stone(1),       // 石头
    scissors(2),    // 剪刀
    cloth(3);       // 布

    private final int index;

    private GameValue(int index) {
        this.index = index;
    }

    public int getIndex() {
        return index;
    }

    //根据整数取得对应的枚举类型
    public static GameValue valueOf(int v) {
        return lookup.get(v);
    }

    //整数对应的枚举类型散列表
    private static final Map<Integer, GameValue> lookup =
            new HashMap<Integer, GameValue>();

    static {
        // EnumSet 是枚举类型的集合实现
        for (GameValue game : EnumSet.allOf(GameValue.class)) {
            lookup.put(game.getIndex(), game); //放入散列表
        }
    }
}
```

EnumSet 是枚举类型的高性能集合实现。

```
public final class EnumSetSample {

    private enum Weekday {
        MONDAY, TUESDAY, WEDNESDAY, THURSDAY, FRIDAY, SATURDAY, SUNDAY;

        public static final EnumSet<Weekday> WORKDAYS =
                EnumSet.range(MONDAY, FRIDAY);

        public final boolean isWorkday() {
```

```
            return WORKDAYS.contains(this);
        }

        public static final EnumSet<Weekday> THE_WHOLE_WEEK =
                EnumSet.allOf(Weekday.class);
    }

    public static final void main(final String... argumgents) {
        System.out.println("工作计划:");

        for (final Weekday weekday : Weekday.THE_WHOLE_WEEK)
            System.out.println(String.format("%d. 在 %s "
            + (weekday.isWorkday() ? "必须工作" : "可以休息")
            + ".", weekday.ordinal() + 1, weekday));

        System.out.println("需要整周工作吗?");

        System.out.println(Weekday.WORKDAYS.containsAll
            (Weekday.THE_WHOLE_WEEK) ? "是的" : "当然不需要");

        final EnumSet<Weekday> weekend = Weekday.THE_WHOLE_WEEK.clone();
        weekend.removeAll(Weekday.WORKDAYS);

        System.out.println(String.format("周末有 %d 天长", weekend.size()));
    }
}
```

输出结果是：

```
工作计划:
1. 在 MONDAY 必须工作.
2. 在 TUESDAY 必须工作.
3. 在 WEDNESDAY 必须工作.
4. 在 THURSDAY 必须工作.
5. 在 FRIDAY 必须工作.
6. 在 SATURDAY 可以休息.
7. 在 SUNDAY 可以休息.
需要整周工作吗?
当然不需要
周末有 2 天长
```

3.6 集 合 类

输入句子返回词序列。事前不知道词序列的长度，所以用动态数组 ArrayList。

3.6.1 动态数组

除了可以根据下标找对象，还可以根据对象找下标。调用 ArrayList.indexOf(o)方法可找到对象在动态数组中的位置。例如：

```
ArrayList<String> result = new ArrayList<String>();
result.add("Java");
```

```
int pos = result.indexOf("Java"); //返回 0
```

ArrayList 中的很多方法没有检查传入参数的类型，indexOf 方法也没有要求传入参数的类型，这样容易导致错误。

如果用 ArrayList 的 toString 方法输入数组中元素的内容，需要重写其中元素的 toString 方法。例如：

```
class Mean {
    public String pos; // 词性
    public String ch; // 中文解释

    public Mean(String p, String c) {
        pos = p;
        ch = c;
    }

    public String toString(){
        return pos+":"+ch;
    }
}
```

测试 ArrayList 的 toString 方法：

```
ArrayList<Mean> means = new ArrayList<Mean>();
String pos = "v";
String ch = "预定";
Mean m = new Mean(pos,ch);
means.add(m);
System.out.println("意义:"+ means);// 为了输出内容，Mean 类必须重写 toString 方法
```

把动态数组转换成普通数组：

```
ArrayList<String> values = new ArrayList<String>(); //中文词集合

values.add("书");
values.add("预定");

String[] codes = values.toArray(new String[values.size()]);
```

使用 Arrays.asList(trees)方法得到的 List 无法删除其中的元素，也不能增加元素。为了能够得到动态的数组，可以这样：

```
ArrayList<DepTree> depTrees = new ArrayList<DepTree>();
depTrees.addAll(Arrays.asList(trees));
```

3.6.2 散列表

英汉词典中，每个英文单词都有个对应的中文词。例如：英文单词“you”对应的中文词是“你”。英文单词和中文词的这个对照关系叫做键/值对。把键/值对存储在 HashMap 中，然后就可以通过英文单词找到中文词。例如：

```
//创建一个存储键/值对的散列表
HashMap<String,String> ecMap = new HashMap<String,String>();
ecMap.put("I", "我"); //放入一个键/值对
```

```
ecMap.put("love", "爱");
ecMap.put("you", "你");
```

类似 PHP 中的数组：

```
$nobody = array(
    "I" => "我",
    "love" => "爱",
    "you" => "你",
);
```

通过英文找到中文，也就是通过 HashMap.get 方法取得键对应的值：

```
System.out.println(ecMap.get("you")); //输出：你
```

如果要找的键不在 HashMap 中，则 get 方法返回空：

```
System.out.println(ecMap.get("hello")); //输出：null
```

例如，使用 HashMap 统计动态数组中每个词出现了多少次：

```
ArrayList<String> words = new ArrayList<String>();
words.add("Java");

// 记录单词和对应的频率
HashMap<String, Integer> wordCounter = new HashMap<String, Integer>();
for(String word: words){
    Integer num = wordCounter.get(word);
    // 看单词是否已经在 HashMap 中
    if (num==null) {
        // 第一次看见这个词，设置词频为 1
        wordCounter.put(word, 1);
    } else {
        // 取得这个单词的出现次数
    // 增加后再放回 HashMap 中
    wordCounter.put(word, num + 1);
    }
}
```

在这里，一个英文单词只能有一个对应的中文词。一个人只能有一个身份证号码。在 HashMap 中，一个键只能存储一个对应的值。如果继续放入一个同样的键对应的新的值，则旧的值会被替换。

可以存储很多元素的类叫做集合类。HashMap 就是一种常用的集合类。如果把自定义对象作为键对象，需要重写 hashCode 和 equals 方法。例如：

```
public class POSPair {
    public PartOfSpeech leftPOS; //左边的词性
    public PartOfSpeech rightPOS; //右边的词性

    public POSPair(PartOfSpeech w1, PartOfSpeech w2) {
        leftPOS =w1;
        rightPOS=w2;
    }

    @Override
    public boolean equals(Object obj) {
        if (obj == null || !(obj instanceof POSPair)) {
```

```
            return false;
        }
        POSPair other = (POSPair) obj;

        return (leftPOS.equals(other.leftPOS) && leftPOS.equals(other.leftPOS));
    }

    @Override
    public int hashCode() {
        return leftPOS.ordinal() ^ rightPOS.ordinal();
    }
}
```

使用 POSPair 作为键：

```
HashMap<POSPair, Transit> ruleMap = new HashMap<POSPair, Transit>();
ruleMap.put(new POSPair(PartOfSpeech.det,PartOfSpeech.noun),
    new Transit("RA",GrammaticalRelation.DETERMINER));
```

HashSet 用来存储一个元素的集合。从名称可以看出，它是基于散列表的，但是只存储键，而不存储值。HashSet 中的 Set 是数学意义上的集合，而 Java 中的集合类则是一种更广义的称呼。例如取得字符串中空格分开的量词集合：

```
public static HashSet<String> getMeasureWords() {
    HashSet<String> wordSet = new HashSet<String>();
    String words = "个 条 片 篇 曲 堵 只 把 根 道 朵 支 间 句 门 台 株 出 头 辆 架 座
棵 首 匹 幅 本 面 块 部 扇 件 处 粒 期 项 所 份 家 床 盏 位 身 杆 艘 副 顶 卷 具 轮 枝
枚 桩 点 尊 场 吨 列 爿 届 剂 栋 幢 种 员 口 则 页 滴 户 垛 毫 体 尾 公 队 起 针 着 套
幕 级 册 团 堂 对 丸 领 行 元 张 颗 封 节 盘 名 眼 宗 管 次 阵 顿";

    StringTokenizer st = new StringTokenizer(words, " ");
    while (st.hasMoreTokens()) {
        String word = st.nextToken();
        wordSet.add(word);
    }
    return wordSet;
}
```

遍历 HashSet 中的词：

```
HashSet<String> wordSet = getMeasureWords();

for (String w : wordSet) {
    System.out.println(w);
}
```

HashSet 其实使用 HashMap 来实现。为了判断某个键是否存在，它定义了一个叫做 PRESENT 的特殊对象：

```
static final Object PRESENT = new Object();
```

所有的键统一都对应 PRESENT 对象。

HashMap 是散列表的实现，它存储了一个元素的集合。文档是单词的集合，搜索结果集也是文档的集合。所以在搜索引擎开发中，集合类必不可少。集合类除了 HashMap 外，还有动态数组 ArrayList、队列 Queue 和堆栈 Stack 等。增加一个元素到集合类调用 add 方法，增加键/值对调用 put 方法。

存放在集合类里面的元素都必须是对象。但是一些基本的数据类型如 int、boolean 等却不是对象。为了存放这些基本的数据类型，需要把这些基本数据类型封装成类，比如 int 封装成 Integer 类，boolean 封装成 Boolean 类。定义这些对象就是为了能够把基本数据类型当作对象来使用。Integer 对象比较值是否相等也是调用 equals 方法。

把基本类型用它们相应的引用类型包装起来，使其具有对象的性质。例如，int 包装成 Integer、float 包装成 Float。包装的这个步骤叫做装箱。可以对 Character 类型的变量直接赋 char 类型的值，不用加强制类型转换。装箱约定的例子如下：

```
Character c = 'a';       //char 类型可以自动装箱成 Character 类型
Integer a = 100;         //这也是自动装箱
```

编译器调用 Integer.valueOf(int i)方法实现自动装箱。

和装箱相反，将引用类型的对象简化成值类型的数据叫做拆箱。例如：

```
int b = new Integer(100); //这是自动拆箱
```

对于 Double 类型，可以调用 doubleValue 方法拆箱。例如：

```
Double d = new Double(0);     //装箱
double x = d.doubleValue();   //拆箱
```

需要知道集合中有多少个元素，可以使用 Collection 中定义的 size 方法。所有集合类都实现了这个接口。动态数组 ArrayList 是最常见的一个集合类。可以通过 ArrayList.size()知道数组的长度。使用 ArrayList.clear()方法清空其中的元素，但是数组仍在，这样可以避免重复分配内存。集合类之间的关系如图 3-4 所示。

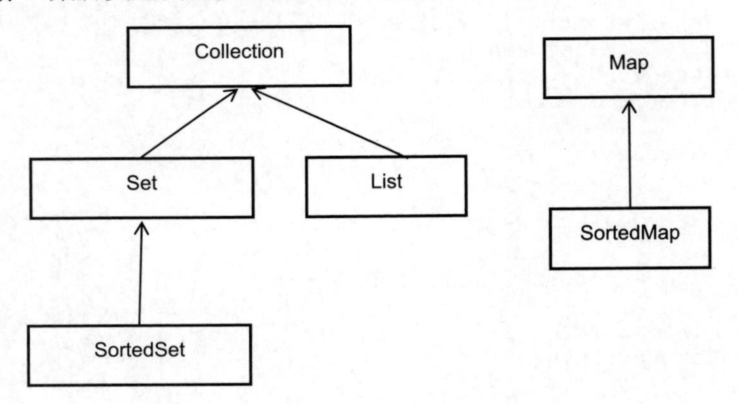

图 3-4　各种集合类

3.6.3　泛型

如果要制作一个雕像，可以用一个模子，只能往模子中倒入一种液体。例如只能倒入石蜡或者只能倒入石膏。指定的空间会被同样的物质填满。

在生活中，一般用同一个容器存放同一类东西。例如，光盘盒专门用来放光盘，糖果盒专门用来放糖果。可以使用泛型来检查集合中存储的数据类型。例如，ArrayList<String>指定存放字符串：

```
ArrayList<String> words = new ArrayList<String>(); //存放字符串的动态数组

words.add("快乐");
words.add("高兴");
System.out.println(words.size()); //集合中有2个元素，所以输出2
```

假设需要让存储的值是某一种确定的数据类型，但不要求只能是字符串或者整数类型。例如，在创建动态数组类时，并不知道元素的类型。但放入的必须是相同类型的元素，这时候可以使用泛型来约定。例如：

```
ArrayList<Integer> li = new ArrayList<Integer>(); //指定整数类型
li.add(100);  //这个数组中只能放整数
```

泛型实例化类型自动推断：

```
List<String> list = new ArrayList<>(); // <>这个真的很像菱形，所以又叫做菱形语法
```

可以在类名后面声明类型变量。在类中把这个类型变量当作一个类名使用。例如，节点中的值类型不固定，使用泛型声明如下：

```
public class TrieNode<T>{
    private char nodeKey;
    private T nodeValue;  //值的类型不固定
    private Boolean terminal;
    private HashMap<Character, TrieNode<T>> next =
               new HashMap<Character, TrieNode<T>>();
}
```

这里的<T>是一个类型符号。说明T是一个抽象类型。nodeValue的类型就是T。使用TrieNode的例子如下：

```
TrieNode<String> stringTrie=new TrieNode<String>(); //让 nodeValue 是 String 类型
```

这里指定泛型类型参数是String。Java语言中的泛型基本上完全在编译器中实现，由编译器执行类型检查和类型推断，然后生成普通的非泛型的字节码。TrieNode类相当于：

```
public class TrieNode{
    private char nodeKey;
    private String nodeValue;  //值的类型是字符串
    private Boolean terminal;
    private HashMap<Character, TrieNode> next =
               new HashMap<Character, TrieNode>();
}
```

一个泛型类中可以有多个泛型变量。例如散列表中键和值的类型都不固定，类似有两个自由度的系统。而只有一个泛型变量的ArrayList，其类似只有一个自由度的系统。使用散列表HashMap的代码如下：

```
Map<String,String> mplist = new HashMap<String,String>();
                              //键和值的类型都是字符串
mplist.put("北京","首都");
```

有时候只需要在方法中约定类型的一致性。可以在方法前面声明类型变量。例如下面

的方法是交换动态数组中的两个元素：

```
public static <E> void swap(ArrayList<E> a, int i, int j) {
    E tmp = a.get(i);
    a.set(i, a.get(j));
    a.set(j, tmp);
}
```

swap 这样的方法叫做泛型方法。调用泛型方法和普通的方法并没有任何不同：

```
ArrayList<Integer> li = new ArrayList<Integer>();
li.add(10);
li.add(5);
swap(li,0,1); //并不需要指定类型参数
for(Integer i:li){
    System.out.println(i);
}
```

可以要求泛型类型是某个类的子类。例如，要求类型是可以比较大小的，也就是类型 E 实现了 Comparable 接口。

```
public static <E extends Comparable<? super E>> void sort(ArrayList<E> a) {
    int size = a.size();
    for (int i = 0; i < size; i++)
        for (int j = i + 1; j < size; j++)
            //对 Comparable 的子类才能调用 compareTo 方法
            if (a.get(j).compareTo(a.get(i)) < 0)
                swap(a, i, j);
}
```

这里的“? super E”表示一个未知类型是 E 的超类，定义了类型的下界。虽然也可以定义成 Comparable<E>，但是 Comparable<E>和 Comparable<? super E> 还是有区别的。例如下面这个例子：

```
public static <E extends Comparable<E>> void sort2(ArrayList<E> a) {
    int size = a.size();
    for (int i = 0; i < size; i++)
        for (int j = i + 1; j < size; j++)
            //对 Comparable 的子类才能调用 compareTo 方法
            if (a.get(j).compareTo(a.get(i)) < 0)
                swap(a, i, j);
}

public static <E extends Comparable<? super E>> void swap(ArrayList<E> a,
        int i, int j) {
    E tmp = a.get(i);
    a.set(i, a.get(j));
    a.set(j, tmp);
}

public static void main(String[] args) {
    ArrayList<java.sql.Date> dates = new ArrayList<java.sql.Date>();

    java.util.Date now = new java.util.Date();
    java.sql.Date before = new java.sql.Date(now.getTime());
    dates.add(before);

    sort(dates);
```

```
    sort2(dates);//这行无法通过编译，因为java.sql.Date没有直接实现 Comparable接口
}
```

由于 Integer 对象可以相互比较，所以 Integer 类实现了 Comparable 接口：

```
Comparable min(Comparable a, Comparable b) {
    if (a.compareTo(b) < 0) return a;
    else return b;
}
```

需要增加类型转换：

```
Integer i = (Integer) min(n,m);
```

泛型版本：

```
public <K extends Comparable> K min(K k1, K k2) {
    if (k1.compareTo(k2) > 0)
        return k2;
    else
        return k1;
}
```

当给出更具体的泛型类或方法的约束时，由编译器产生以及 JVM 进一步优化的代码更有效率。

java.sql.Date 并没有直接实现 Comparable 接口，而是由它的父类 java.util.Date 实现的 Comparable 接口。所以 java.sql.Date 相当于实现了 Comparable<java.util.Date>，这不符合 E extends Comparable<E>这样的类型约束，但却符合 E extends Comparable<? super E>这样的类型约束。所以 Comparable<? super E>更加灵活。

如果需要统计哪些词经常出现，哪些词不经常出现，可以使用 HashMap 记录每个单词对应的频率。HashMap 中只能存储对象，所以 int 要包装成 Integer 对象。例如：

```
// 记录单词和对应的频率
HashMap<String, Integer> wordCounter = new HashMap<String, Integer>();

wordCounter.put("有", 100);
wordCounter.put("意见", 20);
wordCounter.put("分歧", 3);
// 加入重复键会替换原来的值
wordCounter.put("有", 101);
```

3.6.4 Google Guava 集合

如果你调用参数化类的构造函数，那么很遗憾，你必须要指定类型参数，即便上下文中已明确了类型参数。这通常要求你连续两次提供类型参数：

```
Map<String, List<String>> m = new HashMap<String, List<String>>();
```

参数化类型的构造函数比较啰嗦。

假设 HashMap 提供了如下静态工厂：

```
public static <K, V> HashMap<K, V> newInstance(){
   return new HashMap<K, V>();
}
```

就可以将上文冗长的声明替换为如下这种简洁的形式：

```
Map<String, List<String>> m = HashMap.newInstance();
```

com.google.common.collect.Lists 解决这个问题的方法是：

```
List<String> l = Lists.newArrayList();
```

3.6.5 类型擦除

可以在集合类中存放一个对象的集合，而不约定对象所属的类型。例如可以把 wordCounter 声明成这样：

```
HashMap wordCounter = new HashMap();
```

HashMap 并没有一个非泛型版本，为什么能这样使用 HashMap？因为 HashMap 的泛型版本可以当作非泛型版本来使用。

这样做最初是为了向下兼容。泛型是 JDK5 才引入的特性。泛型的引入可以解决之前的集合类框架在使用过程中通常会出现的运行时类型错误，因为编译器可以在编译时就发现很多明显的错误。为了保证与旧有版本的兼容性，也就是说泛型版本可以当作非泛型版本来使用，Java 泛型使用类型擦除来实现。

Java 中的泛型基本上都是在编译器这个层次来实现的。在生成的 Java 字节码中虽然包含泛型类中的类型信息，但是加载这个类时去掉了。使用泛型的时候加上的类型参数，会被编译器在编译的时候去掉，这个过程就称为类型擦除。如在代码中定义的 List<Object> 和 List<String>等类型，在编译之后都会变成 List。JVM 看到的只是 List，而由泛型附加的类型信息对 JVM 来说是不可见的。Java 编译器会在编译时尽可能地发现可能出错的地方，但是仍然无法避免在运行时出现类型转换异常的情况。类型擦除也是 Java 的泛型实现方式与 C++模板机制实现方式之间的重要区别。

很多泛型的奇怪特性都与这个类型擦除的存在有关，包括：

- 因为基本类型不属于对象，所以不能将采用类型擦除实现的泛型应用于基本数据类型。可以使用相应的包装器作为类型参数来代替基本类型。
- 一个方法如果接收 List<Object>作为形式参数，那么如果尝试将一个 List<String> 的对象作为实际参数传进去，却会发现无法通过编译。虽然从直觉上来说，Object 是 String 的父类，这种类型转换应该是合理的。但是实际上这会产生隐含的类型转换问题，因此编译器直接就禁止这样的行为。
- 泛型类并没有多个 Class 类对象。比如并不存在 List<String>.class 或者是 List<Integer>.class，而只有 List.class。
- 静态变量是被泛型类所有实例所共享的。对于声明为 MyClass<T>的类，访问其中静态变量的方法仍然是 MyClass.myStaticVar。不管是通过 new MyClass<String> 还是 new MyClass<Integer>创建的对象，都是共享一个静态变量。
- 泛型的类型参数不能用在 Java 异常处理的 catch 语句中。因为异常处理是由 JVM 在运行时进行的。由于类型信息被擦除，JVM 是无法区分两个异常类型 MyException<String>和 MyException<Integer>的。对于 JVM 来说，它们都是 MyException 类型的，也就无法执行与异常对应的 catch 语句。

类型擦除的基本过程比较简单，首先是找到用来替换类型参数的具体类。这个具体类一般是 Object。如果指定了类型参数上界的话，则使用这个上界。把代码中的类型参数都替换成具体的类，同时去掉出现的类型声明，即去掉<>的内容。比如 T get()方法声明就变成了 Object get()；List<String>就变成了 List。接下来就可能需要生成一些桥接方法。这是由于擦除了类型之后的类可能缺少某些必须的方法。比如考虑下面的代码：

```
class MyString implements Comparable<String> {
   public int compareTo(String str) {
      return 0;
   }
}
```

当类型信息被擦除之后，上述类的声明变成了 class MyString implements Comparable。但是这样的话，类 MyString 就会有编译错误，因为没有实现接口 Comparable 声明的 int compareTo(Object)方法。这个时候就由编译器来动态生成这个方法。

在运行时，不能得到参数化的类型，因为类型擦除，所以不能实例化参数类。例如：

```
T instantiateElementType(List<T> arg){
   return new T(); //引起一个编译错误
}
```

也不能调用参数类上的静态方法，例如 T.m(...)。

创建泛型数组只能使用强制类型转换：

```
elements = (E[]) new Object[initialCapacity];
```

3.6.6 遍历

有专门的迭代器用来方便地遍历集合中的元素。迭代器是一个叫做 Iterator 的接口。Iterator 中的方法有：判断集合中是否还有元素没遍历完的方法 hasNext()，这个方法返回一个布尔值；返回集合里下一个元素的方法 next()；删除集合中上一次调用 next 方法返回的元素的方法 remove()。即：

```
public interface Iterator<E> {
   boolean hasNext();   //判断是否还有下一个元素
   E next();            //得到下一个元素
   void remove();       //删除当前元素
}
```

使用 while 循环遍历 Iterator 中的元素：

```
Iterator<String> it  //得到 Iterator 实例
while (it.hasNext()) {
    String word = it.next();
    System.out.println(word);
}
```

支持迭代接口的集合类继承 Iterable 接口。对于支持迭代接口的集合类，可以使用 iterator()方法得到一个 Iterator 实例。使用 while 循环遍历动态数组中的单词：

```
ArrayList<String> words = new ArrayList<String>();
words.add("北京");
```

```
words.add("上海");
words.add("深圳");

Iterator<String> it = words.iterator();  //得到 Iterator 实例
while (it.hasNext()) {
    String word = it.next();
    System.out.println(word);
}
```

因为 ArrayList 继承了 Iterable 接口，所以也可以使用等价的 for-each 循环遍历集合中的元素：

```
ArrayList<String> words = new ArrayList<String>();
words.add("北京");
words.add("上海");
words.add("深圳");

for(String word : words){ //用 for-each 循环遍历元素
    System.out.println(word);
}
```

遍历集合类 TreeSet 中的元素：

```
TreeSet<String> words = new TreeSet<String>();
words.add("有");
words.add("意见");
words.add("分歧");

for (String w : words) {
    System.out.println(w);
}
```

通过 HashMap 中的 entrySet 方法得到一个集合对象。这个集合中的每个元素都是一个 Map.Entry 对象。因此集合中的迭代器每次返回一个 Entry 对象。可以使用 Entry.getKey()方法得到键元素，用 Entry.getValue()方法得到值元素。

遍历 HashMap 中元素的实现代码如下：

```
HashMap<String, Integer> wordCounter = new HashMap<String, Integer>();

wordCounter.put("北京", 10);
wordCounter.put("上海", 21);
wordCounter.put("深圳", 755);

// 用 for-each 循环遍历元素
for (Entry<String, Integer> e : wordCounter.entrySet()) {
    System.out.println(e.getKey() + "->" + e.getValue());
}
```

遍历集合时，如果你决定删除一个项目，就会得到一个异常。例如：

```
ArrayList<String> list = new ArrayList<String>();

list.add("Bart");
list.add("Lisa");
list.add("Marge");
list.add("Barney");
```

```
list.add("Homer");
list.add("Maggie");

for (String s : list) {
    if (s.equals("Barney")) {
        list.remove("Barney");
    }
    System.out.println(s);
}
```

输出：

```
Bart
Lisa
Marge
Barney
Exception in thread "main" java.util.ConcurrentModificationException
    at java.util.AbstractList$Itr.checkForComodification(Unknown Source)
    at java.util.AbstractList$Itr.next(Unknown Source)
```

所以要使用一个Iterator，然后用Iterator.remove()方法删除集合中的元素：

```
ArrayList<String> list = new ArrayList<String>();

list.add("Bart");
list.add("Lisa");
list.add("Marge");
list.add("Barney");
list.add("Homer");
list.add("Maggie");

for (Iterator<String> iter = list.iterator(); iter.hasNext();) {
    String s = iter.next();
    if (s.equals("Barney")) {
        iter.remove(); //删除元素
    }
}
```

用for-each循环遍历集合中的元素要用到Iterable接口：

```
public interface Iterable<T> {
    // 返回一个类型 T 的迭代器
    Iterator<T> iterator();
}
```

删除散列表中元素也是通过Iterator。例如删除所有以“自治”结尾的词。

```
for (Iterator<Map.Entry<String, String>> it =
    countyDic.entrySet().iterator(); it.hasNext();) {
    Map.Entry<String, String> entry = it.next();
    if (entry.getKey().endsWith("自治")) {
        it.remove();
    }
}
```

Iterator和Iterable不一样。Iterator通常指向集合中的一个实例。Iterable表示可以得到一个Iterator，但是不需要通过一个实例遍历集合对象。

List或者Set的子类都是实现了Iterable接口，但并不直接实现Iterator接口。因为Iterator接口的核心方法next()或者hasNext()是依赖于迭代器当前迭代位置的。

如果集合类直接实现 Iterator 接口，势必导致集合对象中包含当前迭代位置的数据。当集合在不同方法间被传递时，由于当前迭代位置不可预置，那么 next()方法的结果会变成不可预知。除非再为 Iterator 接口添加一个 reset()方法，用来重置当前迭代位置。

但即使这样，一个集合对象也只能同时存在一个当前迭代位置。而 Iterable 则不然，每次调用都会返回一个从头开始计数的迭代器。多个迭代器是互不干扰的。

如果需要自己写的集合类支持 for-each 方式遍历，就需要实现 Iterable 接口，并且在 iterator()方法中返回一个迭代器(Iterator)。例如，遍历链表：

```
public Iterator<CnToken> iterator() {//迭代器
    return new LinkIterator(head); //传入头节点
}
```

LinkIterator 是一个专门负责迭代的类。实现接口不用 extends 关键词，而用 implements 关键词。在这里 LinkIterator 实现 Iterator<CnToken>接口：

```
private class LinkIterator implements Iterator<CnToken> {  //用于迭代的类
    Node itr; //记录当前遍历到的位置

    public LinkIterator(Node begin) { //构造方法
        itr = begin; //遍历的开始节点
    }

    public boolean hasNext() { //是否还有更多的元素可以遍历
        return itr != null;
    }

    public CnToken next() { //向下遍历
        if (itr == null) {
            throw new NoSuchElementException();
        }
        Node cur = itr;
        itr = itr.next;
        return cur.item;
    }

    public void remove() {  //从集合中删除当前元素
        throw new UnsupportedOperationException(); //不支持删除当前元素这个操作
    }
}
```

3.6.7 排序

对数组排序可以调用 Arrays.sort 方法，但是对集合中的元素排序不能用 Arrays.sort，要使用 Collections.sort：

```
ArrayList<Integer> data = new ArrayList<Integer>();
data.add(6);
data.add(1);
data.add(4);
data.add(3);
data.add(5);
Collections.sort(data);  //对动态数组中的元素排序
```

```
// 输出排序结果
for (int i : data) {
    System.out.print(i+"\t"); // 输出结果1   3   4   5   6
}
```

排序的结果依赖两个元素的相对大小。自定义的类需要定义比较大小的方式。比如两个人是按高矮排序，还是按体重排序。

Comparable<T>是一个用来比较当前对象和同一类型的另一对象的接口。其中的成员方法有：CompareTo。例如一个按权重排序的单词类：

```
public class WordWeight implements Comparable<WordWeight> {
    public String word;  //词
    public double weight; //重要度

    public int compareTo(WordWeight that) {
        return (int) (that.weight - weight);
    }
}
```

使用这个类对单词排序：

```
ArrayList<WordWeight> words = new ArrayList<WordWeight>();
WordWeight w1 = new WordWeight("北京", 100);
words.add(w1);
WordWeight w2 = new WordWeight("上海", 80);
words.add(w2);
WordWeight w3 = new WordWeight("南昌", 10);
words.add(w3);
Collections.sort(words);

// 输出排序结果
for (WordWeight word : words) {
    System.out.println(word.word);
}
```

输出结果是：

```
北京
上海
南昌
```

如果需要按几种不同的方法排序，则可以实现 Comparator 接口。Comparator<T>也是一个比较大小的接口，不过是比较传入的两个对象。其中的成员方法 Compare 比较两个对象并返回一个值，指示一个对象是小于、等于还是大于另一个对象。例如比较两个单词的重要度：

```
public class WordComparator implements Comparator<WordWeight> {
    @Override
    public int compare(WordWeight o1, WordWeight o2) {
        double i1 = o1.weight;
        double i2 = o2.weight;
        if (i1 == i2)
            return 0;
        return ((i1 > i2) ? -1 : +1);
```

```
    }
}
```

使用这个比较器：

```
//结果和 Collections.sort(words)等价
Collections.sort(words,new WordComparator());
```

可以省略掉专门的比较器类 WordComparator，用匿名类来代替：

```
Comparator<WordWeight> wordComparator = new Comparator<WordWeight>() {
    @Override
    public int compare(WordWeight o1, WordWeight o2) {
        double i1 = o1.weight;
        double i2 = o2.weight;
        if (i1 == i2)
            return 0;
        return ((i1 > i2) ? -1 : +1);
    }
};

Collections.sort(words, wordComparator);
```

当一个对象需要按不止一种方式排序时，往往使用 Comparator。

3.6.8 Lambda 表达式

Java 8 支持 Lambda 表达式，例如按对象中的某一个属性对集合中的元素排序：

```
Collection collection = ... ;
collection.sortBy(#{ Foo f -> f.getLastName() });
```

或者按条件删除：

```
collection.remove(#{ Foo f -> f.isBlue() });
```

用 Lambda 表达式实现使用比较器的数组排序代码如下：

```
public class Sample2 {
    public static void main(String... args) {
        String[] teams = {"Indigo", "Blue", "Green", "Yellow", "Orange", "Red"};
        final Comparator<String> c = (s1, s2) -> s1.length() - s2.length();
        Arrays.sort(teams, c); //第一种方法
        Arrays.sort(teams, (s1, s2) -> s1.length() - s2.length()); //第二种方法
    }
}
```

3.7 比　　较

如果只需要实现一种排序方式，就实现 Comparable。如果有多种排序方式，可以实现比较器 Comparator。

3.7.1 Comparable 接口

因为不是所有的对象都必须比较大小，所以没有在 Object 类中定义 compareTo 方法，

需要比较大小的类可以实现 Comparable 接口。Comparable 接口只定义了一个 compareTo 方法：

```
public interface Comparable<T> {
    public int compareTo(T o); //比较当前对象 this 和传入对象 o
}
```

compareTo 方法返回一个整数值，用来表示当前对象和传入对象比较大小的结果。如果返回正数，则表示当前对象大于传入对象。如果返回负数，则表示当前对象小于传入对象。如果返回 0，则表示当前对象和传入对象相等。

例如，一篇文档中有很多词，每个词有不同的权重。权重越大的词越重要。要选出文档中最重要的一些词。根据权重来比较两个词的大小：

```
public class WordWeight implements Comparable<WordWeight> {
    public String word; //词本身
    public double weight; //权重
    public int compareTo(WordWeight that) { //根据权重来比较两个词的大小
        return (int) (this.weight - that.weight);
    }
}
```

调用 Collections.sort 对动态数组中的元素排序：

```
ArrayList<WordWeight> words = new ArrayList<WordWeight>();
words.add(new WordWeight("中国", 9));
words.add(new WordWeight("英国", 6));
Collections.sort(words);
for(WordWeight w : words){ //按词的权重升序输出结果
    System.out.println(w.word+":"+w.weight);
}
```

为了让对象能够完全排序，compareTo 方法需要满足如下条件。

- 反交换：x.compareTo(y) 和 y.compareTo(x)符号相反。
- 异常的对称性：x.compareTo(y)抛出和 y.compareTo(x)同样的异常。如果指定对象的类型不允许它与此对象进行比较，则抛出 ClassCastException 异常。
- 传递性：如果 x.compareTo(y)>0 并且 y.compareTo(z)>0，则 x.compareTo(z)>0。对于小于也有传递性。如果 x.compareTo(y)==0，则 x.compareTo(z) 和 y.compareTo(z)有同样的符号。

例如，剪刀克布、布克石头、石头克剪刀。也就是说：剪刀.compareTo(布)>0 并且布.compareTo(石头)>0，但是却有剪刀.compareTo(石头)<0，这样就不满足传递性。

推荐 compareTo 和 equals 方法一致，也就是当且仅当 x.equals(y)时，x.compareTo(y)==0，但并不要求一定如此。为了保证排序好的集合行为良好，例如 TreeSet，则需要和 equals 一致。

可以用这样的方法增加 compareTo 的性能：首先比较对象中更可能有差异的属性。

实现 Comparable 以后，就可以调用 Collections.sort 方法对动态数组中的元素排序。此外，还可以调用 Arrays.sort 对数组中的元素排序。或者使用对象作为 TreeMap 中的键，使用对象作为 TreeSet 中的元素。

3.7.2 比较器

除了通过在数据类中实现 Comparable 接口来实现比较大小的功能，还可以把比较功能专门写在比较器 Comparator 中。比较器 Comparator 也是一个接口：

```
public interface Comparator<T> {
    int compare(T o1, T o2);      //比较前后两个对象
    boolean equals(Object obj); //判断另外一个比较器和这个比较器是否等价
}
```

一般来说，如果 o1 小于 o2，则返回-1，如果 o1 大于 o2，则返回 1，如果 o1 和 o2 相等，则返回 0。

一个对象的多个属性排序，例如，高级会员排在前，相同级别的再考虑业务紧急程度：

```
public class PersonComparer implements Comparator<Person> {
    @Override
    public int compare(Person x, Person y) {
        if (x == null || y == null)
            throw new NullPointerException("参数不能为空");
        if (x.level > y.level) //先比较会员级别
            return 1;
        if (x.level < y.level)
            return -1;
        if (x.busy > y.busy) //再比较业务紧急程度
            return 1;
        if (x.busy < y.busy)
            return -1;
        return 0;
    }
}
```

搜索引擎的搜索输入框会根据用户的输入给出提示词。有很多候选搜索提示词，需要选择出最好的 n 个搜索提示词显示在下拉列表中。根据两个因素来选择，一个因素是词和用户输入的相关度，也就是距离。另外一个因素是词的搜索频率，也就是搜索流行度。

搜索提示词类 SuggestWord 定义如下：

```
public final class SuggestWord {
    public float score;     //词的分值
    public int freq;        //词的频率
    public String string;   //提示词
}
```

通过比较器看哪些搜索词放在前面：

```
public class SuggestWordScoreComparator implements Comparator<SuggestWord>
{
    public int compare(SuggestWord first, SuggestWord second) {
        // 第一个条件：距离
        if (first.score > second.score) {
            return 1;
        }
        if (first.score < second.score) {
            return -1;
```

```
        }

        // 如果第一个条件是相等，则用第二个条件：流行度
        if (first.freq > second.freq) {
            return 1;
        }

        if (first.freq < second.freq) {
            return -1;
        }
        // 第三个条件：词文本
        return second.string.compareTo(first.string); //比较文本
    }
}
```

使用比较器：

```
ArrayList<SuggestWord> u = new ArrayList<SuggestWord>(); //创建动态数组
u.add(new SuggestWord("汽车",1,3)); //增加一个提示词
u.add(new SuggestWord("火车",2,3)); //增加另外一个提示词
Comparator<SuggestWord> comp = new SuggestWordScoreComparator(); //创建比较器
Collections.sort(u, comp); //根据比较器对动态数组中的元素排序
```

3.8 SOLID 原则

面向对象程序设计往往使用 SOLID 原则。

人要专业分工，类也如此。S(Single responsibility principle)代表单一责任原则：当需要修改某个类的时候原因有且只有一个。换句话说，就是让一个类只承担一种类型责任，当这个类需要承担其他类型责任的时候，就需要分解这个类。

O(Open-closed)代表开放封闭原则：软件实体应该是可扩展，而不可修改的。也就是说，对扩展是开放的，而对修改是封闭的。如果需要修改，最好只用改这一个类。

L(Liskov substitution principle)表示里氏替换原则：当一个子类的实例能够替换任何其超类的实例时，它们之间才具有 is-A 关系。

I(Interface segregation principle)表示依赖倒置原则：高层模块不应该依赖于低层模块，二者都应该依赖于抽象；抽象不应该依赖于细节，细节应该依赖于抽象。

D(Dependency inversion principle)表示接口分离原则：不能强迫用户去依赖那些他们不使用的接口，换句话说，使用多个专门的接口比使用单一的总接口要好。

因为发送电子邮件是一个阻塞调用，这会降低响应时间。所以在应用中，把所有电子邮件放入队列，发送邮件由一个不同的进程处理。在应用中有时候想要立刻发送邮件，而不是进入队列。例如，新账户确认邮件或者重置密码的请求。需要构建一个 RealTimeEmailService 类，它的唯一任务是立即发送邮件。

```
public interface EmailService {
    public void send(...);
}
```

延时发送邮件服务：

```
public class QueuedEmailService implements EmailService {
    @Override
    public void send(...) {
        //加入到队列
    }
}
```

立即发送邮件的类：

```
public RealTimeEmailService implements EmailService{
   public void send(...)   {
       // 立即发送
   }
}
```

按优先级发送邮件的实现：

```
public PriorityBasedEmailService implements EmailService {
   public void send(...)   {
       if (priority == MailPriority.High)
           // 使用实时服务发送
       else
           // 使用排队服务发送
   }
}
```

也许会认为这样有点设计过度。但这是必要的，因为每个类仅有一件事情要做。而且每个类的实现不超过屏幕的大小，不需要滚动屏幕了。

让设计更加模块化。因为应用程序只知道它在和 EmailService 打交道，很容易交换实现。例如，如果决定让所有的邮件实时发送，只需要配置 IoC 容器。如果把所有的代码放在一个类中，就必须回头修改代码。

因为每个类只有一件能做的事情，所以说对修改是封闭的。减少了引入错误的机会。如果把代码放到一个大的方法中，可以改变代码来满足你的新需求，但是每次改变都可能引入错误。

就好像“每天一个苹果让你远离医生”这样的忠告一样，SOLID 原则只是一个好的建议，而并非总是要遵守的法则。

3.9 异　常

有错误不要害怕，但要记住错误是如何发生的，帮助以后避免发生同样的错误。

3.9.1 断言

可以把 assert 语句放到 Java 源代码中来帮助单元测试和调试。

如果不满足断言条件，则抛出 java.lang.AssertionError 错误。

使用断言的格式是：

```
assert boolean_expression : string_expression;
```

例如：

```
public class TestAssertion {
    public static void main(String[] args) {
        String s = null;

        // 测试正确调用方法
        say("hello");

        // 测试不正确调用方法
        say(s);
    }

    private static void say(String s) {
        assert s != null : "字符串是空值";
        System.out.println(s);
    }
}
```

运行 TestAssertion 类：

```
java -enableassertions TestAssertion
```

第二次调用 say 方法时，产生一个错误：java.lang.AssertionError，字符串是空值。如果断言失败，会让程序立刻退出。所以建议在开发阶段使用断言，产品发布时就去掉。也就是在开发阶段增加虚拟机参数 enableassertions，上线运行时使用参数 disableassertions。

可以把 enableassertions 简写成-ea。如果是在 Eclipse 中执行有断言的程序，可以增加虚拟机参数-ea。

3.9.2 Java 中的异常

早期的程序设计语言中没有异常这样的概念。一个方法可以返回错误代码。调用方法的程序通过检查返回值，看是否发生了错误，以及错误的类型。例如：

```
int method(){
    //成功
    return 0;
    //错误返回负数
    return -1;
}
```

SQL 语言中有一个叫做 ErrorCode 的全局变量，执行一个 SQL 语句后可以检查这个值，看 SQL 语句是否已经正常执行。需要查错误编码表才知道这个错误的说明。

异常是一个程序执行过程中发生的事件，它中断了代码的正常运行。执行一行代码的时候可以抛出一个异常，异常是一个运行时错误。例如，检查命令行传入的参数：

```
public static void main(String[] argv) {
    String sourceDir = null;
    boolean verbose = false;
    for (int i = 0; i < argv.length; i++) {
        if (argv[i].equals("-s"))
            sourceDir = argv[++i];
        else if(argv[i].equals("-v"))
            verbose = true;
    }
    if (sourceDir == null) //抛出异常
```

```
        throw new IllegalArgumentException("缺少必须的参数: -s [源路径]");
}
```

交通系统的监控视频记录所有路口的情况，如果有闯红灯的，就记录车牌号。可以把车牌号和时间、地点等封装成一个要处理的对象。

对异常的说明包含异常本身的文本描述信息和异常发生的位置。这些都记录在异常堆栈 StackTrace 中。栈顶是一个程序的执行点，也就是发生异常的地方。往下记录了一些方法调用，也就是如何调用到这个发生异常的方法的。堆栈中的元素类型是 StackTraceElement：

```
public final class StackTraceElement implements java.io.Serializable {
    private String declaringClass;  //发生异常的类
    private String methodName;      //发生异常的方法名
    private String fileName;        //发生异常的文件名
    private int lineNumber;         //发生异常的行号
}
```

Eclipse 可以根据异常堆栈提供的信息直接定位到错误的行。所以不对异常做任何处理，直接抛出异常也能帮助程序员改正运行时错误。

当人处于危险的环境中时，血液中的肾上腺素会升高。可以在运行时可能发生问题的代码中检查是否有异常发生，因为代码包装在 try 关键词中，所以叫做 try 代码块。在 try 代码块中捕捉异常，而在 catch 代码块中处理异常。这样会把异常处理代码和正常的流程分开，使正常的处理流程代码能够连贯在一起。

catch 代码块又叫做异常处理器，它的格式是：

```
catch (ExceptionClass e) {  //异常类型
    //处理代码
}
```

从成因分析，有以下两种类型的异常。

- 程序本身错误引起的异常：例如空值异常 NullPointerException 和非法参数异常 IllegalArgumentException。转换类型时可能出现错误，例如，把字符串转换成整数时，可能出现 NumberFormatException 异常。
- 资源导致的异常：例如内存不够产生的 OutOfMemoryError 异常，或者网络访问不到了产生的 java.net.ConnectException 异常。

消防局捕捉火灾异常、公安局捕捉抢窃异常。不同类型的异常将交给不同的异常处理器处理。所以一个 try 块后面可以接着一个或者多个 catch 子句，这些子句指定不同的异常处理程序。例如：

```
int square_Array[] = new int[5];

try {
    for (int i = 1; i <= 5; i++) {
        square_Array[i] = i * i;
    }
} catch (ArrayIndexOutOfBoundsException e) { //数组越界异常
    System.out.println("分配数组超出上限");
} catch (ArithmeticException e) {  //除以 0 异常
    System.out.println("除以 0 错误");
}
```

数组越界会抛出异常，但是数值计算溢出时不会抛出异常。

3.9.3　从方法中抛出异常

非法参数异常 IllegalArgumentException：

```
public class Span {
    public int start;    // 开始位置
    public int end;      // 结束位置

    public Span(int start, int end) {
        if (start > end) {
            throw new IllegalArgumentException("开始位置比结束位置大");
        }
        this.start = start;
        this.end = end;
    }
}
```

上班发现忘了带手机。没带手机这样的异常经常可以不处理，但身份证丢了这样的异常不能不处理。

异常可以分为受检查的异常(checked exception)和不受检查的异常(unchecked exception)。受检查的异常需要在方法的声明中声明可能会抛出这样的异常。在方法的声明中没有声明，但在方法的运行过程中发生的各种异常被称为“不被检查的异常”。这种异常是错误，会被自动捕获，如图 3-5 所示。

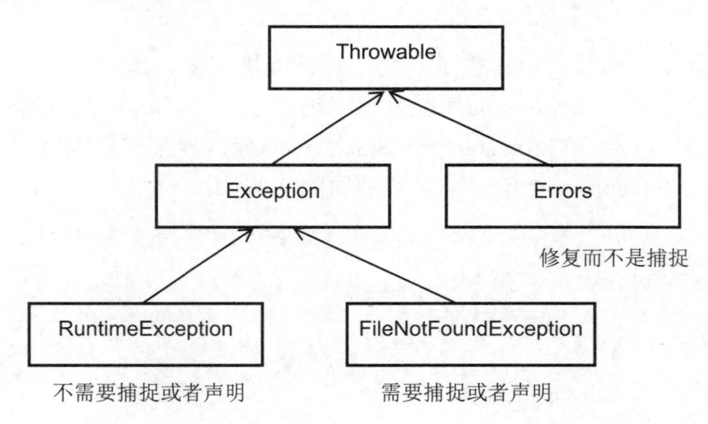

图 3-5　异常和错误

不受检查的异常继承自 RuntimeException 类。而 RuntimeException 类又继承自 Exception。如果捕捉 Exception 类，则也会捕捉 RuntimeException。代码如下所示：

```
try{
//...
}catch(Exception ex){
//...
}
```

上面的代码也会忽略不受检查的异常。

要避免在循环内部处理异常，只需把循环用 try-catch 包起来。

如果方法有可能抛出一个受检查的异常，但这个方法不捕捉它，就需要在其声明中说明会抛出。例如：

```
public void openFile() throws FileNotFoundException {
  Scanner input = new Scanner(new File("d.txt"));
} //注意，这里没有 try-catch
```

这里的 throws FileNotFoundException 叫做 throws 子句。

当继承一个包含 throws 子句的方法时，需要注意：如果 throws 子句部分和被继承的方法不同，则会导致无法继承这个方法，编译器会把这个方法看成是一个不同的新方法。

对于受检查的异常的处理方式，叫做捕捉或者声明。因为这些异常相对来说是比较特别的异常，如果完全当它不存在，那么程序连编译都无法通过。

可以自己定义异常：

```
public class CorruptIndexException extends IOException { //索引格式不正确
  public CorruptIndexException(String message) {
    super(message); //调用父类的构造方法
  }
}
```

捕捉一个异常，然后又抛出另外一个异常很常见，例如：

```
try {
    //...
} catch(YourException e) {
    throw new MyException();
}
```

然而，原始异常中包括的信息丢了，会让调试麻烦许多。所以给异常增加了一个原因属性。可以指定产生 MyException 的原因是 YourException。Throwable 会输出整个原因链，作为标准栈回溯的一部分。Throwable.printStackTrace 会为异常的原因链显示整个回溯栈。Exception.initCause(Exception)指定一个异常的原因。例如：

```
private byte[] uncompress(byte[] b) throws CorruptIndexException {
  try {
    return CompressionTools.decompress(b);
  } catch (DataFormatException e) {
    CorruptIndexException newException =
             new CorruptIndexException("数据格式错误: " + e.toString());
    newException.initCause(e);
    throw newException;
  }
}
```

访问数组时可能出现数组越界异常 ArrayIndexOutOfBoundsException。例如：

```
String[] myArray = new String[3];

public String safeAccess(int index) {
    String retVal = null;
    try { // 把关键代码放在这里
        retVal = myArray[index];
    } catch (ArrayIndexOutOfBoundsException e) {
        e.printStackTrace();
        System.out.println("不能访问元素:" + index);
```

```
    }
    return retVal;
}
```

无穷大是由非零数字被零除这样的运算产生的。例如，1.0 / 0.0 产生正无穷大，而 -1.0 / 0.0 产生负无穷大。

当在整数运算中发生除以零时，Java 将抛出一个 ArithmeticException 异常：

```
Exception in thread "main" java.lang.ArithmeticException: / by zero
```

ArithmeticExceptions 可以源于算术中一些不同的问题，因此，额外的数据(/ by zero)为我们提供了有关该特定异常的更多信息。而下面的代码：

```
public static int quotient(int numerator, int denominator){
   return numerator / denominator; // possible division by zero
}
```

不应该抛出一个 ArithmeticException 异常。因为错误在附带的参数中，所以可以抛出一个 IllegalArgumentException 异常。当传递一个非法的参数给方法时，抛出这个异常。

所以应该像下面这样：

```
if (divisor == 0) {
    throw new IllegalArgumentException("Argument 'divisor' is 0");
}
```

鸡吃了有毒的饲料，被毒死了。鹰吃了鸡，也被毒死了。最后猎人吃了鹰，同样也被毒死了。如果一个方法中产生了异常而不处理，就会抛给调用它的方法，这样一层层反馈到 main 方法。

main 方法有一个默认的异常处理器，会在退出前在系统错误中输出异常堆栈：

```
ex.printStackTrace();
```

3.9.4　处理异常

核电站发生重大事故后会处理核泄漏并封闭反应堆。

同样，发生异常后，应立即停止执行 try 块中的代码，开始执行 catch 块中的代码。有些步骤是正常流程和异常处理流程最后都要执行的，就如封闭反应堆。把这样的代码放到 finally 块。

try/catch/finally 块的代码执行流程如图 3-6 所示。

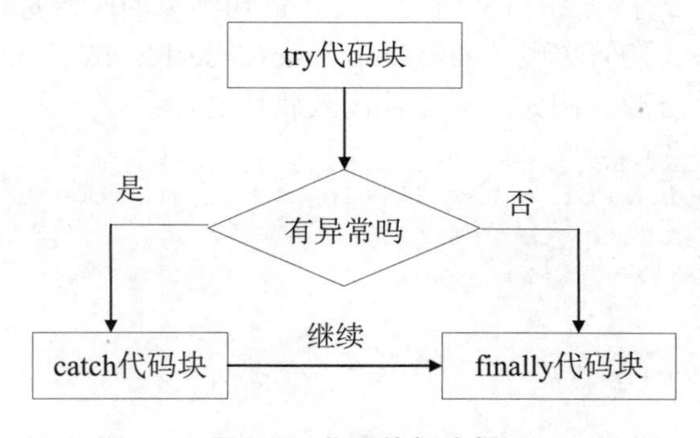

图 3-6　代码执行流程

如果没有 try 捕捉这个异常，则发生异常后会立即停止执行该方法中的代码，返回到调用它的方法，直到捕捉到这个异常的 try 或者整个程序退出为止。

未捕获的异常是 Throwable 的子类，当发生未捕获的异常时，它不会被应用程序捕获。它通过调用堆栈传播，并在到达底层线程(主线程或定义的线程)时，不会被捕获。通常的默认行为是把堆栈跟踪写入 System.err 输出流。例如当发生内存溢出错误(OutOfMemoryError)时。我们可以提供自己未捕获的异常处理程序，通过实现 Thread.UncaughtExceptionHandler 接口覆盖这个默认行为：

```
public class DefaultExceptionHandler implements UncaughtExceptionHandler {
  public void uncaughtException(Thread t, Throwable e) {
    if(e instanceof java.net.UnknownHostException) {
        //记录坏链接
    }
    e.printStackTrace();
  }
}
```

在爬虫中使用：

```
public static void main(String argv[])  throws Exception{
    Thread.setDefaultUncaughtExceptionHandler(new DefaultExceptionHandler());
    while (true) {
        //新一轮增量抓取...
        System.out.println("sleeping......");

        Thread.sleep(10 * 1000l);
    }
}
```

在一个异常捕获块中同时捕获多个异常：

```
try {
   if (args[0].equals("null")) {
      throw (new NullPointerException());
   } else {
      throw (new ArrayIndexOutOfBoundsException());
   }
} catch (NullPointerException | ArrayIndexOutOfBoundsException ex) {
   ex.getMessage();
}
```

一个带有资源的 try 语句就是声明了一个或者多个资源的 try 语句，资源是指当程序结束后必须关闭的对象。带有资源的 try 语句保证在语句结束的时候每个资源都会被关闭，也就是调用其 close()方法。任何实现了 java.lang.AutoCloseable 或者 java.io.Closeable 接口的对象都可以被作为一个资源。例如，从文件读入属性文件：

```
Properties PROPERTIES = new Properties();
try (FileInputStream in = new FileInputStream(propertiesFile)){
   PROPERTIES.load(in); //从输入流读入属性列表
} catch(IOException ioe) {}
```

3.9.5 正确使用异常

演员在台上忘词了还得继续演下去。像网络爬虫这样的服务器端程序，一旦运行起来以后就不会轻易退出，所以要处理各种异常，尽量不要交给系统自己处理。

从错误中学习如何处理异常。第一个反例代码：

```
try {
   //...
}catch(Exception ex){
   ex.printStackTrace(); //没有对异常做任何特别的处理
}
```

丢弃异常。这段代码捕获了异常却不做任何处理，可以算得上 Java 编程中的杀手。如果你看到了这种丢弃(而不是抛出)异常的情况，可以百分之九十九地肯定代码存在问题(在极少数情况下，这段代码有存在的理由，但最好加上完整的注释，以免引起别人误解)。

这段代码的错误在于，异常几乎总是意味着某些事情不对劲了，或者说至少发生了某些不寻常的事情，我们不应该对程序发出的求救信号保持沉默和无动于衷。调用一下 printStackTrace 算不上“处理异常”。不错，调用 printStackTrace 对调试程序有帮助，但程序调试阶段结束之后，printStackTrace 就不应再在异常处理模块中担负主要责任了。

丢弃异常的情形非常普遍。丢弃异常这一坏习惯是如此常见，它甚至已经影响到了 Java 本身的设计。打开 JDK 的 java.lang.ThreadDeath 类的文档，可以看到下面这段说明：“特别地，虽然出现 ThreadDeath 是一种‘正常的情形’，但 ThreadDeath 类是 Error 而不是 Exception 的子类，因为许多应用会捕获所有的 Exception 然后丢弃它不再理睬。”这段话的意思是，虽然 ThreadDeath 代表的是一种普通的问题，但鉴于许多应用会试图捕获所有异常然后不予以适当处理，所以 JDK 把 ThreadDeath 定义成了 Error 的子类，因为 Error 类代表的是一般的应用不应该去捕获的严重问题。

那么，应该怎样面对异常呢？主要有 4 个选择。

(1) 处理异常。针对该异常采取一些行动，例如修正问题、提醒某个人或进行其他一些处理，要根据具体的情形确定应该采取的动作。例如当第一次碰到网络资源访问不到的时候，可以延时后再次请求这个网络资源。调用 printStackTrace 算不上已经处理好了异常。

(2) 重新抛出异常。处理异常的代码在分析异常之后，认为自己不能处理它，重新抛出异常也不失为一种选择。

(3) 把该异常转换成另一种异常。大多数情况下，这是指把一个低级的异常转换成应用级的异常(其含义更容易被用户了解的异常)：

```
private byte[] uncompress(byte[] b) throws CorruptIndexException {
  try {
    return CompressionTools.decompress(b);
  } catch (DataFormatException e) {
    // 再次抛出应用级的异常
    CorruptIndexException newException =
         new CorruptIndexException("field data are in wrong format: " + e.toString());
    newException.initCause(e);
    throw newException;
  }
}
```

(4) 不要捕获异常。

结论是：既然捕获了异常，就要对它进行适当的处理。不要捕获异常之后又把它丢弃，不予理睬。

第二个反例代码：

```
try {
    FileReader fileRead = new FileReader(fileName);
    BufferedReader read = new BufferedReader(fileRead);
    String line;
    while ((line = read.readLine()) != null) {
        System.out.println(line);
    }
} catch (Exception e) {
    //处理异常
}
```

不指定具体的异常。许多时候人们会被这样一种“美妙的”想法吸引：用一个 catch 语句捕获所有的异常。最常见的情形就是使用 catch(Exception ex)语句。但实际上，在绝大多数情况下，这种做法不值得提倡。为什么呢？

要理解其原因，我们必须回顾一下 catch 语句的用途。catch 语句表示我们预期会出现某种异常，而且希望能够处理该异常。异常类的作用就是告诉 Java 编译器我们想要处理的是哪一种异常。由于绝大多数异常都直接或间接从 java.lang.Exception 派生，catch(Exception ex)就相当于说我们想要处理几乎所有的异常。

再来看看前面的代码例子。我们真正想要捕获的异常是什么呢？最明显的一个是 FileNotFoundException，这是文件没找到的异常。另一个可能的异常是 IOException，因为它要操作 BufferedReader。显然，在同一个 catch 块中处理这两种截然不同的异常是不合适的。如果用两个 catch 块分别捕获 FileNotFoundException 和 IOException 就要好多了。

这就是说，catch 语句应当尽量指定具体的异常类型，而不应该指定涵盖范围太广的 Exception 类。

结论：在 catch 语句中尽可能指定具体的异常类型，必要时使用多个 catch。不要试图处理所有可能出现的异常。

出现异常后要及时释放占用的资源。如同有遗嘱规定如何分配财产，但异常却改变了程序正常的执行流程。这个道理虽然简单，却常常被人们忽视。如果程序用到了文件、Socket、JDBC 连接之类的资源，即使遇到了异常，也要正确释放占用的资源。为此，Java 提供了一个简化这类操作的关键词 finally。

finally 是样好东西：不管是否出现了异常，finally 保证在 try/catch/finally 块结束之前，执行清理任务的代码总是有机会执行。遗憾的是有些人却不习惯使用 finally。

当然，编写 finally 块应当多加小心，特别是要注意在 finally 块之内抛出的异常。这是执行清理任务的最后机会，尽量不要再有难以处理的错误。

如果一个方法抛出所有的异常，可以使用一个没有对应 catch 的 finally：

```
public static void main(String[] args) throws IOException {
   readFile("C:\\Temp\\test.txt");
}

private static void readFile(String fileName) throws IOException {
    //如果这行抛出异常，则 try 块和 finally 块都不会执行
    //这是好事，因为 reader 可能是空。
```

```
    BufferedReader reader = new BufferedReader(new FileReader(fileName));
    try {
        //在 try 块中出现任何异常后都会执行 finally 块
        String line = null;
        while ( (line = reader.readLine()) != null ) {
            //处理行...
        }
    }
    finally {
        //这里的 reader 对象永远不会是空
        //在进入 try 块后才会进入 finally 块
        reader.close();
    }
}
```

如果一个方法处理所有它自己可能抛出的异常，那么可以改成在一个 try...catch 中嵌套的 try...finally。当 finally 块抛出与代码其余部分相同的异常时，这种方式非常有用。例如：

```
private static void readFile(String fileName) {
    try {
        // 如果构造 BufferedReader 时抛出异常，则不会执行 finally 块
            BufferedReader reader = new BufferedReader(
                new FileReader(fileName));
        try {
            String line = null;
            while ((line = reader.readLine()) != null) {
                // 处理读入的行...
            }
        } finally {
            // 不需要检查 reader 是否是空值
            // 这里抛出的任何异常都会被外层的 catch 块捕捉
            reader.close();
        }
    } catch (IOException ex) {
        logger.severe("读文件时出现问题: " + ex.getMessage());
    }
}
```

因为 FileNotFoundException 是 IOException 的子类，所以在最后捕捉 IOException 的同时，也捕捉了 FileNotFoundException。

3.10 字符串对象

String 是一个比较特别的类型。String 实例是一个对象，但是却可以直接赋值，不需要使用 new 来产生对象。例如：

```
String str = "abc";
```

等价于：

```
char data[] = {'a', 'b', 'c'};
String str = new String(data);
```

或者这样写：

```
String str = new String("abc"); //复制原值到新的字符串对象
```

字符串类封装了字符数组和对字符数组的一些操作方法。主要方法有求长度、比较大小、大小写转换等。

求字符串长度方法是 String.length()。例如：

```
System.out.println("字符串长度: "+"hello".length());
```

按位置取得其中某个字符的方法是 String.charAt(int index)。例如，取得第一个字符，使用 charAt(0)。遍历其中每个字符的代码如下：

```
String name = "Mike";
for(int i=0;i<name.length();++i){
    System.out.println(name.charAt(i));
}
```

把字符串中的英文字母大写的方法是 String.toUpperCase()。String 对象的值一旦在初始化时指定，就不能再改变。所以 toUpperCase()方法不改变原有字符串的值，而是返回一个新的字符串对象。例如：

```
String str="hello";
str.toUpperCase(); //调用 toUpperCase 方法并不会改变字符串 str 的值
System.out.println("str=: " + str);//输出: str=hello;
String str1=new String(str.toUpperCase());//String str1=str.toUpperCase();
System.out.println("str1=: " + str1);    //输出: str1=HELLO;
```

把字符串中的英文字母小写的方法是 String.toLowerCase()。

连接当前字符串和另外一个字符串的方法是 String.concat(String str)。例如：

```
String t="this is".concat(" String");
System.out.println(t);//输出: this is String
```

也可以直接用操作符+连接两个字符串。例如：

```
System.out.println("this is"+" String");//输出: this is String
```

目标字符串对象与 this 字符串进行比较的方法是 String.equals(String str)。此外还有忽略大小写的比较的方法是 String.equalsIgnoreCase(String str)。“==”可用于字符串对象比较，但与上述两个方法有区别。例如：

```
String s="hello";
String t=new String("HELLO");
String s1=new String(s);
String t1=s;
System.out.println("s equals t=:"+ s.equals(t));//结果: s equals t=false
System.out.println("s equalsIgnoreCase t=:"+s.equalsIgnoreCase(t));//true
System.out.println("s == s1=:"+(s==s1));// s == s1 返回 false;
System.out.println("s == t1=:"+(s==t1));// s == t1 返回 true;
```

String.RegionMatch()用于比较部分字符串：

```
String str1 = "Java is a wonderful language";
String str2 = "It is an object-oriented language";
boolean result = str1.regionMatches(20, str2, 25, 6);
System.out.println(result);  //输出 true
```

比较两个字符串的大小，也就是从前往后比较其中每个字符的内部编码大小。任何 String 类型的数据都是 Unicode 编码。判断 compareTo(String str)的返回值：

- 若结果小于 0，则当前字符串小于 str；
- 若结果大于 0，则当前字符串大于 str；
- 若结果等于 0，则当前字符串等于 str。

通过 compareTo 方法对字符串数组排序的示例：

```
String arr[] = { "Now", "is", "the", "time", "for", "all", "good" };
for (int n = 0; n < arr.length; n++){ //每次找到最小的一个字符串
    for (int m = n + 1; m < arr.length; m++) {
        if (arr[n].compareTo(arr[m]) > 0) { //如果逆序，则交换
            String t = arr[n];
            arr[n] = arr[m];
            arr[m] = t;
        }
    }
    System.out.println(arr[n]); //按顺序输出: Now all for good is the time
}
```

变形金刚可以转换成汽车或者机器人。有时候需要把一些基本的数据类型转换成字符串。任何有字符串参与的加运算，结果都是返回字符串。例如，可能会碰到下面这样的写法：

```
String toString(int i){
   return ""+i; //只是为了得到一个字符串
}
```

也有专门的方法可以把基本的数据类型转换成字符串。下面调用 String.valueOf 方法把整数转换成字符串：

```
int i= 10;
String val = String.valueOf(i); //把整数转换成字符串
```

反过来，也有专门的方法把字符串转换成基本的数据类型：

```
String val = "100";
int i = Integer.parseInt(val); //把字符串转换成整数
```

长整型数转换成二进制字符串：

```
Long.toBinaryString(val);
```

二进制字符串转换成整型数：

```
Integer.parseInt(s, 2);
```

3.10.1　字符对象

用 Character.isUpperCase(ch)来判断是否大写字母：

```
char ch = 'a';
System.out.println(Character.isUpperCase(ch)); //输出 false
```

StringUtils.isNotEmpty 方法判断是否空值。StringUtil.defaultIfEmpty 方法返回空值的替代值。

3.10.2 查找字符串

要查找某个字符串，可以使用 String.indexOf(String str)方法。这个方法返回 str 所在的位置，如果没有找到就返回-1。

例如想从下面行提取 mulls 的单数形式 mull：

```
English mulls   Noun    # {{plural of|mull}}
```

首先找到单词 mull 的开始位置，然后使用 String.substring 方法截取一部分：

```
String line = "English  mulls   Noun    # {{plural of|mull}}";
int pos1 = line.indexOf("plural of|"); //找到位置
pos1 += "plural of|".length();
System.out.println(line.substring(pos1)); //输出：mull}}
```

indexOf(String str, int fromIndex)从指定位置开始查找。例如：

```
String inputIP = "127.0.0.1";
System.out.println(inputIP.indexOf('.', 4)); //输出 5，也就是第二个“.”所在的位置
```

用 indexOf(String, int)方法找到 mull 的结束位置：

```
int pos2 = line.indexOf("}",pos1); //从单词的开始位置向后找
System.out.println(line.substring(pos1, pos2)); //输出：mull
```

某个字符串出现次数。例如，在文本“一种锗、镓酸盐红外玻璃的制备方法，该方法包括下列步骤：原料预除水：将制备透红外锗、镓酸盐光学玻璃的混合好的原料移至铂金坩埚中后，放入温度为 100～600℃的电炉中，”中，镓酸盐出现了 2 次。实现代码如下：

```
static int occureTimes(String input, String findStr) {
    int index = input.indexOf(findStr);
    int count = 0;
    while (index != -1) {
        count++;
        input = input.substring(index + 1);
        index = input.indexOf(findStr);
    }

    return count;
}
```

startsWith 方法判断是否以某个字符或字符串开头：

```
String strOrig = "Hello World";
System.out.println(strOrig.startsWith("Hello"));  //输出 true
```

3.10.3 修改字符串

去掉首尾的空格用 String.trim()方法。trim 方法返回去除首尾的空白后的字符串。常用在获得用户输入的字符串后，去除首尾的空白。例如：

```
String url = " http://www.lietu.com "; //前后有空格
System.out.println(url.trim()); //输出 http://www.lietu.com
```

有时候需要去掉字符串开始或者结束位置的垃圾字符，例如字符串 key 开头的字符"`"：

```
String key = "`word";
if(key.startsWith("`")){
    key = key.substring(1);
}
```

去掉字符串#以后的字符：

```
String href = "http://www.lietu.com/train/index.html#part"; //去掉#part

int index = href.indexOf('#'); //首先看字符串中有没有#
if (index >= 0) { //如果有#，就去掉#以后的字符
    href = href.substring(0, index);
}
```

String.replaceAll 方法替换字符串中出现的字符。因为 replaceAll 接收正则表达式，所以^这样的字符需要加上\以表示原来的意思。例如：

```
String value = "电阻^";
value = value.replaceAll("\\^", ""); // ^需要转义
```

取得第一个分号前面的部分：

```
String value = "千米；公里";
value = value.split("；")[0];
```

扩展 trim 功能，让它能把首尾任意指定的字符去掉。例如：\joe\jill\去掉首尾的\，成为 joe\jill。Apache Commons 中有一个 StringUtils 类。在 StringUtils 中，有一个 strip(String, String)方法实现这个功能。例如：

```
String name = "`joe jill-";
System.out.println(StringUtils.strip(name,"`-")); //输出：joe jill
```

StringUtils 类位于 http://commons.apache.org/lang/项目。

3.10.4　格式化

String.Format 用来得到格式化字符串。例如：

```
Date d = new Date(now);
s = String.format("%tD", d);                // "07/13/04"
```

3.10.5　常量池

```
String s1=new String("kill");
```

上面这段代码产生两个对象，一个是"kill"，该对象存入常量池中，另一个是复制"kill"的值新产生一个对象，并返回给 s1，所以 s1=new String("kill");实际上已经在常量池里注册了一个"kill"。除非确实需要一个新的拷贝，否则不要使用这个构造方法。

使用 String.intern()方法则可以将一个 String 类保存到一个全局的 String 表中，如果具

有相同值的 Unicode 字符串已经在这个表中，那么该方法返回表中已有字符串的地址，如果在表中没有相同值的字符串，则将自己的地址注册到表中。例如：

```
String s1=new String("kill");
String s2=s1.intern();
System.out.println( s1==s1.intern() ); //false
System.out.println( s1+" "+s2 );
System.out.println( s2==s1.intern() ); //true
```

如果有 N 个字符串，只取 K 个不同的值，其中 N 远远超过 K，则内部化是非常有益的。不是在内存中存储 N 个字符串，而是最多只存储 K 个。例如，可能有一个 ID 类型，其中包括 5 位数字。因此，只能是 10^5 个不同的值。假设正在解析一个大的文档，有许多 ID 值的引用。比方说，这份文件总共有 10^9 个引用(显然，一些参考文件在其他部分重复了)。因此在这种情况下，$N=10^9$ 而 $K=10^5$。如果不把字符串内部化，将在内存中存储 10^9 个字符串，其中很多字符串是相等的(鸽笼原理)。如果内部化 ID 字符串，当你解析文档时，会从文件中读出来非内部化的字符串。但是并没有保留任何对非内部化字符串的引用。因此这些字符串可以被当作垃圾收集。那么你将永远不需要在内存中存储超过 10^5 个字符串。

术语： Pigeonhole principle，鸽笼原理。若有 n+1 只鸽子住进 n 个鸽笼，则至少有一个鸽笼至少住进 2 只鸽子。更抽象的描述是：n 只鸽子放进 m 个鸽笼里，如果 $m<n$，则至少有一个鸽笼放两只或两只以上鸽子。

索引列名称调用 String.intern()方法。例如：

```
public class Field {
  protected String name = "body";

  public Field(String name, String value) {
      this.name = name.intern();
      //...
  }
}
```

因为 Field 对象使用的都是全局 String 表中的字符串，所以这样可以帮助垃圾回收没用的字符串，减少内存使用量。

在内部化的字符串上使用==操作比使用 equals()方法快，因为在调用 String.equals()方法以前，首先需要检查空指针。

String.intern()性能较差，使用自己的字符串缓存在默认的缓存上面，可以极大地优化 String.intern()。下面是一个简单的字符串内部缓存实现。它没有锁，也没有内存屏障。它是一个散列表，采用限制长度的链表解决冲突，如果链表长度太长，则退化到使用 String.intern()。例如：

```
public class SimpleStringInterner {
  private static class Entry {  //条目
    final private String str;   //字符串
    final private int hash;     //散列码
    private Entry next;         //下一个条目的引用
    private Entry(String str, int hash, Entry next) { //构造方法
```

```
    this.str = str;
    this.hash = hash;
    this.next = next;
  }
 }

 private final Entry[] cache;            //缓存
 private final int maxChainLength;       //最大链长度

 /**
  * @param tableSize  哈希表的大小，应该是 2 的 n 次方。
  * @param maxChainLength  每个桶的最大长度，之后会删除其中最早插入的项目
  */
 public SimpleStringInterner(int tableSize, int maxChainLength) {
   cache = new Entry[Math.max(1,BitUtil.nextHighestPowerOfTwo(tableSize))];
   this.maxChainLength = Math.max(2,maxChainLength);
 }

 public String intern(String s) {
   int h = s.hashCode();
   int slot = h & (cache.length-1);     //只取低位字节

   Entry first = this.cache[slot];      //取得链表头
   Entry nextToLast = null;             //链表中最后一个元素

   int chainLength = 0;

   for(Entry e=first; e!=null; e=e.next) {
     if (e.hash == h && (e.str == s || e.str.compareTo(s)==0)) {
       return e.str;
     }

     chainLength++;
     if (e.next != null) {
       nextToLast = e;
     }
   }

   //插入顺序的缓存：在头部添加新条目
   s = s.intern();
   this.cache[slot] = new Entry(s, h, first);
   if (chainLength >= maxChainLength) {
     //剪除最后一个条目
     nextToLast.next = null;
   }
   return s;
 }
}
```

仅知道两个字符串是否等价还不够，对排序应用来说，需要知道当前字符串是小于、等于还是大于下一个字符串。一个字符串小于另外一个字符串，如果按字典序，它会出现在另外一个字符串前面。

一个字符串大于另外一个字符串，如果按字典序，它会出现在另一个字符串后面。String 方法 compareTo()用于这个目的。它的通用形式如下：

```
int compareTo(String str)
```

例如：

```
System.out.println("test".compareTo("car")); //输出 17
```

3.10.6 关于对象不可改变

术语： Immutable Object，不可变对象。就是对象的所有属性的值都不可变更。JDK 中几个常用的不可变对象类包括 String、Integer、BigInteger、BigDecimal 等。

String 对象的值一旦在初始化时指定，就不能再改变。

想象存在字符串常量池的情况下，但却不让字符串不可改变，这根本不可能。因为，许多引用变量都引用了一个字符串对象"Test"，如果其中任何一个改变值，则其他的值也会受影响。例如：

```
String A = "Test"
String B = "Test"
```

如果字符串 B 调用"Test".toUpperCase()，改变同样的对象到"TEST"，因此 A 将会是"TEST"，这不是我们想要的结果。

很多地方已经广泛使用字符串作为参数，例如，要打开网络连接，可以传递主机名和端口号作为字符串参数；要打开数据库连接，可以传递数据库 URL 作为字符串；要打开任何文件，可以传递文件的名字作为参数给文件的 I/O 类。

如果不是不可改变的，则会导致严重的安全威胁。只要某人有对任何某个文件的授权，然后他就可以更改文件名，无论是有意的还是无意的，他将获得对这些文件的访问权。

因为字符串是不可改变的，所以它可以在很多线程之间安全地共享。对于多线程编程，这很重要，因为可以避免同步问题。

因为不可改变，所以可以缓存散列码：

```
private int hash; // 缓存的散列码值，默认是 0

public int hashCode() {
    int h = hash;
    if (h == 0 && count > 0) { //如果还没算过散列码值或者字符串中的字符数量大于 0
        int off = offset;
        char val[] = value;
        int len = count;

        for (int i = 0; i < len; i++) {
            h = 31*h + val[off++];
        }
        hash = h;
    }
    return h;
}
```

这里 count > 0 的判断是为了避免空字符串。

查找字符串的时候不必每次都重复计算 hashcode，这使得字符串作为 HashMap 中的键速度很快。

字符串是不可改变的重要原因是：它被用在类加载机制中。因此有深刻的和基本的安全方面的问题。如果字符串可以改变，则加载"java.io.Writer"，就可能改变成加载"mil.vogoon.DiskErasingWriter"。

为什么 String 是 final 的，也就是不能被继承的？因为这样就不会有子类来破坏字符串不可改变的特性。

3.11 日 期

Java 中有专门的日期类型 Date。经常要用到 Date 和 String 类型之间的相互转换。通过指定的格式把 Date 转换成 String。一般使用 SimpleDateFormat 指定输出日期的格式。例如：

```
Date now = new Date(); //当前时间
//日期格式是：年-月-日 时:分:秒
SimpleDateFormat df=new SimpleDateFormat("yyyy-MM-dd hh:mm:ss");
String time=df.format(now);
System.out.println(time); //输出当前时间，例如：2020-05-12 09:36:31
```

日期格式串中的格式说明如下：

- yyyy 表示四位数的年份。
- MM 表示两位数的月份。
- dd 表示两位数的日期。
- hh 表示两位数的小时。
- mm 表示两位数的分钟。
- ss 表示两位数的秒钟。

网页中的日期是文本形式的，爬虫抓下来以后，需要转换成 Date 类型。也就是要把字符串转换成日期类型。解析字符串之前，要定义好日期文本的格式。同样是用 SimpleDateFormat 表示的格式：

```
String dateStr = "2019.12.12-08:23:21"; //文本格式的日期字符串
Date d = null;
SimpleDateFormat sdf = new SimpleDateFormat("yyyy.MM.dd-HH:mm:ss");
try {
   d = sdf.parse(dateStr);      //如果解析的文本不对，则会抛出异常
} catch (ParseException pe) {   //处理异常
   System.out.println(pe.getMessage());
}
System.out.println(sdf.format(d)); //输出：2019.12.12-08:23:21
```

使用英语语言环境解析英语表示的时间：

```
String fromDateString = "Wed Jul 08 17:08:48 GMT 2019"; //表示日期的字符串
DateFormat formatter = new SimpleDateFormat("EEE MMM dd HH:mm:ss zzz yyyy",
                                    Locale.ENGLISH); //英语语言环境
Date fromDate = formatter.parse(fromDateString);
TimeZone central = TimeZone.getTimeZone("America/Chicago");
formatter.setTimeZone(central); //为 DateFormat 设置时区
System.out.println(formatter.format(fromDate));
```

在日期格式中需要时区。没问题，只要增加+08:00 到字符串：

```
String dateString = "Sun, 04 Dec 2018 18:40:22 GMT";
SimpleDateFormat sdf = new SimpleDateFormat("E, dd MMM yyyy kk:mm:ss z",
   Locale.ENGLISH);
Date date = sdf.parse(dateString + "+08:00");
System.out.println(date);
Date 对象类型支持比较大小。
Date now = new Date();        //取得当前时间
Thread.sleep(1000l);          //等一秒钟
Date after = new Date();      //再次取得当前时间

System.out.println(after.after(now)); // after 在 now 之后
```

3.12 大数对象

若参与运算的数超过长整型数所能表示的上限，这时候就要使用大数对象 BigInteger 了。因为是用于计算的类，所以 BigInteger 属于 java.math 包，在使用前要导入该类。

Java 没有运算符重载，所以不能直接用数学运算符计算 BigInteger，必须使用其内部方法。如 add()=="+"、divide()== “/” 等，而且其操作数也必须为 BigInteger 型。

用一个整数数组表示这个 BigInteger 的大小：

```
final int[] mag;
```

这意味着，BigInteger 的零有一个零长度的 mag 数组：

```
BigInteger ZERO = new BigInteger(new int[0], 0);
```

如果是小的数值，则 mag 的长度是 1，在 mag[0]中存储原值。测试如下：

```
byte i=3;
byte[] magnitude = new byte[1];
magnitude[0] = i;
BigInteger three = new BigInteger(magnitude); //构建 3 这个大整数
System.out.println(three.equals(BigInteger.valueOf(3))); //返回 true
```

3.13 给方法传参数

很多卫星发射后不再返回地球，而宇宙飞船则会返回地球。有些参数传入以后也不再返回值，而另外一些会返回值。不再返回值的参数叫做传值，返回值的参数叫做传引用。一次性的卫星就是传值，而可以返回的宇宙飞船则是传引用。

有两类数据类型：基本类型和引用类型。基本类型就是 int、double、boolean、char 等。所有的类都是引用类型。因为作为方法中的参数的基本数据类型和引用类型在调用方法后就不复存在了，而对象位于一个全局的内存区域，在调用方法后往往仍然存在。例如：

```
ArrayList<Integer> a = new ArrayList<Integer>();
Collection.sort(a); //调用 sort 方法后，对象 a 仍然存在
```

每次调用一个方法，分配一个新内存区域存储这个方法的局域变量，这个内存区域叫做栈帧。每个方法有一个自己的栈帧。当程序调用一个方法时，需要创建一个新的栈帧，当方法返回时，释放这个栈帧所占用的内存。测试方法：

```
public class CallStackDemo {
    public static void m2() {
        System.out.println("Starting m2");
        System.out.println("m2 调用 m3");
        m3();
        System.out.println("m2 调用 m4");
        m4();
        System.out.println("离开 m2");
        return;
    }

    public static void m3() {
        System.out.println("开始 m3");
        System.out.println("离开 m3");
        return;
    }

    public static void m4() {
        System.out.println("开始 m4");
        System.out.println("离开 m4");
        return;
    }

    public static void main(String args[]) {
        System.out.println("开始 main");
        System.out.println("main 调用 m2");
        m2();
        System.out.println("离开 main");
    }
}
```

输出结果：

```
开始 main
main 调用 m2
Starting m2
m2 调用 m3
开始 m3
离开 m3
m2 调用 m4
开始 m4
离开 m4
离开 m2
离开 main
```

方法栈帧如图 3-7 所示。

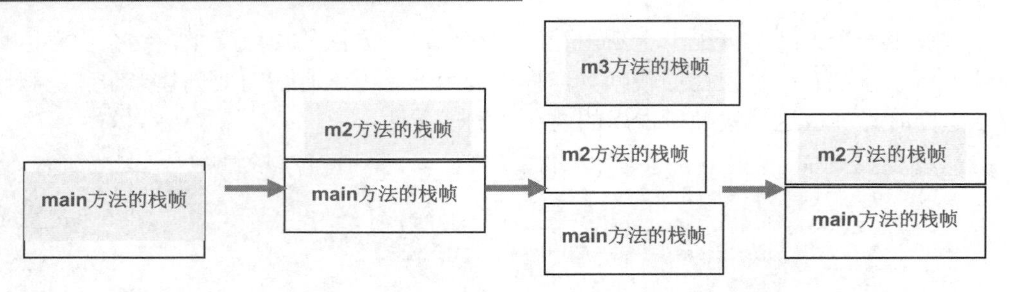

图 3-7　方法栈帧

3.13.1　基本类型和对象

如果要让一个变量的值加 1，可能会想到这样实现：

```
public static void run() {
    int  x = 17;
    increment(x);  //调用加 1 的方法
    System.out.println("x = " + x);
}

private static void increment(int  n)  { //增加一个变量的值
    n++;
    System.out.println("n = " + n);
}
```

运行后输出结果：

```
n = 18
x = 17
```

n 的值增加了，但是 x 的值并没有增加。当传递一个基本数据类型的参数给一个方法时，会复制参数的值到新的栈帧，因此改变新栈帧中变量的值不会影响老栈帧中的变量。

为了能够使方法中的修改生效，定义一个类：

```
public class EnbeddedInteger { //包装一个整数

    public EmbeddedInteger(int n) {
        value = n;
    }

    public void setValue(int n) {
        value = n;
    }

    public  int  getValue() {
        return value;
    }

    public  String  toString() {
        return "" + value;
    }

    private int value; //整数
}
```

通过传递对象来得到改变后的值：

```
public  void  run() {
      EmbeddedInteger  x = new EmbeddedInteger(17);
      increment(x); //传递对象
      System.out.println("x = " + x);
}

private void increment(EmbeddedInteger n) {
    n.setValue(n.getValue()  + 1); //修改对象中的属性
    System.out.println("n = " + n);
}
```

运行后输出：

```
n = 18
x = 18
```

当传递一个对象作为参数时，run 和 increment 方法的栈帧共享这个对象所占用的内存。对象中实例变量的任何改变都会在对象上永久生效。

传递基本类型和对象的效果并不是等价的。当传递一个对象给方法时，复制对象的引用而不是对象本身到方法的栈帧，如图 3-8 所示。

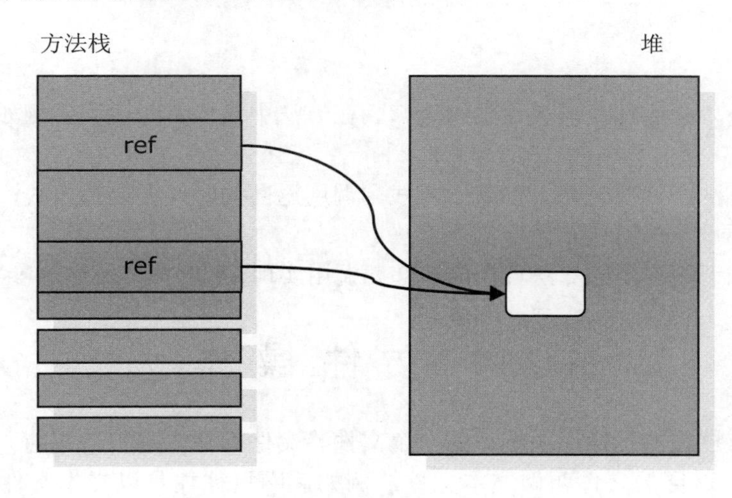

图 3-8　传对象时内存状态图

如果一个方法需要返回多个值，怎么办？传入一个对象或者返回一个对象。

3.13.2　重载

> *术语*：Overload，重载。同一个类中有多个相同的方法名，通过不同的调用参数来区分它们。

为了减轻记忆负担，同样功能的方法最好以相同的名字命名，哪怕需要传入的参数形式不一样。例如经常用 add 方法增加一个元素，不管增加的是一个字符还是字符串：

```
add(char c){
    //完成功能
}
add(String s){
    //调用 add(char)
}
```

例如处理一个目录下的文件：

```
private void indexDir(File dir){
    File[] files = dir.listFiles();

    for (int i = 0; i < files.length; i++) {
      File f = files[i];
      if (f.isDirectory()) {
        indexDir(f);  // 递归调用
      } else if (f.getName().endsWith(".txt")) {
        indexFile(f); //处理文件
      }
    }
}

private void indexFile(File item) {
    System.out.println("处理文件: " + item);
    //处理文件
}
```

为了避免进入死循环，形成无限的递归，在方法中需要及时返回。例如，用递归的方式遍历目录。

每次调用方法，都要把输入参数压入栈。调用返回的时候还要弹出栈，导致程序运行效率低。所以不推荐采用递归调用实现算法。

为了把递归调用实现的算法转换成非递归调用实现，可以把要传递的参数放到变量中。

3.14 文件操作

一本电子书往往就是操作系统中的一个文件。文件都是二进制格式的。但是也可以专门存储字符串，这样的文件叫做文本文件。例如，网页往往是以文本文件的形式存放在 Web 服务器。文本文件可以直接用记事本编辑。

大的文本文件如果用记事本打开需要很长时间，所以最好用写字板打开超过几兆以上的文件。可以用 UltraEdit 打开二进制格式的文件。

一般使用串行方式读出或者写入文件。总地来说，使用输入流把文件内容读入内存，使用输出流把内存中的信息写出到文件。这些类位于 java.io 包下。输入和输出的类和方法往往是对应的。例如 Reader 和 Writer 类对应。

Windows 系统文件大小经常以字节为单位。文件大小往往用 MB 或者 GB 衡量。1K 表示 1024，而 1M 表示 1024K，1G 表示 1024M。大约的计算方法是：1K 是 3 个零，1M 是 6 个零，1G 是 9 个零。

买硬盘的时候，比如 160GB，这里厂商使用的进制是 1000，而不是 1024，所以 160 个 GB 格式化以后就大概只有：(160 × 1000 × 1000 × 1000) / 1024/1024/1024 = 149GB。

3.14.1 文本文件

先了解如何读写文本文件，然后再看如何读写二进制文件。java.io.Reader 用来读取字符。它的子类 FileReader 用来读取文本文件。

FileReader 打开指定路径下的文件。文件的路径分隔符可以用“\\”或者“/”。“\\”是 Windows 风格的写法，因为字符串中的特殊字符要转义，所以用两个斜杠表示一个斜杠。而“/”是 Linux 风格的路径写法。因为不需要转义，所以这里的正斜线只需要写一个就可以了。例如：

```
FileReader fr = new FileReader("c:/autoexec.bat"); //打开文本文件
```

与下面这种写法是等价的：

```
FileReader fr = new FileReader("c:\\autoexec.bat"); //打开文本文件
```

如果有一堆砖要搬，一次又搬不完，不会一次只拿一块砖，会尽量多拿几块。如果有很多内容要读，不会一次只读一个字节，而是一次尽量多读一些字节到缓存：

```
FileReader fr = new FileReader("c:/autoexec.bat"); //打开文本文件
BufferedReader br = new BufferedReader(fr); //缓存读
String line;
while((line = br.readLine()) != null) { //按行读入文件
    System.out.println(line);
}
fr.close(); //关闭文本文件
```

输入流把数据从硬盘读入到随机访问存储器(Random Access Memory，RAM)。可以根据输入流构建 BufferedReader，实现代码如下：

```
String fileName = "SDIC.txt";  //文件名
InputStream file = new FileInputStream(new File(fileName));  //打开输入流

//缓存读入数据
BufferedReader in = new BufferedReader(new InputStreamReader(file,"GBK"));
```

使用 for 循环按行读入一个文件：

```
String fileName = "SDIC.txt";  //文件名
InputStream file = new FileInputStream(new File(fileName));  //打开输入流

//缓存读入数据
BufferedReader in = new BufferedReader(new InputStreamReader(file,"GBK"));

for (String line = in.readLine();line != null; line = in.readLine()) {
    System.out.println(line);
}
in.close();
```

等价于下面这个 while 循环：

```
String fileName = "SDIC.txt"; //文件名
InputStream file = new FileInputStream(new File(fileName));  //打开输入流
```

```
//缓存读入数据
BufferedReader in = new BufferedReader(new InputStreamReader(file,"GBK"));
String line = in.readLine();
while (line != null) {
    System.out.println(line);
    line = in.readLine();
}
in.close();
```

通过把赋值语句写在 while 循环的布尔表达式里面，中间的 while 循环可以简写成这样：

```
String line;
while ((line = in.readLine()) != null) { //合并赋值语句和判断条件
    System.out.println(line);
}
```

读入的字符串在 Eclipse 控制台中显示正常并不能保证读入的字符本身不是乱码。读入文件可以指定字符集编码。中文文本文件一般使用 GBK 编码。如果要把其他格式的文件转码成 GBK 编码，可以先用记事本打开这个文件，然后另存为编码是 ANSI 格式的文本文件。

读入文件时，可以在 InputStreamReader 的构造方法中指定字符集。读入 GBK 编码文本文件的代码如下：

```
InputStream file = new FileInputStream(new File(path));
// 创建使用 GBK 字符集的 InputStreamReader
BufferedReader read = new BufferedReader(new InputStreamReader(file,"GBK"));
```

为了支持多种语言，往往采用 UTF-8 格式编码的文件。把文件存储成 UTF-8 格式的，然后用类似下面的代码读入：

```
String file = "D:/dict.txt";
InputStreamReader isr = new InputStreamReader(new FileInputStream(file), "UTF-8");
BufferedReader read = new BufferedReader(isr);
String line;
while ((line = read.readLine()) != null) {
    System.out.println(line);
}
```

java.io.Writer 用于输出字符流，FileWriter 类是 Writer 类的一个子类。使用 FileWriter 写入文本文件的例子如下：

```
String fileName = "c:/story.txt" ;

FileWriter writer = new FileWriter( fileName );
//写入 4 行，可以用写字板打开这个文件
writer.write( "从前有座山，\n" );
writer.write( "山上有座庙。\n" );
writer.write( "庙里有一个老和尚，\n" );
writer.write( "一个小和尚。\n" );
writer.close(); //关闭文件
```

一般来说，Writer 是把内容立即写到硬盘。如果要多次调用 write 方法，则批量写入效率会更高。类似于团购，价格往往比单件购买低。可以使用缓存加快文件写入速度：

```
//使用默认的缓存大小
BufferedWriter bw = new BufferedWriter(new FileWriter(fileName));
```

```
bw.write("Hello,China!");  //写入一个字符串
bw.write("\n"); //写入换行符
bw.write("Hello,World!");
bw.close(); //把缓存中的内容写入文件
```

使用 BufferedWriter 写入数据时，最后需要调用 BufferedWriter 的 close 方法。如果不关闭文件，可能导致缓存中的数据丢失，写入文件的数据将不完整。例如，把集合中的元素写入到文件：

```
ArrayList<String> words = getLexiconEntry(); //得到词表
String fileName="C:/wordlist.txt"; //要写入的文件
BufferedWriter bw = new BufferedWriter(new FileWriter(fileName));

for(String w: words){
    bw.write(w);
    bw.write("\r\n");
}
bw.close();
```

如果要写入一个 UTF-8 编码的文本文件，则可以在 OutputStreamWriter 的构造方法中指定字符集：

```
File file = new File("c:/temp/test.txt");  //创建一个文件对象
BufferedWriter out =
   new BufferedWriter(new OutputStreamWriter(new FileOutputStream(file),"UTF8"));
```

完整的代码如下：

```
/**
 * 向文件写入字符串
 * @param content 字符串
 * @param fileName 文件名
 * @param encoding 编码
 */
public static void writeToFile(String content,String fileName,String encoding){
    try {
        FileOutputStream fos = new FileOutputStream(fileName);
        OutputStreamWriter osw=new OutputStreamWriter(fos,encoding);
        BufferedWriter bw=new BufferedWriter(osw);
        bw.write(content);
        bw.close();
    } catch (FileNotFoundException e) {
        e.printStackTrace();
    } catch (IOException e) {
        e.printStackTrace();
    }
}
```

如果黑板上已经有字，可以选择擦去黑板上已有的字重新写，也可以在原来的文字后继续写。如果一个文件已经存在，可以把新的内容追加写到最后，也可以从头写入新内容，即覆盖写。FileWriter 的构造方法区别这两种写入方式：

```
// FileWriter 构造方法
FileWriter(String fileName, boolean mode)  throws IOException
```

其中，mode = false 时表示覆盖写，mode = true 时表示追加写。为了避免冲突，在一个

时刻只能有一个线程写文件。

打开大的文本文件可以使用 Gvim(http://www.vim.org/download.php)，它是 vim 的 Windows 移植版本。或者使用 UltraEdit，不过 UltraEdit 是收费的。

3.14.2 二进制文件

FileWriter 只能接受字符串形式的参数，也就是说只能把内容存到文本文件。相对于文本文件，采用二进制格式的文件存储更省空间。例如生物中的碱基用 A、G、C、T 四个英文字符表示。也可以采用二进制格式表示：A 用 00 表示；G 用 01 表示；C 用 10 表示；T 用 11 表示。这样，二进制中的 8 位压缩成了 2 位。

读写二进制文件和文本文件使用不同的类。例如，搜索引擎中的索引库格式就是二进制文件。

InputStream 用于按字节从输入流读取数据。其中的 int read()方法读取一个字节，这个字节以整数形式返回一个 0～255 之间的值。为什么读一个字节，不直接返回一个 byte 类型的值？因为 byte 类型最高位是符号位，它所能表示的最大的正整数是 127。如果 read()方法返回-1，则表示已到输入流的末尾。

InputStream 只是一个抽象类，不能实例化。FileInputStream 是 InputStream 的子类，用于从文件按字节读取。例如：

```
public static void main(String[] args) throws IOException  {
    String filePath = "d:/test.txt";
    File file = new File (filePath); //根据文件路径创建一个文件对象

    //如果找不到文件，会抛出 FileNotFoundException 异常。
    FileInputStream fileInput = new FileInputStream(file);

    fileInput.close(); //关闭文件输入流，如果无法正常关闭，会抛出 IOException 异常
}
```

OutputStream 中的 write(int b)方法用于按字节写出数据。FileOutputStream 用于按字节把数据写到文件。例如按字节把内容从一个文件读出来，并写入另外一个新文件。也就是文件拷贝功能。代码如下：

```
File fileIn = new File("source.txt"); //打开源文件
File fileOut = new File("target.txt"); //打开写入文件，也就是目标文件

FileInputStream streamIn = new FileInputStream(fileIn);
                                         //根据源文件构建输入流
FileOutputStream streamOut = new FileOutputStream(fileOut);
                                         //根据目标文件构建输出流


int c;
//从源文件按字节读入数据，如果内容还没读完，则继续
while ((c = streamIn.read()) != -1) {
    streamOut.write(c); //写入目标文件
}

streamIn.close(); //关闭输入流
streamOut.close(); //关闭输出流
```

使用 DataOutputStream 支持直接写入整数等基本数据类型，把一个整数写入二进制文件的例子如下：

```
File file = new File(filePath); //根据文件路径创建一个文件对象

FileOutputStream fileOutput = new FileOutputStream(file);
BufferedOutputStream buffer = new BufferedOutputStream(fileOutput); //使用缓存写入
//将基本 Java 数据类型写到文件
DataOutputStream dataOut = new DataOutputStream(buffer);

dataOut.writeInt(nodeId); //写入整数

dataOut.close(); //关闭写入流
fileOutput.close();//关闭文件输出流
```

使用 DataInputStream 把保存的整数从二进制文件读出来：

```
FileInputStream fileInput = new FileInputStream(file); // 读取二进制文件
BufferedInputStream buffer = new BufferedInputStream(fileInput);
//从文件读入基本 Java 数据类型
DataInputStream dataIn = new DataInputStream(buffer);

int nodeId = dataIn.readInt(); //读出整数

dataIn.close(); //关闭读入流
buffer.close(); //关闭缓存
fileInput.close(); //关闭文件输入流
```

其中，写入整数的 DataOutputStream.writeInt 方法和读出整数的 DataInputStream.readInt 方法是对应的。

写入字节数组的 DataOutputStream.write 方法和读出字节数组的 DataInputStream.read 方法也是对应的。

DataInputStream.readByte()方法把最高位作为符号位，这样有可能读入负数。下面读入无符号的一个字节：

```
int type = dataIn.readUnsignedByte(); //把一个无符号的字节存入整数类型的变量
```

如果要把一个字符串保存到二进制文件，可以把字符串保存成 UTF-8 格式表示的字节数组。首先保存一个整数，用来表示要读入的字节数组的长度，然后是这个字节数组：

```
byte[] by = word.getBytes("UTF-8"); //得到字符串对应的字节数组

dataOut.writeInt(by.length); //写入字节的长度

dataOut.write(by); // 写入字节数组的内容
```

读入二进制文件中的字符串，首先读入一个整数，然后是一个字节数组，最后把这个字节数组恢复成字符串：

```
int length = dataIn.readInt();              //读出字符串的长度

byte[] bytebuff = new byte[length];         //创建字节数组
int count = dataIn.read(bytebuff);          //读出字节数组的内容
```

```
String word = new String(bytebuff,"UTF-8"); //根据字节数组恢复出字符串
```

把从二进制文件读入字符串封装成一个方法：

```
static String readWord(DataInputStream dataIn) throws IOException{
    int len = dataIn.readByte();          //读入长度
    byte[] bytebuff = new byte[len];      //创建字节数组
    dataIn.read(bytebuff);                //读入表示字符串的字节

    return new String(bytebuff,"UTF-8"); //根据字节数组恢复出字符串
}
```

DataInputStream.markSupported()方法判断文件是否支持重复读入：

```
String file = "D:/test.data";
InputStream fileInput = new FileInputStream(file);
BufferedInputStream buffer = new BufferedInputStream(fileInput);
DataInputStream dataIn = new DataInputStream(buffer);

System.out.println(dataIn.markSupported());
```

例如，读入两个字节，然后回到这两个字节之前：

```
dataIn.mark(10000);
dataIn.readByte();
dataIn.readByte();
dataIn.reset();
```

DataInputStream.skip 方法跳过指定字节。例如下面的例子：

```
DataInputStream dataIn = new DataInputStream(buffer);
dataIn.skip(1103061); //跳过 1103061 个字节
```

得到文件的长度用 file.length()方法：

```
String fileName = "D:/test.doc";
File file = new File(fileName);
long length = file.length();
System.out.println("文件长度:"+length);
```

有时候需要先删除文件，例如删除一个词典文件：

```
File dicFile = new File("./dic/" + BigramDictioanry.dataDic); //创建一个文件对象
boolean success = dicFile.delete();
System.out.println(success); //显示是否已经成功删除
```

用 RandomAccessFile.setLength(long newLength)方法去掉文件尾部的若干字节，例如：

```
RandomAccessFile file = new RandomAccessFile("f:\\down\\a.txt", "rw");

long newLength=2;
file.setLength(newLength); //去掉尾部
file.close();              //这个文件只保留了前面 2 个字节的内容
```

判断文件是否已经存在，如果不存在则生成这个文件：

```
File dataFile = new File(dicDir + dataDic);
if (!dataFile.exists()) {
```

```
  //如果文件不存在则写入文件
}
```

遍历路径：

```
String dirName = "D:/dir/";
File dir = new File(dirName);
File[] files = dir.listFiles();

for (int i = 0; i < files.length; i++) {
    File f = files[i];
    System.out.println(f);
}
```

3.14.3　文件位置

有些程序运行时内部要使用的文件，一般不能把绝对路径写死在代码中，要用相对路径找到这样的文件。比如把文件放在和 jar 包相同的路径下。

URI 本是用来定位网络资源的，但也可以用来定位本地硬盘中的文件。通过给定的 URI 来创建一个新的 File 实例，然后再得到读取文件用的 FileReader。

例如读取/com/lietu/enDep/quantifier.txt 路径下的文本文件：

```
URI uri = TestFile.class.getClass().getResource
    ("/com/lietu/enDep/quantifier.txt").toURI();
File txtFile = new File(uri); //根据 uri 创建文件
FileReader fileReader = new FileReader(txtFile);
```

这个文件位于 bin 目录下，和 class 文件在同一个父目录。src 目录下的同名文本文件修改后不会自动同步到 bin 目录，需要手动更新。

也可以使用 URL 加载文件：

```
String fileName = "/com/huilan/dig/chat/polite.gram";
URL url = TernarySearchTrie.class.getClass().getResource(fileName);

BufferedInputStream stream = new BufferedInputStream(url.openStream(), 256);

String charSet = "UTF-8";
Reader reader = new InputStreamReader(stream, charSet);// 打开输入流

BufferedReader read = new BufferedReader(reader);
```

连接文件路径和文件名：

```
File dir = new File("d:/test/qa/");
String name="/test.bin";
File file = new File(dir, name);
System.out.println(file); //输出 d:\test\qa\test.bin
```

3.14.4　读写 Unicode 编码的文件

UTF-16 以两个字节为编码单元，在解释一个 UTF-16 文本前，首先要知道每个编码单元的字节序。Unicode 规范中推荐在文件开始位置用几个字节标记字节顺序。把这几个字节叫做 BOM(Byte Order Mark)。定义了 5 类 BOM，用来表示 5 种不同的编码方式，如表 3-2

所示。

表 3-2　BOM 标记

BOM	描　述	编　码
EF BB BF	UTF-8	UTF-8
FF FE	UTF-16/UCS-2, Little Endian	UTF-16LE
FE FF	UTF-16/UCS-2, Big Endian	UTF-16BE
FF FE 00 00	UTF-32/UCS-4, Little Endian	UTF-32LE
00 00 FE FF	UTF-32/UCS-4, Big-Endian	UTF-32BE

Java 写的 UTF-8 文件不带 BOM 标记。但是对于所有的 Windows 用户，如果文本文件用记事本保存成 UTF-8 格式的，记事本会在文件开始位置增加 BOM 字节。

InputStreamReader 支持 UTF-16 文件中的 BOM 标记，但是它不认识 UTF-8 BOM 标记。也就是说，不会跳过它。所以 InputStreamReader 读取记事本保存的 UTF-8 格式的文件会产生乱码。这是把 BOM 标记当成普通字符产生的。

在 UnicodeBOMInputStream 中定义一个叫做 BOM 的内部类：

```
public static final class BOM {
    public static final BOM NONE = new BOM(new byte[] {},"UTF-8", "NONE");

    public static final BOM UTF_8 = new BOM(new byte[] { (byte) 0xEF,
        (byte) 0xBB, (byte) 0xBF },"UTF-8", "UTF-8");

    public static final BOM UTF_16_LE = new BOM(new byte[] { (byte) 0xFF,
        (byte) 0xFE },"UTF-16LE", "UTF-16 little-endian");

    public static final BOM UTF_16_BE = new BOM(new byte[] { (byte) 0xFE,
        (byte) 0xFF },"UTF-16BE", "UTF-16 big-endian");

    public static final BOM UTF_32_LE = new BOM(new byte[] { (byte) 0xFF,
        (byte) 0xFE, (byte) 0x00, (byte) 0x00 },"UTF-32LE",
        "UTF-32 little-endian");

    public static final BOM UTF_32_BE = new BOM(new byte[] { (byte) 0x00,
        (byte) 0x00, (byte) 0xFE, (byte) 0xFF },"UTF-32BE",
        "UTF-32 big-endian");

    public final String toString() {
        return description;
    }

    public final byte[] getBytes() {
        final int length = bytes.length;
        final byte[] result = new byte[length];

        // 做一个防御性的复制
        System.arraycopy(bytes, 0, result, 0, length);

        return result;
    }

    private BOM(final byte bom[],final String encode, final String description) {
```

```
        assert (bom != null) : "无效 BOM：不允许空值";
        assert (description != null) : "无效描述：不允许空值";
        assert (description.length() != 0) : "无效描述：不允许空字符串";

        this.bytes = bom;
        this.description = description;
        this.encode = encode;
    }

    final byte bytes[];
    private final String description;
    public final String encode;
}
```

使用 UnicodeBOMInputStream：

```
FileInputStream fis = new FileInputStream("D:/dic/test.txt");
UnicodeBOMInputStream ubis = new UnicodeBOMInputStream(fis);

System.out.println("检测 BOM:" + ubis.getBOM());
//如果需要就跳过 BOM
ubis.skipBOM();
InputStreamReader isr = new InputStreamReader(ubis, "UTF-8");
BufferedReader br = new BufferedReader(isr);

//读入一行
System.out.println(br.readLine());

br.close();
isr.close();
ubis.close();
fis.close();
```

3.14.5　文件描述符

文件描述符在形式上是一个非负整数。实际上，它是一个索引值，指向内核为每一个进程所维护的该进程打开文件的记录表。当程序打开一个现有文件或者创建一个新文件时，内核向进程返回一个文件描述符。在程序设计中，一些涉及底层的程序编写往往会围绕着文件描述符展开。但是文件描述符这一概念往往只适用于 Unix、Linux 这样的操作系统。

在 Unix/Linux 平台上，对于控制台(Console)的标准输入、标准输出、标准错误输出也对应了三个文件描述符，它们分别是 0、1、2。在实际编程中，如果要操作这三个文件描述符，建议使用 FileDescriptor 中定义的三个静态变量来表示：FileDescriptor.out、FileDescriptor.in 以及 FileDescriptor.err。

可以使用 FileDescriptor 构建输出流。例如，向控制台输出一个字符：

```
//根据文件描述符构建输出流
FileOutputStream streamOut = new FileOutputStream(FileDescriptor.out);
int c = 'a';
streamOut.write(c); //写入目标文件
streamOut.close(); //关闭输出流
```

可以从一个已有的 FileInputStream 对象或者 RandomAccessFile 对象调用 getFD()得到

一个 FileDescriptor 对象，然后根据 FileDescriptor 对象创建 FileInputStream：

```
File aFile = new File("C:/lietu/myFile.text");
FileInputStream inputFile1 = null;    // 存储输入流引用的变量
FileDescriptor fd = null;             // 存储文件描述符的变量

try {
    // 创建输入流
    inputFile1 = new FileInputStream(aFile);
    fd = inputFile1.getFD();      // 取得文件的描述符

} catch(IOException e) {          // 捕捉 IOException 或者 FileNotFoundException
  e.printStackTrace(System.err);
  System.exit(1);
}

// 可以从文件描述符创建文件的另外一个输入流
FileInputStream inputFile2 = new FileInputStream(fd);
```

如果发生 I/O 错误，getFD()方法可能抛出一个 IOException 类型的异常。因为 IOException 是 FileNotFoundException 的父类，所以 catch 块可以同时捕捉这两种异常。

3.14.6　对象序列化

雕刻一件物品可能比直接从模子铸出来多费很多时间。程序设计中经常面临类似的情况，例如动态生成词典数据结构的状态速度慢，直接从二进制文件加载则速度快很多。如果直接由 Java 源代码生成可执行代码，可能会很慢，而由 class 代码格式变成可执行代码则很快。

首先保存对象的状态到二进制格式的文件。使用 DataOutputStream 类写二进制格式的文件。

从流中读出数据时，需要知道数据什么时候结束。一个输入流的 readInt 操作对应一个输出流的 writeInt 操作。对于长度不是预知的数据类型，在写入实际数据之前，需要写入数据的长度信息。例如一个包含数组的对象需要保存状态，首先写入数组的长度，然后写入数组内容：

```
public class BigramMap{
    public int[] prevIds;    // 相关词 id 数组
    public int[] freqs;      // 组合频率数组
    public int id;           // 词本身的 id

    public void save(DataOutputStream outStream) throws IOException{
        //保存到文件
        outStream.writeInt(id);
        outStream.writeInt(prevIds.length);      // 写入 key 的数量

        for (int i = 0; i < prevIds.length; i++) {
            outStream.writeInt(prevIds[i]);      // 写入词编号
            outStream.writeInt(freqs[i]);        // 写入词组合频率
        }
    }
}
```

然后从二进制格式的文件生成一个对象。BigramMap 类的构造方法如下：

```
public BigramMap(DataInputStream inStream) throws IOException{
    id = inStream.readInt();          // 获取词的 id

    int len = inStream.readInt();     // 获取文件中关联数组的长度
    prevIds = new int[len];
    freqs = new int[len];

    for (int i = 0; i < len; i++) {
        prevIds[i] = inStream.readInt();
        freqs[i] = inStream.readInt();
    }
}
```

因为读和写的过程中可能有 IO 异常，所以不处理直接抛出 IO 异常。这样的写法和操作基本数据类型的写法不一致，所以需要改进，最好输出流能直接写出对象，而输入流能直接读入对象。DataOutputStream 的 writeInt 方法写入整数，所以 ObjectOutputStream 写入对象的方法叫做 writeObject。例子如下：

```
FileOutputStream fos = new FileOutputStream(filename);
ObjectOutputStream out = new ObjectOutputStream(fos);
out.writeObject(obj);    //把对象的状态写入输出流
fos.close();             //关闭文件
```

通过 ObjectInputStream 的 readObject 方法把对象的状态从文件读出来：

```
FileInputStream fis = new FileInputStream(filename);
ObjectInputStream in = new ObjectInputStream(fis);
BigramMap bm = (BigramMap) in.readObject(); //把对象的状态从输入流读出来
in.close();
```

要序列化的对象须继承 Serializable 接口，否则序列化时会抛出 java.io.NotSerializableException 异常。

如果需要知道序列化对象的大小，则可以首先把它写入到内存中的字节输出流 ByteArrayOutputStream。例如：

```
TrieLink.Node obj = new TrieLink.Node('c'); //要输出的对象
ByteArrayOutputStream bos = new ByteArrayOutputStream();
ObjectOutputStream oos = new ObjectOutputStream(bos);
oos.writeObject(obj);
oos.flush();
System.out.println(bos.size());  //输出序列化后的大小
```

如果同时序列化几个互相引用的对象，序列化机制可以保证对象之间引用的正确性。创建两个有引用关系的对象，然后保存到文件：

```
TrieLink.Node parent = new TrieLink.Node('a');
TrieLink.Node child = new TrieLink.Node('b');
parent.firstChild = child;

String filename = "f:/object.bin";
FileOutputStream fos = new FileOutputStream(filename);
ObjectOutputStream out = new ObjectOutputStream(fos);
out.writeObject(parent); //把父对象的状态写入输出流
```

```
out.writeObject(child); //把孩子对象的状态写入输出流
fos.close(); //关闭文件
```

从文件加载这两个对象，并检查它们之间的引用关系是否还存在：

```
String filename="f:/object.txt";
FileInputStream fis = new FileInputStream(filename);
ObjectInputStream in = new ObjectInputStream(fis);
TrieLink.Node parent = (TrieLink.Node) in.readObject();
    //把父对象的状态从输入流读出来
TrieLink.Node child = (TrieLink.Node) in.readObject();
    //把孩子的状态从输入流读出来
in.close();

System.out.println(parent.firstChild == child);
    //输出 true，也就是说引用关系仍然存在
```

如果使用不同的 ObjectOutputStream 实例，引用就会丢失。解决方法是：序列化对象的唯一编码。在很多 Java 虚拟机实现中，System.identityHashCode 方法得到的是对象唯一的编码，但这样并不可靠。

把所有节点放到一个数组，这样可以用节点编号作为数组下标得到对应的节点。

反序列化的 readObject 方法没有调用对象的构造方法来生成对象。那么 readObject 得到的对象是怎么生成的？对象是由 JVM 直接生成出来的。

对象位于内存中的一个区域，可以保存一个对象中的状态，叫做持久化或者序列化。ObjectOutputStream 可以将一个实现了序列化的类实例写入到输出流中，ObjectInputStream 可以从输入流中将 ObjectOutputStream 输出的类实例读入到一个实例中。DataOutputStream 只能处理基本数据类型，而 ObjectOutputStream 除了可以处理基本数据类型，还可以处理对象。ObjectOutputStream 和 ObjectInputStream 处理的对象必须是实现了序列化的类类型。

对象只要实现 Serializable 接口，其他就可以不用自己管了。例如：

```
public class BigramMap implements Serializable {
 //...
}
```

如果需要定制输出的二进制文件格式，也可以增加自己的 writeObject()和 readObject()方法。例如：

```
//把对象中的实例变量的值写入输出流
private void writeObject(ObjectOutputStream outStream) throws IOException
{
    outStream.writeInt(id);
    outStream.writeInt(prevIds.length); //记录数组的长度
    for (int i = 0; i < prevIds.length; i++) {
        outStream.writeInt(prevIds[i]);
        outStream.writeInt(freqs[i]);
    }
}

//从输入流中读出值赋值给对象中的实例变量
private void readObject(ObjectInputStream inStream) throws IOException {
    id = inStream.readInt();
    int len = inStream.readInt(); //读出数组的长度
```

```
        prevIds = new int[len];
        freqs = new int[len];
        for (int i = 0; i < len; i++) {
            prevIds[i] = inStream.readInt();
            freqs[i] = inStream.readInt();
        }
    }
```

下面测试序列化是否正确。把对象状态保存到字节数组输出流，然后再从字节数组输入流读出：

```
BigramMap bm = new BigramMap(10, 0);
bm.put(19, 9);
bm.put(18, 8);
bm.put(17, 7);
bm.put(16, 6);
bm.put(15, 16);
System.out.println("之前:\n" + bm);
        //输出 BigramMap@[15:16][16:6][17:7][18:8][19:9]
ByteArrayOutputStream buf = new ByteArrayOutputStream();
ObjectOutputStream o = new ObjectOutputStream(buf);
o.writeObject(bm);
// 现在取回来
ObjectInputStream in = new ObjectInputStream(new ByteArrayInputStream(
        buf.toByteArray()));
BigramMap bm2 = (BigramMap) in.readObject();
System.out.println("之后:\n" + bm2);
        //输出 BigramMap@[15:16][16:6][17:7][18:8][19:9]
```

如果要使用默认的序列化方法，一个类可以实现Serializable接口，或者扩展一个序列化类。如果一个类的超类不是可序列化的，它仍然可以实现Serializable接口，只要这个超类有一个无参数的构造器即可。如果用作一个远程方法的参数或者返回类型，那么一个类必须是可序列化的。

因为readObject和writeObject是私有的方法，所以一个类不能改进其父类的方法。但是当它的方法调用defaultReadObject和defaultWriteObject，就是在调用超类的readObject或者writeObject方法。正是因为这些方法是私有的，所以不能把它们声明在Serializable接口中。

如果用transient声明一个实例变量，当对象存储时，它的值不需要维持。例如ArrayDeque中的变量都不是直接写入到持久化输出流，而是由定制的writeObject方法写入输出流：

```
public class ArrayDeque<E> implements Serializable{ //实现序列化接口
   private transient E[] elements; //存储元素的数组
   private transient int head;     //头
   private transient int tail;     //尾

   //输出对象内容
   private void writeObject(ObjectOutputStream s) throws IOException {
      s.defaultWriteObject();

      // 输出大小
      s.writeInt(size());
```

```
        // 按顺序输出元素
        int mask = elements.length - 1;
        for (int i = head; i != tail; i = (i + 1) & mask)
            s.writeObject(elements[i]);
    }
}
```

defaultReadObject()调用默认的反序列化机制，并可以在你自己的序列化类中使用它。换句话说，当你有定制化的反序列化逻辑，还是可以调用默认的序列化方法。defaultReadObject()反序列化非静态和非 transient 属性。

可以用 readResolve 方法替换从流中读出的对象，来保证单件模式中的对象是唯一的。当读入一个对象时，用单件实例替换它。这可保证没有人能通过序列化和反序列化单件对象创建另外一个实例。

```
public final class Sides implements Serializable {
 private int value;
 private Sides(int newVal) { value = newVal; }
 private static final int LEFT_VALUE = 1;
 private static final int RIGHT_VALUE = 2;
 private static final int TOP_VALUE = 3;
 private static final int BOTTOM_VALUE = 4;

 public static final LEFT = new Sides(LEFT_VALUE);
 public static final RIGHT = new Sides(RIGHT_VALUE);
 public static final TOP = new Sides(TOP_VALUE);
 public static final BOTTOM = new Sides(BOTTOM_VALUE);

 private Object readResolve() throws ObjectStreamException {
    //根据这个实例上的值切换到匹配的对象
    switch(value) {
        case LEFT_VALUE: return LEFT;
        case RIGHT_VALUE: return RIGHT;
        case TOP_VALUE: return TOP;
        case BOTTOM_VALUE: return BOTTOM;
        }
    return null;
    }
}
```

3.14.7 使用 IOUtils 工具类

Commons IO 库包含方便 IO 开发的工具类 IOUtils。使用 org.apache.commons.io 时，需要导入 commons-io.jar 包。

使用 FileUtils 读取一个文件：

```
List<String> lines = FileUtils.readLines(file, "UTF-8");
```

从输入流写入数据到文件：

```
InputStream input = null;
FileOutputStream output = null;
try {
   input = //得到输入流
```

```
    File file = new File(filename);
    output = FileUtils.openOutputStream(file);
    IOUtils.copy(input, output);
} catch (Exception e){
    e.printStackTrace();
} finally {
    IOUtils.closeQuietly(output);
    IOUtils.closeQuietly(input);
}
```

3.15 Java 类库

Java 类本身就封装了数据和操作数据的方法，存在不同层次的封装。Java 类越来越多以后，会难以管理。例如，可能会出现重名的类。一个班里有两个叫做陈晨的同学。如果他们在不同的小组，可以叫第一组的陈晨或者第三组的陈晨，这样就能区分同名了。为了避免名字冲突，Java 类位于不同的命名空间，叫做包。例如 xml 解析包中有 Document 类，swing 文本组件模型中也有类叫做 Document。可以在类名前面加上包名限定，这样即使类名相同，也不会冲突了。

```
javax.swing.text.Document doc;
org.w3c.dom.Document domDoc;
```

用 package 关键字声明一个包名，而且这个声明必须放在程序的开始位置。例如存放数据结构相关类的包：

```
package dataStruct;
```

为了全球唯一，往往用网站域名作为包名。例如 org.w3c.dom 这样的包名。

如果每个类前面都写上包名会很麻烦。为了简化，调用属于同一个包的类时，不需要写包名。销售部的人借调技术部的人，需要打申请报告。需要用其他包的类时，需要用 import 关键字导入想要的类或者包。

Eclipse 中有专门的快捷键 Ctrl + Shift + R 用来查找类。

相关的 Java 类位于同一个包。

例如 Lucene 中分析文本相关的类都位于 org.apache.lucene.analysis 中。包中的类名不会有重复。

如果任何其他包中的类都可以访问一个类，则把这个类声明成 public 类型。例如：

```
public class Token {
}
```

如果其他包不能访问这个类，则不加 public 修饰符。例如 org.apache.lucene.index 中的内部缓存类 IntBlockPool，不需要在外部能访问到这个类，所以把它定义成下面这样：

```
final class IntBlockPool {
}
```

可以把若干个 package 中的 class 文件放入一个 jar 文件。一个 jar 文件往往可以完成相对独立的功能。例如全文索引，或者记录日志，或者处理 PDF 文件格式。

相对类一级的封装来说，类库是一种比较高层次的封装。例如，Lucene 就是一个类库。

为了避免重复发明车轮子，开发过程中，很多时候不是在自己写类，而是使用别人写的类。Java 的基础类库其实就是 JDK 安装目录下面 jre\lib\rt.jar 这个包。学习基础类库就是学习 rt.jar。基础类库里面的类非常非常多，据说有 3000 多个。但是真正对于我们来说最核心的只有 3 个包，分别是 java.lang.*、java.io.*以及 java.util.*。

因为 java.lang 这个包实在是太常用了，几乎没有程序不用它的，所以不管有没有写 import java.lang;，编译器只要看到没有找到的类，就会自动去 java.lang 里面找，看这个类别是不是属于这个包的。所以就不用特别去 import java.lang 了。

rt.jar 中包含了一些最好的 Java 代码，它的源代码在 src.zip 中。src.zip 位于 JDK 根目录，例如 C:\Program Files\Java\jdk1.7.0_03。

Eclipse 可以让 Java 基础类库关联源代码。在打开基础类时，在提示没有源代码的窗口上，有个找源代码的按钮，选择 src.zip 文件即可。

关联源代码还有两种方法：选择 Project 菜单下的 Properties → Java Build Path → Libraries，然后扩展 JRE System Library，也就是 jre 版本，然后再扩展 rt.jar。选择 Source attachment，单击编辑…，选择源代码文件(External File…)，然后单击 OK 按钮。

选择 Window → Preferences → Java → Installed JRES，然后对想要的 JRE 单击 Edit…。扩展 rt.jar，选择 Source attachment 并单击 Source Attachment…，选择源代码文件(External File…)，然后单击 OK 按钮。

可以通过 JDK API 文档来学习 Java 自带的类。

还可以使用在线的版本 http://docs.oracle.com/javase/7/docs/api/。

3.15.1 使用 Java 类库

Windows 下使用 dll 封装可调用的程序库，但这样的库无法在 Linux 下使用。就好像黄金可以在世界各国通用，jar 包可以在各操作系统上通用。可以在需要的项目中引用这个类库。也就是在 Java Builder Path 中添加要引用的 jar 文件。例如在爬虫项目中增加对 Lucene.jar 的引用。要引用的 jar 文件往往放在项目的 lib 目录下。

有的项目下面有 lib 文件夹，有的项目就没有。lib 文件夹是自己创建的，有依赖的 jar 包才需要创建 lib，可以像建立 package 那样直接新建一个文件夹。

例如要连接到 SQL Server 数据库，首先把 sqljdbc.jar 放到 lib 路径，然后在项目中增加对 sqljdbc.jar 的引用。

Eclipse 中每个项目的根目录下都有个.classpath 文件。其中指定了源代码路径，编译后输出文件的路径以及这个项目引用的 jar 包的路径。

如果是可执行的 jar 包，则可以用 java.exe 执行。例如，执行爬虫：

```
java -jar Crawler.jar
```

很多 jar 包放在一起可能会冲突，尤其不要把不同版本的 jar 包放在一起。

如果想要在命令行的任意目录下运行某个.class 文件，就需要配置 CLASSPATH 环境变量。首先在桌面右击“我的电脑”图标，在弹出的快捷菜单中选择“属性”→“高级”→“环境变量”命令，然后在其值中添加上存放.class 文件的目录路径，再重新打开命令行，使用 echo 命令检查环境变量 CLASSPATH：

```
echo %JAVA_HOME%
```

如果有多个路径，则用分号隔开。在开发中一般很少设置成指定的目录，一般设置成“.”，表示在当前路径中查找文件。

如果需要临时设置 CLASSPATH 的值，可以通过以下的操作来完成。首先打开命令行，输入 set CLASSPATH=.class 文件的路径。

注意：如果没有设置 CLASSPATH 环境变量，那么只会在当前路径中查找.class 文件；而如果设置了 CLASSPATH 环境变量，那么会先在 CLASSPATH 环境变量中查找，然后再看是否要查找当前目录。

- 如果在值的结尾处加上“;”，而且在 CLASSPATH 环境变量中找不到.class 文件，那么就会在当前目录中查找文件。
- 如果在值的结尾处不加“;”的话，在 CLASSPATH 环境变量中找不到.class 文件，那么就不会在当前路径中查找，即使当前路径中有.class 文件也不会执行。

CLASSPATH 和 PATH 环境变量不一样：PATH 是针对 Windows 可执行文件，也就是.exe 等文件；而 CLASSPATH 则是针对 Java 字节码文件，也就是.class 文件。

3.15.2 构建 jar 包

jar 包就是一个压缩文件，但是不要用 WinRAR 之类的压缩软件打包。可以用命令行工具 jar 构建 jar 包。例如：

```
jar cvf Crawler.jar Crawler.class
```

如果要做一个可执行的 jar 包，则可以在 MANIFEST.MF 文件中声明要运行的类。例如假设 com.lietu.crawler.Spider 包含 main 方法。

```
Manifest-Version: 1.0
Main-Class: com.lietu.crawler.Spider
Class-Path: nekohtml.jar lucene-core-3.0.2.jar .
```

其中定义了 Manifest 文件的版本号是 1.0。Class-Path 声明了依赖的 jar 包 nekohtml.jar 和 lucene-core-3.0.2.jar，最后的点代表当前路径。

从源代码编译到 class，然后再从 class 构建 jar 包，可以把这样的操作自动化。C++一般使用 make 从源代码编译出可执行文件。对 Java 来说，一般采用 Ant(http://ant.apache.org/)编译源代码并构建 jar 文件。

编译过程将源代码转换为可执行代码。编译需要指定源文件和编译输出的文件路径。源文件路径一般是 src，而输出文件路径一般是 bin。Java 的编译会将 Java 编译为 class 文件，将非 Java 的文件(一般称为资源文件，比如图片、xml、txt、poperties 等文件)原封不动地复制到编译输出目录，并保持源文件夹的目录层次关系。

通过 Ant 执行的 build.xml 来自动生成可执行的 jar 包。Ant 通过调用目标树，就可以执行各种目标。例如编译源代码的目标，还有打 jar 包的目标。

build.xml 文件定义了一个项目。项目相关的信息包括项目名和默认编译的目标。例如项目 seg 默认编译的目标是 makeJAR：

```
<project name="seg" default="makeJAR" basedir=".">
```

由于 Ant 构建文件是 XML 格式的文件，所以很容易维护和书写，而且结构很清晰。Ant 可以集成到开发环境中。Eclipse 默认就安装了 Ant 插件。选中 build.xml 后，在 run as 中选取 ant build，就可以运行 build.xml 中的默认目标了。

使用 build.xml 可以做的事情如下。

- 定义全局变量，例如定义项目名。
- 初始化，主要是建立目录，例如发布路径。
- 编译 Java 源代码成为 class 文件；调用<javac encoding="utf-8" debug="true" srcdir="${src}" destdir="${bin}" classpathref="project.class.path" target="1.6" source="1.6"/>。
- 把 class 文件打包到一个 jar 文件；调用<jar destfile="***">。
- 建立 API 文档。

目标之间可以有依赖关系。例如 makeJAR 依赖 init 和 compile。init 依赖 clean。所以目标执行顺序是 clean → init → compile → makeJAR。

```
<target name="makeJAR" depends="init,compile">
```

如果需要更新 War 中的文件，就设置 update="true"。

jar 包里面要正好包含有用的 class 文件，既不能包含测试部分代码，也不能包含源文件。

```
<target name="makeJAR" depends="init,compile">
   <jar destfile="${dist}/${jarfile}">
       <fileset dir="${bin}">
           <include name="**/*.class"/>
           <exclude name="**/*.jflex"/>
       </fileset>
   </jar>
</target>
```

javac 标签调用 Java 编译器。如果 Java 源代码文件编码不一致可能会出错，可以把编码统一成 GBK 或者 UTF-8。如果源代码文件编码是 UTF-8，则使用 javac 编译时，要增加 encoding 选项指定编码是 UTF-8。

```
<javac encoding="utf-8" debug="true" srcdir="${src}" destdir="${bin}"
classpathref="project.class.path" target="1.6" source="1.6"/>
```

javadoc 标签生成文档。也就是从 src 目录的 Java 文件中抽取出部分注释信息，形成 HTML 格式的文档放到 docs 目录。例如：

```
<target name="createDoc">
    <!-- destdir是javadoc生成的目录位置 -->
    <javadoc destdir="${distDir}" encoding="UTF-8" docencoding="UTF-8">
        <!-- dir是Java文件的位置而不是class文件的位置-->
        <packageset dir="${srcDir}">
            <!-- exclude是不想生成那些类的javadoc -->
            <exclude name="${excludeClasses}" />
        </packageset>
    </javadoc>
</target>
```

要保证使用 ant 构建 jar 包后，bin 目录下存在可执行的 class 文件，以方便在 Eclipse 中执行类。这样就必须编译测试类。

```
<target name="compileTest" depends="makeJAR"
  description="compile the source ">
  <!-- Compile the java code from ${test} into ${bin} -->
  <javac debug="true" srcdir="${test}" destdir="${bin}"
classpathref="project.class.path" target="1.6" source="1.6"/>
</target>
```

如果想要在几个任务中使用相同的路径，可以用一个<path>元素定义这些路径，并通过其ID属性引用这些路径。

生成jar文件的build.xml完整代码如下：

```
<project name="seg" default="makeJAR" basedir=".">
  <description>
    Build file for segmenter
  </description>

  <!-- 设置全局属性-->
  <property name="product" value="seg"/>
  <property name="src"     location="src"/>
  <property name="bin"     location="bin"/>
  <property name="dist"    location="dist"/>
  <property name="lib"     location="lib"/>
  <property name="jarfile" value="${product}.jar"/>

  <path id="project.class.path">
    <pathelement path="${java.class.path}/"/>
     <fileset dir="${lib}">
      <include name="**/*.jar"/>
    </fileset>
  </path>

  <target name="init" depends="clean">
    <!-- 创建时间戳 -->
    <tstamp/>
    <!-- 创建编译使用的build目录结构-->
    <mkdir dir="${bin}" />
    <mkdir dir="${dist}" />
  </target>

  <target name="compile" depends="init"
    description="compile the source ">
    <!--编译Java代码从${src}到${build} -->
    <javac debug="true" srcdir="${src}" destdir="${bin}"
     classpathref="project.class.path" target="1.5" source="1.5"/>
  </target>

  <target name="clean" description="removes temp stuff">
    <tstamp/>
    <delete dir="${dist}"/>
  </target>

  <target name="makeJAR" depends="init,compile">
     <jar destfile="${dist}/${jarfile}">
      <fileset dir="${bin}">
         <include name="**/*.class"/>
         <include name="**/*.jflex"/>
      </fileset>
    </jar>
```

```
  </target>

</project>
```

应注意检查，jar 包中不能多次包括同一个 class 文件，否则可能会导致加载错误的 class 文件。

除了 Ant，还有 Maven。例如 HttpClient 采用 Maven 构建。采用 Maven 构建的项目一般包括一个 pom.xml 文件。

```
<build>
    <plugins>
        <plugin>
            <artifactId>maven-assembly-plugin</artifactId>
            <configuration>
                <archive>
                    <manifest>
                        <mainClass>fully.qualified.MainClass</mainClass>
                    </manifest>
                </archive>
                <descriptorRefs>
                    <descriptorRef>jar-with-dependencies</descriptorRef>
                </descriptorRefs>
            </configuration>
        </plugin>
    </plugins>
</build>
```

使用下面的命令执行它：

```
mvn assembly:single
```

用 install 参数下载依赖的 jar 文件：

```
mvn install
```

Maven 默认的本地仓库地址为${user.home}/.m2/repository。例如，如果用 Administrator 账户登录，则把 jar 包下载到 C:\Users\Administrator\.m2\repository\这样的路径。

如果 jar 文件位于 lib 路径下，则 Eclipse 的.classpath 文件中的 classpathentry 是 lib 类型：

```
<classpathentry kind="lib" path="lib/commons-io-1.2.jar"/>
```

如果 jar 包位于 Maven 的存储库中，则 Eclipse 的.classpath 文件中的 classpathentry 是 var 类型：

```
<classpathentry kind="var"
    path="M2_REPO/junit/junit/4.8.2/junit-4.8.2.jar"
    sourcepath="M2_REPO/junit/junit/4.8.2/junit-4.8.2-sources.jar"/>
```

首先升级到 Eclipse Indigo，也就是 Eclipse 的 3.7 版本，然后安装 m2e 插件(http://www.eclipse.org/m2e/download/)。这样就可以正确导入存在的 Maven 项目。

mvn 可以通过 systemPath 标签指定本地 jar 包。

3.15.3 使用 Ant

如果要在 Eclipse 中使用 Ant，就不需要专门安装 Ant 软件工具。也可以不用 Eclipse，在命令行使用 Ant。从 http://ant.apache.org/bindownload.cgi 可以下载到 Ant 的最新版本。在 Windows 下 ant.bat 和三个环境变量 ANT_HOME、CLASSPATH 和 JAVA_HOME 相关。需要用路径设置 ANT_HOME 和 JAVA_HOME 环境变量，并且路径不要以“\”或“/”结束，不要设置 CLASSPATH。使用 echo 命令检查 ANT_HOME 环境变量：

```
echo %ANT_HOME%
D:\apache-ant-1.7.1
```

如果把 Ant 解压到 c:\apache-ant-1.7.1，则修改环境变量 PATH，增加当前路径 c:\apache-ant-1.7.1\bin。

如果一个项目的源代码根路径包括一个 build.xml 文件，则说明这个项目可能是用 Ant 构建的。大部分用 Ant 构建的项目只需要如下一个命令：

```
#ant
```

可以运行指定的任务，例如运行下面的 compile 任务：

```
<target name="compile" depends="init"
   description="compile the source ">
   <javac debug="true" srcdir="${src}" destdir="${bin}"
      classpathref="project.class.path" target="1.5" source="1.5"/>
</target>
```

使用命令行：

```
ant compile
```

如果出现 D:\workspace\QA\src\questionSeg\bigramSeg\CnToken.java:1: 非法字符：\65279 这样的错误，把文件另存为无 BOM 的格式。

ant 运行 build.xml 失败信息：

```
BUILD FAILED
D:\workspace\EnglishAnayzer\build.xml:49: Class not found: javac1.8
```

加 compiler="modern" 参数：

```
<javac compiler="modern" encoding="utf-8" debug="true" srcdir="${src}"
   destdir="${bin}" classpathref="project.class.path" target="1.7"
   source="1.7"  />
```

3.15.4　生成 javadoc

用 javadoc 命令可以根据源代码中的文档注释生成 HTML 格式的说明文档。文档注释中可以使用 HTML 标签。

```
javadoc -d 路径 (指定注释文档的保存路径)
```

文档注释一般写在类定义之前、方法之前或属性之前。

在文档注释中可以用@author 表示程序的作者，@version 表示程序的版本，这两个注释符号要写在类定义之前。

用于方法的注释标记有：@param，对参数进行注释；@return，对返回值进行注释；@throws，对抛出异常的注释；@see，与它相关的类。

3.15.5 ClassLoader

虚拟机所执行的代码是从哪里来的？一个类代表要执行的代码，而数据表示与该代码相关的状态。状态可以改变，而代码一般不会。当我们关联一个特定的状态到一个类时，我们就有这个类的一个实例。因此，同一个类的不同实例可以有不同的状态，但都引用了相同的代码。

在 Java 中，一个类通常会在.class 文件中有它自己的代码，虽然也有例外。Java 运行时，每一个类都会以 Java 对象的形式有对应的代码，这是一个 java.lang.Class 的实例。当 JVM 加载一个 class 文件时，它把类的信息放入方法区，如图 3-9 所示。

编译任何 Java 文件时，编译器都会嵌入一个叫做 class 的 public、static、final 属性到生成的字节码中。它的类型是 java.lang.Class。它是用来描述类的类，所以叫做元类。类似的还有元数据，元数据是指描述数据的数据。

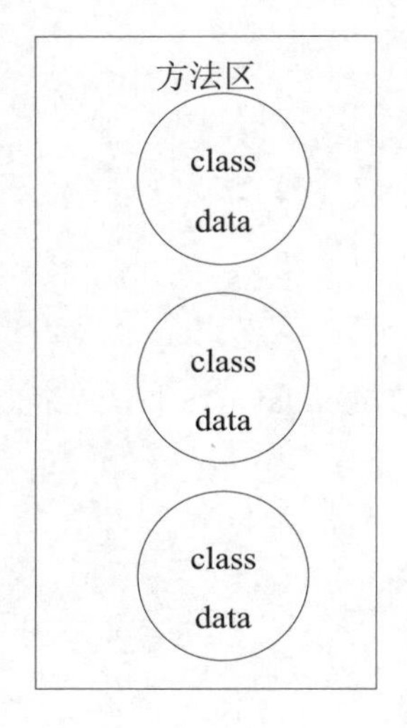

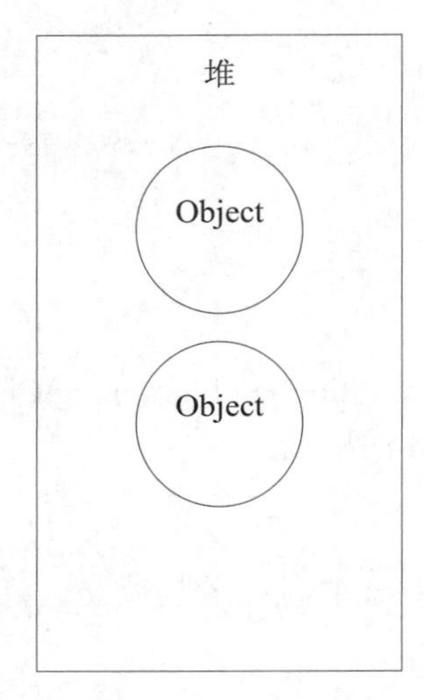

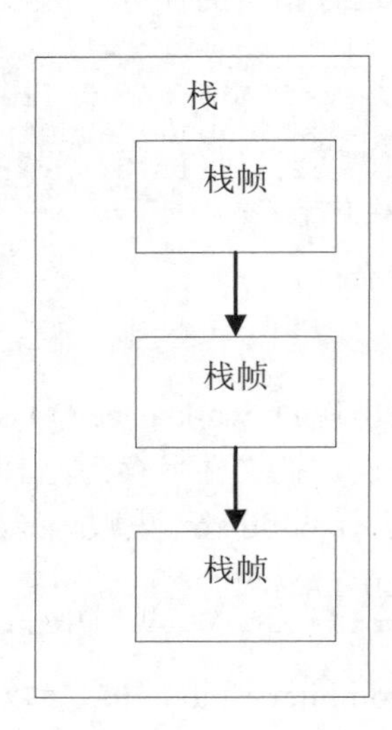

图 3-9 内存的内容

因为这个 class 属性是公开的，所以可以用点号访问它。就像这样：

```
java.lang.Class klass = Myclass.class;
```

每个类都由 java.lang.ClassLoader 的某个实例加载。一旦一个类被加载到 JVM 中，同一类不会被再次载入。一个类由它的完全限定的类名来确定。但是在 JVM 中，一个类不仅仅用它的名字，还要加上加载这个类的 ClassLoader 实例才能唯一确定。只有加载器和类名都相同，才认为是同一个类。就好象一个人不仅仅用他的名字，还用他的籍贯来说明自己。

例如，在包 Pg 中，有一个叫做 Cl 的类，它被类加载器 ClassLoader 的实例 kl1 加载进来。也就是说，C1.class 以(Cl, Pg, kl1)联合作为唯一标识。这意味着，两个类加载器实例(Cl, Pg, kl1)和(Cl, Pg, kl2)不一样。它们加载的类完全不同，并且类型互相不兼容。例如：

```
package object.classLoader;

public class DemoClassCastException {
```

```
    public static void main(String[] args) throws Exception {
        //得到当前类的地址
        URL resource =
            DemoClassCastException.class.getClassLoader().getResource(".");

        //创建一个新的类加载器来加载这个类
        //让这个类加载器的父亲是 null
        ClassLoader cl1 = new URLClassLoader(new URL[] { resource }, null);
        Class c = cl1.loadClass("object.classLoader.DemoClassCastException");

        Object obj = c.newInstance();
        //抛出异常 ClassCastException
        DemoClassCastException newInstance = (DemoClassCastException)obj;
    }
}
```

一个类装载器装入名为 Valcano 的类到一个命名空间后，它就不会再装载同样名为 Valcano 的其他类到相同的空间。但是可以把多个 Valcano 类装入到一个虚拟机，因为可以通过不同的装载器加载到其他的命名空间。

所有的类都是由 java.lang.ClassLoader 的子类加载进来的：

```
public class TestClassLoader {
    public static void main(String[] args) {
        System.out.println(TestClassLoader.class.getClassLoader());
        //输出 sun.misc.Launcher$AppClassLoader@1342ba4
        System.out.println(String.class.getClassLoader()); //输出 null
    }
}
```

这个测试表明 TestClassLoader 类是由 AppClassLoader 的一个实例加载进来的。如果一个类是根加载器加载的，则 getClassLoader()返回 null，例如 java.lang.String。

冒名顶替会产生严重的后果。例如，湖南某学生被当地公安局政委女儿冒名顶替上大学，她被迫复读一年后才考取大学。为了避免有人编写一个恶意的基础类(如 java.lang.String)并装载到 JVM 中所带来的可怕后果，ClassLoader 装载一个类时，首先由根装载器来装载，只有在找不到类时才从自己的类路径中查找并装载目标类。

当一个类加载进来的时候，所有它引用的类也都加载进来。这个类加载模式递归地发生，直到所有需要的类都加载进来为止。但这可能不是应用程序中所有的类。

JVM 不加载没有引用的类，直到引用到它们的时候才加载。有时候并不会直接引用一个类，例如 MySQL 的驱动程序 org.gjt.mm.mysql.Driver，所以要手动加载这个类。可以用 Class.forName 方法加载一个类。例如，调用 Class.forName("org.gjt.mm.mysql.Driver")来加载驱动程序 org.gjt.mm.mysql.Driver。

调用 forName("X")引起名字叫做 X 的类初始化。也就是在类加载后，JVM 执行所有它的静态块。例如：

```
package object;

public class AClass {
   static {
      System.out.println("在 AClass 中的静态块");
   }
}
```

```
public class Program {
    public static void main(String[] args) {
        try {
            Class c = Class.forName("object.AClass");
        } catch (ClassNotFoundException e) {
        }
    }
}
```

执行 Program 的输出是：

```
在 AClass 中的静态块
```

在一个实例方法中，语句：

```
Class.forName("object.AClass");
```

等价于：

```
Class.forName("object.AClass", true, this.getClass().getClassLoader());
```

有时候可能找不到这个类，所以要指定 ClassLoader。假设 attClass 和它的实现类 attClass.getName() + "Impl"在同一个 jar 包中，则可以这样写：

```
Class.forName(attClass.getName() + "Impl", true, attClass.getClassLoader());
```

为了让 JDBC 程序可以任意切换驱动程序，在使用 JDBC 驱动时，会用到动态加载。例如，类加载器试图加载和链接在"org.gjt.mm.mysql"包中的驱动器类。如果成功，则调用静态初始化块：

```
Class.forName("org.gjt.mm.mysql.Driver");
Connection con = DriverManager.getConnection(url,?myLogin", "myPassword");
```

这样在程序编译时，就不需要用到 mysql-connector-java-5.1.6-bin.jar 这样的驱动程序了。这样方便在不同驱动器之间实现切换。

所有的 JDBC 驱动有一个静态块，用 DriverManager 注册它自己。MySQL JDBC 驱动 org.gjt.mm.mysql.Driver 的静态块看起来像这样：

```
static {
   try {
      java.sql.DriverManager.registerDriver(new Driver());
   } catch (SQLException E) {
      throw new RuntimeException("不能注册驱动器!");
   }
}
```

JVM 执行静态块时，MySQL 驱动器用 DriverManager 注册它自己。

需要一个数据库连接来操作数据库。为了创建到数据库的连接，DriverManager 类需要知道使用哪个数据库驱动程序。通过遍历已经注册的驱动器数组，并调用每个驱动器上的 acceptsURL(url)方法，来询问驱动器是否能处理 JDBC URL。

Class.newInstance()可以调用没有参数的构造方法。Class.forName("X")返回类 X 的类对象，并不是 X 类自己的一个实例。所以可以这样创建一个类的实例：

```
Class.forName("com.mysql.jdbc.Driver").newInstance();
```

注意，此方法传播默认构造器抛出的任何异常，包括检查的异常。使用这种方法绕过了编译时的异常检查，而这本来是能被编译器查到的异常。Constructor.newInstance 方法避免了这个问题，把构造器抛出的任何异常包装到 InvocationTargetException。

如果提供给构造器的参数有两个，而此类构造方法只接受一个参数，于是就抛出这个异常。

下面的例子使用一个构造器反射，通过调用 String(String)和 String(StringBuilder)构造器来创建一个字符串对象：

```
Class<String> clazz = String.class; //得到字符串元类

try {
   Constructor<String> constructor =
           clazz.getConstructor(new Class[] {String.class});  //构造器

   String object = constructor.newInstance(new Object[] {"Hello World!"});
   System.out.println("String = " + object); //输出: String = Hello World!

   constructor = clazz.getConstructor(new Class[] {StringBuilder.class});
   object = constructor.newInstance(
      new Object[] {new StringBuilder("Hello Universe!")});
   System.out.println("String = " + object); //输出: String = Hello Universe!
} catch (NoSuchMethodException e) {
   e.printStackTrace();
} catch (InstantiationException e) {
   e.printStackTrace();
} catch (IllegalAccessException e) {
   e.printStackTrace();
} catch (InvocationTargetException e) {
   e.printStackTrace();
}
```

为了重复载入来源于同一位置的新实现的类/资源，创建任意数量的 URLClassLoader 实例，然后在新的类加载器实例的帮助下实现重复加载。这是一种十分常见的编程技术。

事实上，像 plexus-compiler 这样的一些知名的工具，大量使用 IsolatedClassLoader 来实现以上概念。

实际问题与内存泄露有关。假设有一个大的 Maven 项目，在 Maven 资源库中有 200 个 jar 文件，在源文件中的任何代码修改都会触发 MavenBuilder。

(1) 它会调用 plexus-compiler 相关的 jar 包中的 JavacCompiler。

(2) 创建 IsolatedClassLoader cl = new IsolatedClassLoader() [扩展 URLClassloader]。

(3) 加载 urlClassPath 中的 200 个 jar 文件的列表，也就是调用 cl.addURL(URL)。

(4) 加载 classpath 中的 javac.Main 和所有的 jar 文件，反射性地触发编译。

因此对于 *N* 个保存操作，会创建 IsolatedClassloader 的 *N* 个实例。原则上，一旦应用程序清除加载器对象的所有引用，垃圾回收和结束机制最终将确保所有资源(如 JarFile 对象)被释放和关闭。但是，实际上，应用程序会内存溢出，产生 OutOfMemory 错误。

我们使用最佳并发垃圾回收策略——Xgcpolicy:optavgpause。但是应用程序仍然很快运行到内存溢出了。

堆转储分析显示，有 100 个 IsolatedClassloader 实例，每个都持有无人认领的

ZipFileIndexEntry。也就是说，每个类加载器的实例都有所有 jar 的索引项目。

看起来，因为在前一个加载器关闭资源前，一个新的 URL 类加载器已经创建了。垃圾回收器迷惑了，所以没有回收前一个类加载器。这会导致问题，因为应用程序需要它能够以可预测和及时的方式被当作垃圾回收。在 Windows 下问题更严重，因为打开的文件不能被删除或者替代。

JDK7 的 UrlClassloader 已经实现了 close()方法，给调用者一个机会让加载器失效。这样没有新的类能从它这里加载，也会关闭任何加载器打开的 jar 文件。这让应用程序能够合理地删除和替换这些文件，优雅地使用新的实现创建新的加载器。

下面修复这个问题。org.codehaus.plexus.compiler.javac.JavacCompiler 类中的实现如下：

```
public class JavacCompiler{
    compileInProcess(String[] args) {
        IsolatedClassLoader loader= new IsolatedClassLoader();
        loader.addURL(jarListoURI().toURL());

        c = loader.loadClass("com.sun.tools.javac.Main");

        ok = (Integer) compile.invoke(args)

        //已经完成编译，去掉加载器
        loader.close();
    }
}
```

请神容易送神难。一个类可以被卸载的唯一途径是，加载它的 ClassLoader 被当作垃圾回收了。

3.15.6 反射

假设要做一个工具，编译生成的 Java 代码。就像 JSPServlet 用一个.jsp 文件，把它转换成.java 文件，然后编译它。

代码在系统的类加载器中执行，为了找到 JDK 的 tools.jar，然后让 javac 类运行。需要创建一个 URLClassLoader 实例，然后把 tools.jar 作为 URL[]类路径的一部分：

```
final File toolsJar = new File(System.getProperty("java.home"), "../lib/tools.jar");
final ClassLoader javacClassLoader = new URLClassLoader(
        new URL[] {toolsJar.toURI().toURL()},
        null
    );
Class javacClass = javacClassLoader.loadClass("com.sun.tools.javac.Main");
Object compile = clazz.newInstance();//创建编译对象
```

这些都能正常运行，问题是通过类型转换使用这个类时遇到了错误：

```
Main main = (Main)compile;
```

这行代码抛出一个 ClassCastException 异常。因为通过自定义的类加载器得到一个类，现在却把它转换成系统类加载器加载的另外一个类。这样就加载了两个不同的字节代码。

很显然，这是为什么出现问题的原因。可以用反射来动态调用编译对象中的方法，这样就避免了强制类型转换：

```
Method compile = javacClass.getMethod("compile",
    new Class[] { String[].class, PrintWriter.class } );

ok = (Integer) compile.invoke(null, new Object[] { args, new PrintWriter( out ) } );
```

术语： Reflection，反射。在运行时判断任意一个对象所属的类；在运行时判断任意一个类所具有的成员变量和方法。

无法在运行时知道 List<String>与 List<Long>有何不同。换句话说，在运行时新的 ArrayList<String>() 实际上只是一个新的 ArrayList()，但如果一个类扩展了 ArrayList<String>，则 JVM 会知道 String 是 List 的 type 参数的实际类型参数。

3.16 编程风格

人际交往中有约定俗成的行为规范。写代码时有些可以参考的建议，例如类名和变量名的命名规范。遵循类似的编程风格就能方便其他程序员阅读你写的代码。

3.16.1 命名规范

方法名和变量名都可以使用$这样的符号：

```
public class ClassName {
    public static ClassName $(){
        return null;
    }
}
```

不过一般不鼓励起这样奇怪的名字。而且不能用汉字这样的非 ASCII 编码的字符作为变量名。

为增强程序的可读性，Java 做如下的约定。

- 类、接口：通常使用名词，且每个单词的首字母要大写。
- 方法：通常使用动词，首字母小写，其后用大写字母分隔每个单词。
- 常量：全部大写，单词之间用下划线分隔。
- 变量：通常使用名词，首字母小写，其后大写字母分隔每个单词，避免使用$符号。

最好用英语命名，不要用拼音，因为拼音容易有歧义。Java 中的关键词都是英文，既然不能把 if 写成 ruguo(如果)，所以类名或者变量名、方法名也应该用英语命名。

有很多种不同的名称，例如类的名称、变量的名称，命名方式各不一样。例如爬虫类名 Crawler 以大写字母开头，其中的方法名 getURLs 以小写字母开头。总的来说，有两种：以小写字母开头的命名方式和以大写字母开头的命名方式。

如果一个名称由多个单词组成，因为这些单词之间不允许有空格，所以用大小写不同的方式来区分单词间隔，如果都是大写字母，则单词之间用下划线隔开。

对类名和常量来说，单词首字母都大写。但常量剩下的字母也大写，也就是说常量名都大写，例如：

```
public static final double PI=3.14;     //圆周率
public static final double NEGATIVE_INFINITY = -1.0 / 0.0;  //最大的负数
```

变量名不是越长越好，在尽量望名知义的同时，还要兼顾简洁性。临时变量可以用短的名字，而全局的类变量用长的有意义的名字。

3.16.2 流畅接口

方法链编程风格能使应用程序代码更加简捷。

用两个时间点构造一个时间段对象的普通设计：

```
TimePoint fiveOClock, sixOClock;
TimeInterval meetingTime = new TimeInterval(fiveOClock, sixOClock);
```

方法链编程风格的设计是这样的：

```
TimeInterval meetingTime = fiveOClock.until(sixOClock);
```

按传统 OO 设计，until 方法本不应出现在 TimePoint 类中，这里 TimePoint 类的 until 方法同样代表了一种自定义的基本语义，使得表达时间域的问题更加自然。

看下如何支持这样的链式方法调用：

```
Person person = new Person();
person.setName("Peter").setAge(21).introduce();
//输出: Hello, my name is Peter and I am 21 years old.
```

如下是一个实现方法链的例子：

```
class Person {
    private String name;
    private int age;

    // 除了正常的设置属性，还返回 this 属性中保存的当前 Person 对象，允许进一步的链式
方法调用
    public Person setName(String name) {
        this.name = name;
        return this;
    }

    public Person setAge(int age) {
        this.age = age;
        return this;
    }

    public void introduce() {
        System.out.println("Hello, my name is" + name + "and I am" + age
            + "years old.");
    }
}
```

3.16.3 日志

为了不影响程序运行速度，一般不把搜索日志记录直接记录在数据库中，而是写在文本文件中。如果只需要简单地记录日志，可以使用 java.util.logging(JUL)。最主要的类是 java.util.logging.Logger。通过 Logger.getLogger 方法创建一个 Logger 实例。每个 Logger 实

例都必须有个名称，通常的做法是使用类名称定义 Logger 实例：

```
Logger logger = Logger.getLogger(LoggingExample.class.getName());
    //得到 Logger 对象
```

像撞车这样的信息应该记录成最严重的级别，而路上开始堵车这样的信息则往往不太重要。JUL 支持从低往高七个日志级别。

- 最细微的信息：非常详细的记录，其中可能包括高容量的信息，如协议的有效载荷。此日志级别通常只在开发过程中启用。
- 比较细微的信息：详细程度比最细微少一点，通常不会在生产环境中启用。
- 细微的信息：细粒度的日志，通常不会在生产环境中启用。
- 配置：输出配置信息的日志，通常不会在生产环境中启用。
- 一般信息：信息的消息，这通常是在生产环境中启用。
- 警告：可以恢复或临时故障的警告消息，通常用于非关键的问题。
- 严重警告：错误消息。

为了发出日志消息，可以简单地调用日志记录器上的一个方法。Logger 类有 7 种方法，其名称对应日志级别：finest()、finer()、fine()、config()、info()、warning()和 severe()。

例如通过 info 方法提示加载资源的路径：

```
public class CnTokenizerFactory{
    static final Logger log = Logger.getLogger
        (CnTokenizerFactory.class.getName());
}

//...
log.info("词典路径=" + dicPath);
```

测试所有输出级别的代码如下：

```
Logger logger = Logger.getLogger(LoggingExample.class.getName());
    //得到 Logger 对象
logger.severe("严重信息");          //例如，保存文件失败
logger.warning("警告信息");         //例如，输入信息为空
logger.info("一般信息");            //例如，用户 xxx 成功登录
logger.config("配置方面的信息");    //例如，使用的配置文件名称
logger.fine("细微的信息");          //例如，读入配置文件
logger.finer("更细微的信息");       //例如，读入要抓取的 url 地址列表
logger.finest("最细微的信息");      //例如，开始执行某个方法
```

在控制台输出：

```
2011-9-25 9:40:49 basic.LoggingExample main
严重：严重信息
2011-9-25 9:40:49 basic.LoggingExample main
警告：警告信息
2011-9-25 9:40:49 basic.LoggingExample main
信息：一般信息
```

低级别的日志没有显示，因为 logger 默认的级别是 INFO，比 INFO 更低的日志将不显示，可以控制日志显示的级别。级别 OFF，可用来关闭日志记录，使用级别 ALL 可启用所有消息的日志记录。

```
logger.setLevel(Level.INFO);
```

除了输出到控制台，还可以将日志输出到文件。

使用输出媒介控制器(Handler)FileHandler 将日志输出到文件：

```
Logger logger = Logger.getLogger(LoggingExample.class.getName());
FileHandler fileHandler = new FileHandler("e:/loggingHome.log");
logger.addHandler(fileHandler);
```

Logger 默认的输出处理器(Handler)是 java.util.logging.ConsolerHandler，也就是将信息输出至控制台。如果不希望在控制台输出日志，可以删除 ConsoleHandler：

```
Logger rootLogger = Logger.getLogger(""); //取得根日志类
Handler[] handlers = rootLogger.getHandlers();
if (handlers[0] instanceof ConsoleHandler) {
   rootLogger.removeHandler(handlers[0]);
}
```

一个 Logger 可以拥有多个 handler。上面的 logger 把日志在控制台打印的同时，也会输出到文件。

如果希望改变日志类的默认行为，可以取得根日志类，修改根日志的输出。其他的日志都继承根日志的输出和级别。

FileHandler 默认输出成 XML 格式。可以输出成简单的文本文件的格式：

```
FileHandler fileHandler = new FileHandler("e:/loggingHome.log");
fileHandler.setFormatter(new SimpleFormatter());
```

为了定制输出，可以提供自己的格式化类。JUL 把每次日志内容都转换成一个 LogRecord 对象。定制的格式化类需要继承 Formatter，重写其中的抽象方法 format，把 LogRecord 转换成一个字符串：

```
fileHandler.setFormatter(new Formatter() {
    public String format(LogRecord rec) {
        StringBuffer buf = new StringBuffer(1000);
        //格式化当前时间
        Date date = new Date();
        DateFormat dateFormat = new SimpleDateFormat("yyyy年MM月dd日 HH:mm:ss");
        buf.append(dateFormat.format(date));

        buf.append(' ');
        buf.append(rec.getLevel());
        buf.append(' ');
        buf.append(formatMessage(rec));
        buf.append('\n');
        return buf.toString();
    }
});
```

输出的结果如下：

```
2011年09月25日 11:31:36 SEVERE 严重信息
2011年09月25日 11:31:36 WARNING 警告信息
2011年09月25日 11:31:36 INFO 一般信息
2011年09月25日 11:31:36 CONFIG 设定方面的信息
2011年09月25日 11:31:36 FINE 细微的信息
```

```
2011 年 09 月 25 日 11:31:36 FINER 更细微的信息
2011 年 09 月 25 日 11:31:36 FINEST 最细微的信息
```

默认是覆盖写，可以追加写入日志文件：

```
boolean append = true;
FileHandler fileHandler = new FileHandler("e:/loggingHome.log", append);
```

JUL 中日志信息的处理流程如图 3-10 所示。

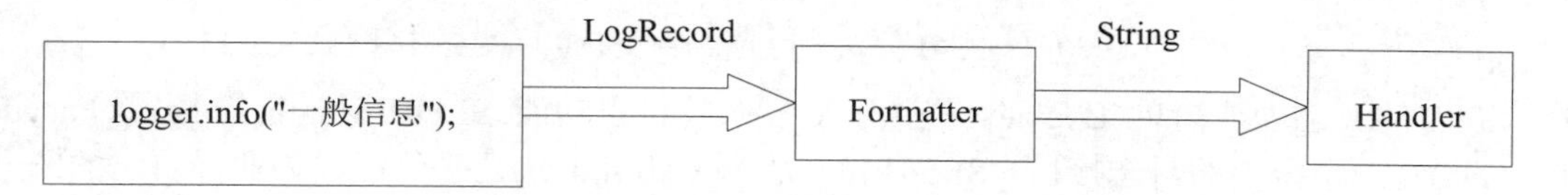

图 3-10　JUL 处理流程

可以使用配置文件指定日志输出的格式和输出到哪些地方。一个日志配置文件的例子：

```
# 全局日志属性
# ------------------------------------------
# 启动时加载的处理器集合
# 是一个逗号分隔的类名列表
handlers=java.util.logging.FileHandler, java.util.logging.ConsoleHandler

# 默认的全局日志级别
# Logger 和 Handlers 可以重写这个级别
.level=INFO

# Loggers
# ------------------------------------------
# Logger 通常附加到包上
# 这里声明每个包的级别
# 默认使用全局级别
# 因此这里声明的级别用来替代默认级别
myapp.ui.level=ALL
myapp.business.level=CONFIG
myapp.data.level=SEVERE

# Handlers
# -----------------------------------------

# --- ConsoleHandler ---
# 替代全局日志级别
java.util.logging.ConsoleHandler.level=SEVERE
java.util.logging.ConsoleHandler.formatter=java.util.logging.SimpleFormatter

# --- FileHandler ---
# 替代全局日志级别
java.util.logging.FileHandler.level=ALL

# 输出文件的命名风格：
# 输出文件放在由"user.home"系统属性定义的目录下
java.util.logging.FileHandler.pattern=%h/java%u.log

# 限制输出文件的大小，单位是字节：
java.util.logging.FileHandler.limit=50000
```

```
# 输出文件的循环数，增加一个整数到基本的文件名后
java.util.logging.FileHandler.count=1

# 输出风格（简单或者 XML 格式）：
java.util.logging.FileHandler.formatter=java.util.logging.SimpleFormatter
```

默认值定义在 JRE_HOME/lib/logging.properties。如要使用一个不同的配置文件，可以通过 java.util.logging.config.file 系统属性指定一个文件：

```
java -Djava.util.logging.config.file=myLoggingConfigFilePath
```

JUL 的日志功能简单，Logback 提供了更复杂的日志功能。SLF4J(Simple Logging Facade for Java)是一个统一的日志接口。SLF4J(http://www.slf4j.org/)几乎已经成为业界日志的统一接口。slf4j-api-1.6.1.jar 中定义了这些日志接口。SLF4J 底层可以使用 Logback 或 JUL。

SLF4J 不依赖任何特殊的类加载机制，实际上，SLF4J 和已有日志实现的绑定是在编译时静态执行的，具体绑定工作是通过一个 jar 包实现的，使用时只要把相应的一个 jar 包放到类路径上即可。例如 slf4j-jdk14.jar 是 SLF4J 的 JUL 绑定，将会强迫 SLF4J 调用使用 JUL 实现。

使用 SLF4J 的例子：

```
import org.slf4j.Logger;
import org.slf4j.LoggerFactory;
class BaseTokenStreamFactory {
  //通过日志工厂得到一个日志类
  static final Logger log = LoggerFactory.getLogger(BaseTokenStreamFactory.class);

  log.warn("警告信息");
}
```

可以使用 SLF4J 代替 JUL 日志。把调用 JUL 记录的日志信息交给 SLF4J 处理。相关的实现在 jul-to-slf4j.jar。首先删除 JUL 的默认处理器，避免日志记录两次，然后再安装 SLF4JBridgeHandler：

```
java.util.logging.Logger rootLogger = LogManager.getLogManager().getLogger("");
Handler[] handlers = rootLogger.getHandlers();
for (int i = 0; i < handlers.length; i++) {
    rootLogger.removeHandler(handlers[i]);  //删除处理器
}
SLF4JBridgeHandler.install(); //安装 SLF4JBridgeHandler
```

推荐使用 Logback(http://logback.qos.ch/)的日志功能实现。Logback 提供了三个 jar 包：Core、classic、access。其中 Core 是基础，其他两个包依赖于这个包。logback-classic 是 SLF4J 原生的实现，并且 logback-classic 依赖于 slf4j-api。logback-access 与 Servlet 容器集成，提供访问 HTTP 的日志功能。

这里使用 Logback 的项目一共需要三个包：slf4j-api-1.6.1.jar、logback-classic-0.9.21.jar 和 logback-core-0.9.21.jar。Logback 通过 logback.xml 进行配置。

配置文件的基本结构是：以<configuration>开头，后面有零个或多个<appender>元素，有零个或多个<logger>元素，最多有一个<root>元素。

日志文件如果很大，打开会很慢。在 Linux 下可以用 tail 命令显示一个文件的最后若干行。例如显示 log.txt 文件的最后 100 行：

```
$tail -100 log.txt
```

为了避免文件太大，可以把每天的日志使用 TimeBasedRollingPolicy 策略存放到一个新文件。TimeBasedRollingPolicy 可以按天或者月滚动。TimeBasedRollingPolicy 的配置有两个属性，其中 fileNamePattern 属性是必须的，而 maxHistory 属性是可选的。

强制性的 fileNamePattern 属性定义滚动(存档)日志文件的名称。它的值应该包括文件的名称，再加上适当放置%d 转换说明符。%d 转换符可以包含 java.text.SimpleDateFormat 类所指定的日期和时间模式。如果日期和时间模式被省略，则默认模式假设成为 yyyy-MM-dd。

可选的 maxHistory 属性控制保留的归档文件最大数量，删除旧文件。例如，如果指定每月滚动，并设置 maxHistory 的值为 6，则会保存 6 个月内的归档文件，删除超过 6 个月以上的文件。

当前日志写到 D:/logs/logFile.***.log 文件中，新的一天日志开始的时候，昨天的日志生成一个新文件。

```
<configuration>
    <!-- 控制台输出 -->
    <appender name="STDOUT" class="ch.qos.logback.core.ConsoleAppender">
        <Encoding>UTF-8</Encoding>
        <layout class="ch.qos.logback.classic.PatternLayout">
            <pattern>%d{HH:mm:ss.SSS} [%thread] %-5level %logger{50}
                - %msg%n</pattern>
            </layout>
        </appender>
    <!-- 按照每天生成日志文件 -->
    <appender name="FILE" class=
        "ch.qos.logback.core.rolling.RollingFileAppender">
        <Encoding>UTF-8</Encoding>
        <rollingPolicy class=
            "ch.qos.logback.core.rolling.TimeBasedRollingPolicy">
        <FileNamePattern>d:/logs/logFile.%d{yyyy-MM-dd}.log
            </FileNamePattern>
            <MaxHistory>30</MaxHistory>
        </rollingPolicy>
        <layout class="ch.qos.logback.classic.PatternLayout">
            <pattern>%d{HH:mm:ss.SSS} [%thread] %-5level %logger{50}
- %msg%n</pattern>
        </layout>
    </appender>

    <root>
        <level value="DEBUG" />
        <appender-ref ref="STDOUT" />
        <appender-ref ref="FILE" />
    </root>
</configuration>
```

Encoders 负责把一个事件转换成一个字节数组，再把这个字节数组写到一个输出流。默认使用 ch.qos.logback.classic.encoder.PatternLayoutEncoder 来处理。可以指定输出模式：

```
<encoder>
    <pattern>%d{HH:mm:ss.SSS} [%thread] %-5level %logger{36} - %msg%n
    </pattern>
</encoder>
```

其中%d{pattern}用于指定输出日期的格式。%date{HH:mm:ss.SSS}会把下午 2 点多钟的时间格式化成为 14:06:49.812。例如%logger{36}用于缩略输出日志名。表 3-3 所示提供了实际的缩写算法的例子。

表 3-3　日志名缩写算法举例

转换说明	日 志 名	结　果
%logger	mainPackage.sub.sample.Bar	mainPackage.sub.sample.Bar
%logger{0}	mainPackage.sub.sample.Bar	Bar
%logger{5}	mainPackage.sub.sample.Bar	m.s.s.Bar
%logger{10}	mainPackage.sub.sample.Bar	m.s.s.Bar
%logger{15}	mainPackage.sub.sample.Bar	m.s.sample.Bar
%logger{16}	mainPackage.sub.sample.Bar	m.sub.sample.Bar
%logger{26}	mainPackage.sub.sample.Bar	mainPackage.sub.sample.Bar

除了采用 SLF4J，还可以采用阿帕奇公共日志(Apache Commons Logging，简称 JCL)，JCL 也是一个日志接口，具体实现往往采用 Log4J。

在搜索类中初始化日志类：

```
private static Logger logger = LoggerFactory.getLogger(SearchBbs.class);
```

当用户执行一次搜索时，记录查询词、返回结果数量、用户 IP 以及查询时间等：

```
logger.info(_query+"|"+desc.count+"|"+"bbs"+"|"+ip);
```

日志文件 log.txt 记录结果，例如：

```
什么是新生儿|37|topic|124.1.0.0|2007-11-21 12:25:36
什么是新生儿|28|bbs|124.1.0.0|2007-11-21 12:25:42
怀孕|18|topic|124.1.0.0|2007-11-21 12:26:05
怀孕|2|shangjia|124.1.0.0|2007-11-21 12:26:05
怀孕|145|bbs|124.1.0.0|2007-11-21 12:26:06
怀孕|18|topic|124.1.0.0|2007-11-21 12:30:33
```

3.17 本 章 小 结

面向对象程序设计能够通过封装解决更复杂的问题，但是不要用不适当的封装把自己绕晕。

世界上最真情的相依，是你在 try 我在 catch。无论你发什么脾气，我都默默承受，静静处理。到那时，再来期待我们的 finally。

一般的接口中往往会定义一些方法，但是 Cloneable 和 Serializable 是没有定义任何方法的空接口，唯一的作用就是用来标识类的功能。这类接口叫做标记接口。

像 Struts 这样的 MVC 框架也使用反射调用 action 方法。

不仅仅是字符串类中有常量池，其他如 BigInteger 类中也有常量池。

第4章 处 理 文 本

XML 格式和 JSON 这样的文本格式很流行，因为不仅仅程序可以读，人也是可以读懂的。这样的文本格式也需要解析。

4.1 字符串操作

经常需要分割字符串。例如 IP 地址 127.0.0.1 按“.”分割。可以先用 String 类中的 indexOf 方法来查找子串"."，然后再截取子串。例如：

```
String inputIP = "127.0.0.1"; //本机 IP 地址
int p = inputIP.indexOf('.');  //返回位置 3
```

这里的'.'在字符串"127.0.0.1"中出现了多次。因为是从头开始找起，所以返回第一次出现的位置 3。

如果没有找到子串，则 indexOf 返回-1。例如要判断虚拟机是否 64 位的：

```
//当在 32 位虚拟机时，将返回 32；而在 64 位虚拟机时，返回 64
String x = System.getProperty("sun.arch.data.model");
System.out.println(x);                          //在 32 位虚拟机中输出 32
System.out.println(x.indexOf("64"));    //输出-1
```

如果找到了，则返回的值不小于 0。所以可以这样写：

```
if (x.indexOf("64") < 0){
    System.out.println("32 位虚拟机");
}
```

indexOf(String str, int fromIndex)从指定位置开始查找。例如：

```
String inputIP = "127.0.0.1";
System.out.println(inputIP.indexOf('.', 4)); //输出 5，也就是第二个“.”所在的位置
```

从字符串 inputIP 里寻找字母“.”的位置，但寻找的时候要从 inputIP 的索引为 4 的位置开始，这就是第二个参数 4 的作用，由于索引是从 0 开始的，这样实际寻找的时候是从字母 0 开始的，所以输出 4，也就是第二个“.”所在的位置。

String.subString 取得原字符串其中的一段，也就是子串。传入两个参数：开始位置和结束位置。例如：

```
String inputIP = "127.0.0.1";

int p = inputIP.indexOf('.');
int q = inputIP.indexOf('.',p+1);
String IPsection1 = inputIP.substring(0,p);          //得到 127
String IPsection2 = inputIP.substring(p+1, q);       //得到 0
```

StringTokenizer 类专门用来按指定字符分割字符串。StringTokenizer 的 nextToken()方

法取得下一段字符串。hasMoreElements()方法判断是否还有字符串可以读出。可以在StringTokenizer 的构造方法中指定用来分隔字符串的字符。例如分割 IP 地址：

```
String inputIP = "127.0.0.1";

StringTokenizer token=new StringTokenizer(inputIP,"."); //用“.”分割 IP 地址串
while(token.hasMoreElements()){                    //有更多的子串
 System.out.print(token.nextToken()+"  ");  //输出下一个子串
}
```

StringTokenizer 默认按空格分割字符串。例如翻译英文句子：

```
HashMap<String,String> ecMap = new HashMap<String,String>();
ecMap.put("I", "我");         //放入一个键/值对
ecMap.put("love", "爱");
ecMap.put("you", "你");

String english = "I love you";

StringTokenizer tokenizer = new StringTokenizer(english); //用空格分割英文句子
while(tokenizer.hasMoreElements()){ //有更多的词没遍历完
 System.out.print(ecMap.get(tokenizer.nextToken())); //输出：我爱你
}
```

StringTokenizer 有几个构造方法，其中最复杂的构造方法是：

```
StringTokenizer(String str, String delim, boolean returnDelims)
```

如果最后这个参数 returnDelims 标记是 false，则分隔字符只作为分隔词使用，一个返回的词是不包括分隔符号的最长序列。如果最后一个参数标记是 true，则返回的词可以是分隔字符。默认是 false，也就是不返回分隔字符。

如果需要把字符串存入二进制文件。可能会用到字符串和字节数组间的相互转换。首先看下如何从字符串得到字节数组：

```
String word = "的";
byte[] validBytes = word.getBytes("utf-8");     //字符串转换成字节数组
System.out.println(validBytes.length);          //输出长度是 3
```

可以直接调用 Charset.encode 实现字符串转字节数组：

```
Charset charset = Charset.forName("utf-8");     //得到字符集
CharBuffer data = CharBuffer.wrap("数据".toCharArray());
ByteBuffer bb = charset.encode(data);
System.out.println(bb.limit());                 //输出数据的实际长度 6
```

Charset.decode 把字节数组转回字符串：

```
byte[] validBytes = "程序设计".getBytes("utf-8"); //字节数组
//对字节数组赋值
Charset charset = Charset.forName("utf-8");      //得到字符集
//字节数组转换成字符
CharBuffer buffer = charset.decode(ByteBuffer.wrap(validBytes));
System.out.println(buffer); //输出结果
```

除了使用 Charset.decode 方法，还可以使用 new String(validBytes, "UTF-8")方法把字节

数组转换成字符串。

合并多个字符串时可以直接用“+”。一般只有对基本的数据类型才能使用“+”这样的运算符。String 是一个很常用的类，所以能使用运算符计算。String 是不可变的对象。因此在每次对 String 类型进行改变的时候，其实都等同于生成了一个新的 String 对象。例如：

```
String name = "Mike";
name += " Jack";
```

这个过程中用到了三个 String 对象。分别是"Mike" "Jack"和"Mike Jack"。考虑把第一个和第三个对象共用一个，对应一个更长的字符数组。这个对象的类型就是 StringBuilder。

```
StringBuilder name = new StringBuilder("Mike");
name.append(" Jack");
```

这里用到了两个 String 对象和一个 StringBuilder 对象。如果要往字符串后面串接很多字符串，则 StringBuilder 速度就快了，因为可以一直用它增加很多字符到后面。

StringBuilder 开始的时候分配一块比较大的内存，可以用来存储比较长的字符串，只有当字符串的长度增加到超过已经有的内存容量时，才会再次分配内存，如图 4-1 所示。

图 4-1 StringBuilder

清空 StringBuilder，使用 delete 方法太麻烦。可以调用 setLength 方法。

```
StringBuilder bracketContent = ...
bracketContent.setLength(0);
```

StringBuilder 类没有提供现成的方法去掉 StringBuilder 首尾的空格，下面是一个实现：

```
public static String trimSubstring(StringBuilder sb) {
   int first, last;

   for (first=0; first<sb.length(); first++)
      if (!Character.isWhitespace(sb.charAt(first)))
         break;

   for (last=sb.length(); last>first; last--)
      if (!Character.isWhitespace(sb.charAt(last-1)))
         break;

   return sb.substring(first, last);
}
```

4.2 词 法 分 析

如果需要准确地查询字符串，就需要写文本分析器。文本分析最基础的是词法分析。词法分析把输入字符串生成一个 Token 序列。Token 包含词和词类型。Token 中词的意义代表了字符串的意义。

URL 地址往往也是根据一定含义命名的。可以生成解析 URL 地址的词法分析器。例如，URL 地址"http://news.bbc.co.uk/sport1/hi/football/internationals/8196322.stm"，可以分成如下的形式：

```
[http] [news.bbc.co.uk] [sport1] [hi] [football] [internationals] [8196322] [stm]
```

JFlex 是一个根据词法分析说明文件生成 Java 代码的词法分析器。JFlex 的原理如图 4-2 所示。

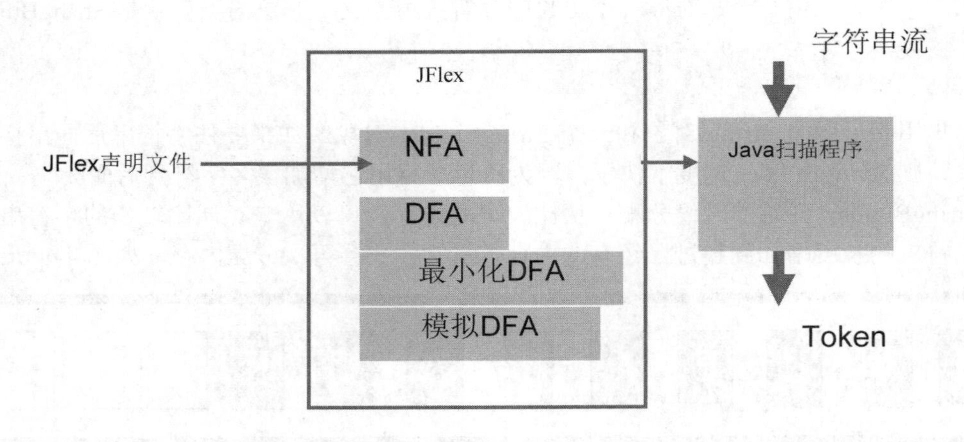

图 4-2　JFlex 原理

在 Windows 下直接双击 JFlex.jar，可以弹出一个窗口。或者在命令行执行：

```
>java -jar JFlex.jar
```

可以在窗口中指定输入词法分析说明文件和输出文件。词法分析说明文件往往以 flex 作为后缀。如果出现本地化消息相关的错误“can’t find bundle for base name JFlex.Message, locale zh_CN”，可以不显示详细输出来避免这个错误。

词法分析说明文件由三段组成。从上往下分别是 Java 代码、选项和声明、词法规则。各部分之间用%%分开。整体格式如下：

```
Java 代码
%%
选项和声明
%%
词法规则
```

使用 JFlex 识别域名的词法分析说明文件如下：

```
package org.apache.lucene.analysis.standard;

import org.apache.lucene.analysis.tokenattributes.CharTermAttribute;
%%

// 域名
//HOST      =  {ALPHANUM} ((".") {ALPHANUM})+
HOST       =  {ALPHANUM} ((".") {ALPHANUM})? ((".") {ALPHA})
```

```
%%

{HOST}                                                          { return HOST; }
```

声明类名是 URLTokenizerImpl，这样就可以告诉 JFlex 生成的源文件名叫做 URLTokenizerImpl.java：

```
%class URLTokenizerImpl
```

URLTokenizerImpl.java 的内容类似：

```
class StandardTokenizerImpl {
}
```

当对输入流进行词法分析时，词法分析器依据最长匹配规则来选择匹配输入流的正则表达式，即所选择的正则表达式能最长地匹配当前输入流。如果同时有多个满足最长匹配的正则表达式，则生成的词法分析器将从中选择最先出现在词法规范描述中的那个正则表达式。在确定了起作用的正则表达式之后，将执行该正则表达式所关联的动作。如果没有匹配的正则表达式，词法分析器将终止对输入流的分析并给出错误消息。

4.3　有限状态机

回顾下拨打电话银行的提示音：普通话请按 1，Press two for English。查询余额或者缴费结束后，语音提示：结束请按 0，按 0 后通话结束。

把所有可能的情况抽象成四个状态：开始状态(start state)、中文状态、英文状态和结束状态(accepting state)。开始状态接收输入事件 1 到中文状态；开始状态接收输入事件 2 到英文状态。在中间状态接收输入事件 0 达到结束状态。

可以用图形象地表示这个有限状态机，每个状态用一个圆圈表示。状态之间的转换用一条边表示，边上的说明文字是输入事件，形成的图如图 4-3 所示。其中双圈节点表示可以作为结束节点，箭头指向的节点是开始节点。开始节点只能有一个，而结束节点可以有多个。这样的图叫做状态转换图。

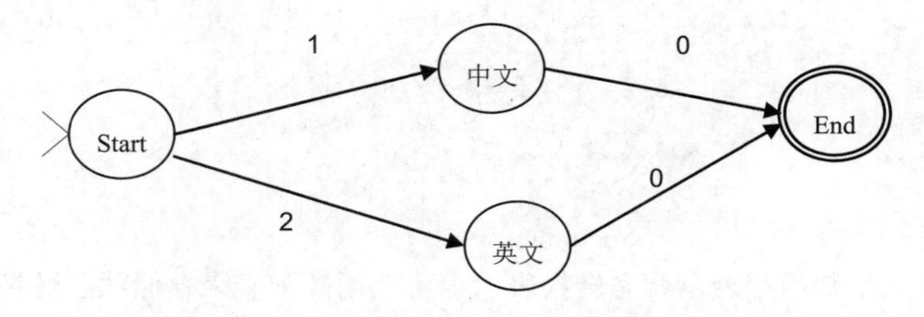

图 4-3　电话银行中的有限状态机

转换函数，一般记作δ。转换函数的参数是一个状态和输入符号，返回一个状态。一个转换函数可以写成δ(q, a) = p，这里 q 和 p 是状态，而 a 是一个输入符号。转换函数的含义是：如果有限状态机在状态 q，而接收到输入 a，则有限状态机进入状态 q。这里的 q 可以等于 p。

例如图 5-1 中的有限状态机用转换函数表示是：δ(Start, 1) = 中文；δ(Start, 2) = 英文；δ(中文, 0) = End；δ(英文, 0) = End。

可以把状态定义成枚举类型：

```
public enum State {
    start, //开始状态
    chinese, //中文
    english, //英文
    end //结束状态
}
```

用表 4-1 所示的状态转换表来记录转换函数。状态转换表中的每行表示一个状态，每列表示一个输入字符。

表 4-1　状态转移表

状态\输入	0	1	2
Start		中文	英文
中文	End		
英文	End		
End			

可以用一个二维数组来记录状态转换表。第一个维度是所有可能的状态，第二个维度是所有可能的事件，二维数组中的值就是目标状态。有限状态机定义如下：

```
public class FSM { //有限状态机
    static State[][] transTable = new State[State.values.length][10]
        //状态转换表

    static{ //初始化状态转换表
        transTable[State.start.ordinal()][1] = State.chinese; //普通话请按1
        transTable[State.start.ordinal()][2] = State.english;
            // press two for english
        transTable[State.chinese.ordinal()][0] = State.end;
        transTable[State.english.ordinal()][0] = State.end;
    }
    State current =  State.start;    //开始状态
    State step(State s,char c){     //转换函数
        return transTable[s.ordinal()][c -'0'];
    }
}
```

这里使用二维数组来表示状态转换表，也可以用散列表来存储状态转换表。

测试这个有限状态机：

```
FSM fsm = new FSM();
System.out.println(fsm.step(fsm.current, '1')); //输出 chinese
```

如果存在从同一个状态接收同样的输入后可以任意到达多个不同的状态，这样的有限状态机叫做非确定有限状态机。从一个状态接收一个输入后只能到达某一个状态，这样的有限状态机叫做确定有限状态机。

> **术语**：NFA，非确定有限状态机。它是 Nondeterministic Finite-state Automata 的简称。DFA，确定有限状态机。它是 Deterministic Finite-state Automata 的简称。

以乘车为例，假设一个站是一个状态，一张票是一个输入。例如，买一张北京的地铁单程票，2 块钱可以到任何地方。输入一张地铁单程票，到任何站出来都是有效的，这是非确定有限状态机。输入北京到天津的火车票，则只能从天津站出来，这是确定有限状态机。从上海虹桥火车站检票口输入 D318 车票可以到达北京，输入 G7128 车票可以到达南京。

4.3.1 从 NFA 到 DFA

任何非确定有限状态机都可以转换成确定有限状态机。转换的方法叫做幂集构造(Powerset construction)。幂集就是原集合中所有的子集(包括全集和空集)构成的集族。所以幂集构造又叫做子集构造。例如，图 4-4 中的有限状态机中存在 q_0, q_1, q_2 三个状态。这些状态的幂集是：$\{ Ø, \{q_0\}, \{q_1\}, \{q_2\}, \{q_0, q_1\}, \{q_0, q_2\},\{q_1, q_2\}, \{q_0, q_1, q_2\} \}$。

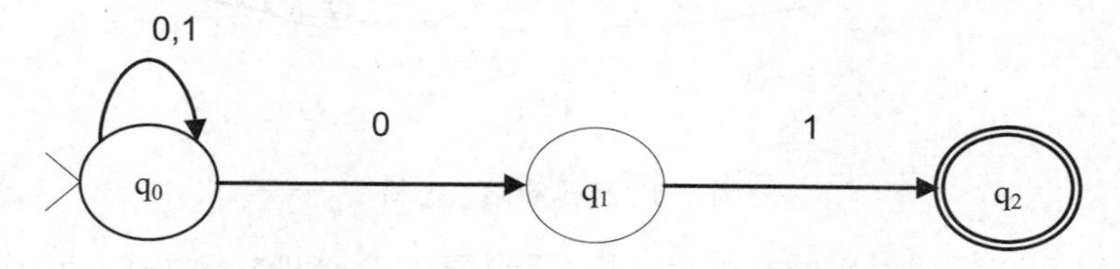

图 4-4 非确定有限状态机

图 4-4 所示的非确定有限状态机使用状态转移表可以表示成表 4-2 所示的形式。

表 4-2 状态转移表

状态\输入	0	1
Ø	Ø	Ø
→$\{q_0\}$	$\{q_0, q_1\}$	$\{q_0\}$
$\{q_1\}$	Ø	$\{q_2\}$
*$\{q_2\}$	Ø	Ø
$\{q_0, q_1\}$	$\{q_0, q_1\}$	$\{q_0, q_2\}$
*$\{q_0, q_2\}$	$\{q_0, q_1\}$	$\{q_0\}$
*$\{q_1, q_2\}$	Ø	$\{q_2\}$
*$\{q_0, q_1, q_2\}$	$\{q_0, q_1\}$	$\{q_0, q_2\}$

新的转移函数从集合中的任何状态出发，把所有可能的输入都走一遍。带*的状态表示可以结束的状态，类似 Trie 树中的可结束节点。

许多状态不一定能从开始状态达到。从 NFA 构造等价的 DFA 的一个好方法是从开始状态开始，当我们达到它们时即时构建新的状态。q_0 输入 0，有可能是 q_0，也可能是 q_1，所以就把 q_0 和 q_1 放在一起。也就是产生了组合状态$\{q_0, q_1\}$。q_0 输入 1，只可能是 q_0。

这样构建的表 4-3 比表 4-2 小。

表 4-3　从初始状态生成的状态转移表

状态\输入	0	1
Ø	Ø	Ø
→{q_0}	{q_0, q_1}	{q_0}
{q_0, q_1}	{q_0, q_1}	{q_0, q_2}
*{q_0, q_2}	{q_0, q_1}	{q_0}

图 4-4 对应的确定有限状态机如图 4-5 所示。

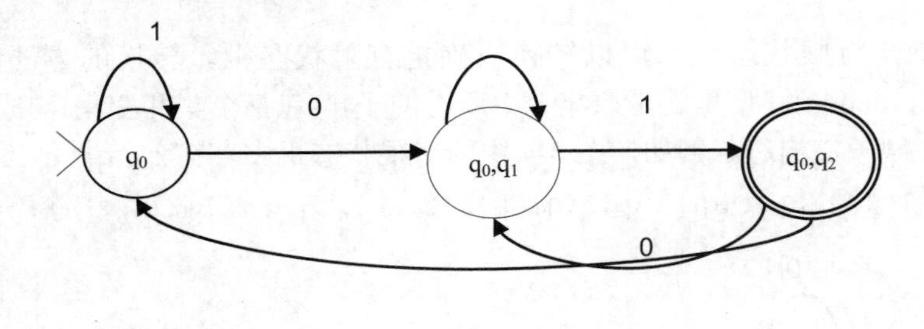

图 4-5　确定有限状态机

正则表达式可以写成对应的有限状态机。正则表达式 a*b|b*a 对应的非确定有限状态机如图 4-6 所示。

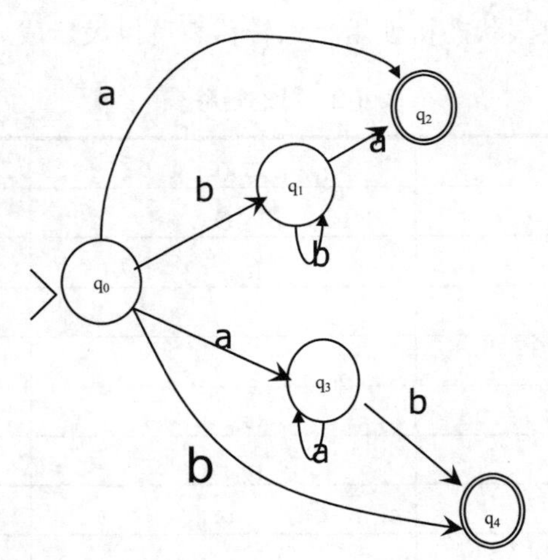

图 4-6　非确定有限状态机

比如看到输出串第一个字符是 a，这时候还不知道是 a*b 能匹配上，还是 b*a 能匹配上，因为两条路都有可能走通。假设整个字符串是 aab，这个时候才知道是 a*b 能匹配上，而 b*a 不能匹配上。刚开始不知道什么能够匹配上，因为这时在用不确定的有限状态机来匹配。比如说白猫黑猫抓住老鼠就是好猫，因为开始不知道哪个猫更好。图 4-6 所示的非确

定有限状态机对应的状态转移表如表 4-4 所示。

表 4-4　状态转移表

状态\输入	a	b
→{q_0}	{q_2, q_3}	{q_1, q_4}
{q_1}	{q_2}	{q_1}
*{q_2}	Ø	Ø
{q_3}	{q_3}	{q_4}
*{q_4}	Ø	Ø

使用即时构建新的状态的方法创建等价的确定状态转移表，如表 4-5 所示。

表 4-5　确定状态转移表

状态\输入	a	b
→{q_0}	{q_2, q_3}	{q_1, q_4}
*{q_2, q_3}	{q_3}	{q_4}
*{q_1, q_4}	{q_2}	{q_1}
{q_3}	{q_3}	{q_4}
{q_1}	{q_2}	{q_1}
*{q_4}	Ø	Ø
*{q_2}	Ø	Ø

表 4-5 中的确定状态转移表中的 q_2 和 q_4 都是结束状态，而且都没有输出状态，所以，可以把 q_2 和 q_4 合并成一个状态，如表 4-6 所示。构造一个等价的确定有限状态机使得状态数量最少，这叫做最小化确定有限状态机。

表 4-6　最小化后的确定状态转移表

状态\输入	a	b
→{q_0}	{q_2, q_3}	{q_1, q_2}
*{q_2, q_3}	{q_3}	{q_2}
*{q_1, q_2}	{q_2}	{q_1}
{q_3}	{q_3}	{q_2}
{q_1}	{q_2}	{q_1}
*{q_2}	Ø	Ø

可以简化一些状态而不影响 DFA 接收的字符串。

- 从初始状态不可达到的状态。
- 一旦进去就不能结束的陷阱状态。
- 对任何输入字符串都不可区分的一些状态。

最小化的过程就是自顶向下划分等价状态。如果对于所有的输入都到等价的状态，就把一些状态叫做等价的。这是个循环定义。发现等价状态后，然后删除从初始状态不可到达的无用的状态。

发现等价状态往往用分割的方法。首先把所有状态分成可以结束的和不可以结束的两类状态。然后看这两类之间是否有关联，把有关联的类细分开。

例如，表 4-5 中的状态先分成两类：非结束状态{q_0},{q_1},{q_3}和结束状态{q_1, q_4},{q_2, q_3},{q_2},{q_4}。输入符号 a 和 b 把非结束状态分成三类{q_0},{q_1},{q_3}。输入符号 a 和 b 把结束状态分成三类，{q_1, q_4}是第一类，{q_2, q_3}是第二类，{q_2}和{q_4}是第三类。这样总共得到 6 个等价类。这个方法叫做 Hopcroft 算法。最后得到的确定有限状态机如图 4-7 所示。

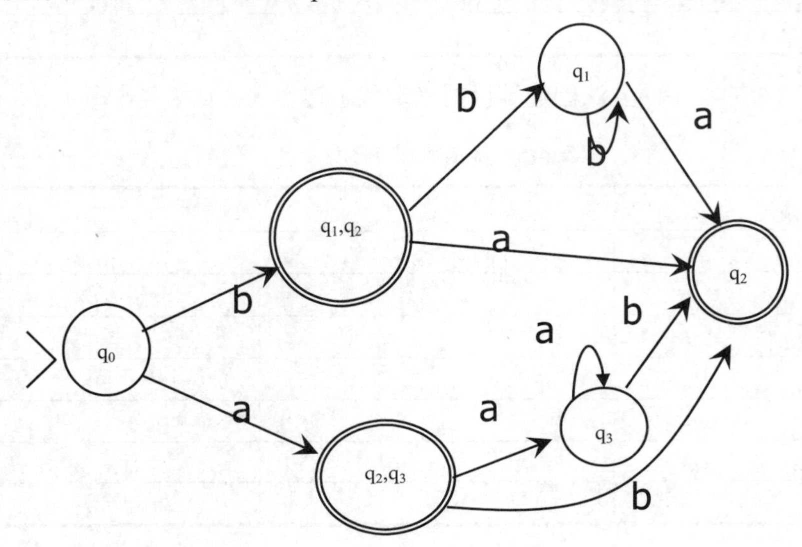

图 4-7　确定有限状态机

如表 4-7 所示，dk.brics.automaton 是一个有限状态机的实现。它把正则表达式编译成确定有限状态机后再匹配输入字符串。使用它测试正则表达式：

```
RegExp r = new RegExp("a*b|b*a");   //正则表达式

Automaton a = r.toAutomaton();       //把正则表达式转换成 DFA
System.out.println(a.toString());   //输出有限状态机
String s = "ab";//
System.out.println("Match: " + a.run(s));   // prints: true
```

正则表达式 a*b|b*a 对应的有限状态机是：

```
initial state: 2
state 0 [accept]:
  b -> 1
  a -> 4
state 1 [accept]:
state 2 [reject]:
  b -> 5
  a -> 0
state 3 [reject]:
  b -> 3
  a -> 1
```

```
state 4 [reject]:
  b -> 1
  a -> 4
state 5 [accept]:
  b -> 3
  a -> 1
```

一共有 6 个状态，编号从 0 到 5，初始状态是 2，如表 4-7 所示。

表 4-7　dk.brics.automaton 中的状态转移表

状态\输入	a	b
0	4	1
1	Ø	Ø
→2	0	5
3	1	3
4	4	1
5	1	3

如果把$\{q_0\}$用 2 代替，$\{q_2, q_3\}$用 0 代替，$\{q_1, q_2\}$用 5 代替，$\{q_3\}$用 4 代替，$\{q_2\}$用 1 代替，$\{q_1\}$用 3 代替，则表 4-6 和表 4-7 是等价的。

4.3.2　确定有限状态机 DFA

确定有限状态机需要定义初始状态、状态转移函数、结束状态。这里先定义一个确定有限状态机，然后执行它。为了效率，状态定义成从 0 开始的一个整数编号。默认状态 0 是 DFA 的初始状态。

首先是一个状态迁移函数 next[][]，定义了在一个状态下接收哪些输入后可以转到哪些状态。二维数组 next 的每一行代表一个状态，每一列代表一个输入符号，第 0 列代表'a'，第 1 列代表'b'，……，以此类推。

例如，定义下面的一个状态迁移二维数组：

```
int[][] next ={{1,0}, {1,2}}; //其中的数字都是状态编号
```

表示此 DFA 在状态 0 时，当输入为'a'时，迁移到状态 1，当输入为'b'时迁移到状态 0；而 DFA 在状态 1 时，当输入为'a'时，迁移到状态 1，当输入为'b'时迁移到状态 2。

接收状态的集合可以用一个位数组表示，每个状态用一位表示，所以位数组的长度是状态个数。结束状态的对应位置为 1。如果状态 2 和状态 3 是接收状态，则 acceptStates 的第 2 位和第 3 位置为 1。

文本文件 DFA.in 定义了确定有限状态机的输入和要处理的字符串。例如对于图 4-8 所示的确定有限状态机表示如下：

```
4 2          ----DFA 有 4 个状态，2 个输入符号，接下来的 4 行 2 列代表状态迁移函数
1 0          ----表示状态 0 接收输入 a 后到状态 1，状态 0 接收输入 b 后到状态 0
1 2          ----状态 1 接收输入 a 后到状态 1，状态 1 接收输入 b 后到状态 2
1 3          ----状态 2 接收输入 a 后到状态 1，状态 2 接收输入 b 后到状态 3
1 0          ----状态 3 接收输入 a 后到状态 1，状态 3 接收输入 b 后到状态 0
```

```
3          ----这一行代表接收状态，若有多个接收状态用空格隔开
aaabb      ----接下来的每行代表一个待识别的字符串
abbab
abbaaabb
abbb
#          ----'#'号代表待识别的字符串到此结束
0 0        ----两个 0 代表所有输入的结束，或者定义新的 DFA 开始，格式同上一个 DFA
```

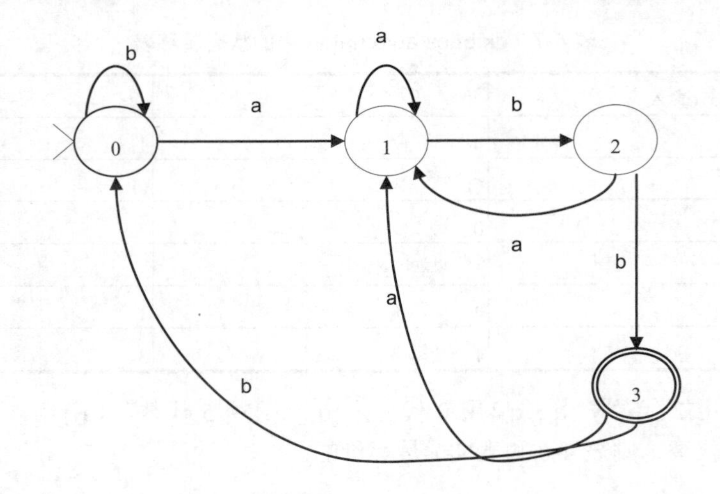

图 4-8　确定有限状态机

处理 DFA.in 的实现代码如下：

```
static boolean isFinal(int x, BitSet acceptStates) { //判断 x 是否结束状态
    return acceptStates.get(x);
}

//看状态机能否接收 word
static boolean recognizeString(int[][] next, BitSet acceptStates, String word) {
    int currentState = 0; // 初始状态
    for (int i = 0; i < word.length(); i++){
        //进入下一个状态
        currentState = next[currentState][word.charAt(i) - 'a'];
    }
    if (isFinal(currentState, acceptStates))
        return true; //接收
    else
        return false; //拒绝
}

public static void main(String args[]) throws IOException {
    //读入要执行的文件
    BufferedReader in = new BufferedReader(new FileReader("DFA.in"));
    StringTokenizer st = new StringTokenizer(in.readLine());
    int n = Integer.parseInt(st.nextToken()); //状态数量
    int m = Integer.parseInt(st.nextToken()); //字符种类
    while (n != 0) {
        int[][] next = new int[n][m]; //状态转移矩阵
        for (int i = 0; i < n; i++) {
            st = new StringTokenizer(in.readLine());
```

```
            for (int j = 0; j < m; j++)
                next[i][j] = Integer.parseInt(st.nextToken());
        }
        String line = in.readLine();
        StringTokenizer finalTokens = new StringTokenizer(line);
        BitSet acceptStates = new BitSet(n);//结束状态
        while(finalTokens.hasMoreTokens())
            acceptStates.set(Integer.parseInt(finalTokens.nextToken()));

        String word = in.readLine(); //判断能够接收的字符串
        while (word.compareTo("#") != 0) {
            if (recognizeString(next, acceptStates, word))
                System.out.println("YES:"+word); //可以接收
            else
                System.out.println("NO:"+word); //不能接收
            word = in.readLine();
        }
        st = new StringTokenizer(in.readLine());
        n = Integer.parseInt(st.nextToken());
        m = Integer.parseInt(st.nextToken());
    }
}
```

输出的结果是：

```
YES:aaabb
NO:abbab
YES:abbaaabb
NO:abbb
YES:cacba
```

也可以使用HashMap保存状态转换。用一个专门的State 类表示状态。因为要把State对象作为HashMap的键对象，所以重写State 类的hashCode和equals方法。

DFA的实现代码如下：

```
public class DFA {
    public static class State { //有限状态机中的状态
        int state; //用整数表示一个状态

        public State(int s){
            state=s;
        }

        @Override
        public boolean equals(Object obj) {
            if (obj == null || !(obj instanceof State)) {
                return false;
            }
            State other = (State) obj;

            return (state==other.state);
        }

        @Override
        public int hashCode() {
            return state;
        }
    }
```

```
    private State startState; // 开始状态
    HashMap<State, HashMap<Character, State>> transitions =
        new HashMap<State, HashMap<Character, State>>(); //记录状态之间的转换
        HashSet<State> finalStates = new HashSet<State>(); //记录所有的结束状态

        public State next(State src, char input) { //源状态接收一个字符后到目标状态
        HashMap<Character, State> stateTransition = transitions.get(src);
        if (stateTransition == null)
            return null;
        State dest = stateTransition.get(input);
        return dest;
    }

    //判断一个状态是否是结束状态
    private boolean isFinal(State s) {
        return finalStates.contains(s); //看结束状态集合中是否包含这个状态
    }

    public boolean accept(String word) { //判断是否可以接收一个单词
        State currentState = startState;  //当前状态从开始状态开始
        int i = 0;   //从字符串的开始进入有限状态机
        for (; i < word.length(); i++) {
            char c = word.charAt(i);
            //当前状态接收一个字符后，到达下一个状态
            currentState = next(currentState, c);
            if (currentState == null)
                break;
        }
        //如果已经到达最后一个字符，而且当前状态是结束状态，就可以接收这个单词
        if (i == word.length() && isFinal(currentState))
            return true;
        return false;
    }
}
```

如果直接使用整数作为状态 State，则把这个类叫做 DFAInt。

4.4 正则表达式

正则表达式是一个描述模式(pattern)的字符串。正则表达式可以用来查找/替换字符串，提取字符串中想要的部分等。可以用正则表达式定义一些概率无关的提取模式。例如：模式串"a"可以匹配"a"。

一行普通的代码，前后可以有空格，而且并不影响执行结果。正则表达式可以匹配空格，但是模式串中不能出现无用的空格。例如，模式串" a"不能匹配上字符串"a"。

可以用方括号表示有效的字符范围。例如，[a-z]表示匹配一个小写字母。匹配中文字符的正则表达式是：[u4e00-u9fa5]。例如下面的代码：

```
String fileExt = "des.htm";
boolean flag = false;
if (fileExt.matches(".*([bmp])$")) {
    flag = true;
```

```
}else{
    flag = false;
}
System.out.println(flag); //结果是 true
```

bmp 是 3 个字符，而不能理解为文件名后缀。“$”表示以前面的模式结尾。正则表达式".*([bmp])$"匹配上以 m 结尾的字符串。

\d 表示匹配一个数字。因为“\”在字符串中是特殊符号，所以需要转义。模式字符串中经常用到转义符，转义随后的一个字符。例如定义匹配一个数字的模式字符串：

```
String pattern = "\\d";
System.out.println(pattern);  //输出  \d
```

事不过三用来约定一个错误不能犯 3 次以上。所以可以约定一个模式出现的次数。贪心修饰符有?、+和*等。例如，a*表示 a 可以不出现，也可以多次出现，a+表示 a 可以出现一次或多次。默认情况下+和*都是贪婪的，.*就会把后面的所有字符串全部匹配完，要让它不贪婪，需要在后面加上?。

java.util.regex 包提供了对正则表达式的支持。其中的 Pattern 类代表一个编译后的正则表达式。通过 Matcher 类根据给定的模式查找输入字符串。通过调用 Pattern 对象的 matcher 方法得到一个 Matcher 对象。

Pattern 对象可以使用不同的标记。例如可以定义不区分大小写的 Pattern 对象：

```
Pattern pattern = Pattern.compile("brown", Pattern.CASE_INSENSITIVE);
```

以汉字开头，以“好地方”结尾的。如果有多行，则需要在多行模式下编译。

```
Pattern p =
    Pattern.compile("^[\u4e00-\u9fa5].*好地方$",
    Pattern.DOTALL|Pattern.MULTILINE);
```

Matcher 对象的 matches()方法用来测试模式是否匹配整个字符串。如果模式匹配整个字符串，则返回 true，否则返回 false。例如匹配电话号码：

```
String pattern = "\\d\\d\\d([-\\s])?\\d\\d\\d\\d\\d\\d\\d\\d";
String s= "010-81727660";
System.out.println(s.matches(pattern)); //返回 true
```

Matcher 对象的 group()方法返回上次指定组匹配上的输入子串。使用正则表达式提取字符串的例子如下：

```
String example = "This is my small example string which I'm going to use for
pattern matching.";
Pattern pattern = Pattern.compile("\\w+"); //编译后的正则表达式
Matcher matcher = pattern.matcher(example); //得到匹配结果
// 检查所有的出现
while (matcher.find()) {
    System.out.print("开始位置: " + matcher.start());
    System.out.print(" 结束位置: " + matcher.end() + " ");
    System.out.println(matcher.group());
}
```

下面的例子提取网页中的链接：

```
String pageContents = "<a href=\"http://www.lietu.com\">猎兔</a>";
Pattern p = Pattern.compile("<a\\s+href\\s*=\\s*\"?(.*?)[\"|>]",
    Pattern.CASE_INSENSITIVE); //忽略大小写
Matcher m = p.matcher(pageContents);
while (m.find()) {//打印网页中所有的链接
    String link = m.group(1).trim();
    System.out.println(link);
}
```

因为后面用?修饰了，所以这里的模式串中的.*是非贪婪的。有些链接的形式是：

```
<a href='http://www.lietu.com'>猎兔</a>
```

为了更好地匹配单引号，可以把模式修改成：

```
"<a\\s+href\\s*=\\s*[\"|']?(.*?)[\"|\'>]"
```

很多时候对匹配对象有更多的要求。环视结构可以根据上下文过滤匹配结果。如果条件位于要提取的信息的后面，则叫做向前看表达式，否则叫做向回看。

可以找出符合条件的，也可以找出不符合条件的。找出符合条件的叫做正条件。找出不符合条件的叫做负条件。正条件用=表示，负条件用!表示。

例如：

```
(?=X)        X, 按正条件向前看
(?!X)        X,  按负条件向前看
```

按正条件向前看的例子：

```
Pattern pat = Pattern.compile("cat(?=\\s+)");
String str = "I catch the housecat 'Tom-cat' with catnip";

Matcher matcher = pat.matcher(str);
while (matcher.find())
  System.out.println(":"+matcher.group()+":"); //匹配'housecat'中的'cat'
```

按负条件向前看的例子：

```
String str = "foobar";

Pattern pat = Pattern.compile("foo(?!bar)");
Matcher matcher = pat.matcher(str);
System.out.println (matcher.find()); //不匹配后接'bar'的'foo'

pat = Pattern.compile("foo(?!baz)");
matcher = pat.matcher(str);
System.out.println(matcher.find()); //因为不是后接'baz'的'foo'，所以匹配上了
```

例如匹配网页中“下一页”对应的链接：

```
Pattern pat = Pattern.compile("\\S+(?=下一页)");

String str = "http://www.lietu.com下一页";

Matcher matcher = pat.matcher(str);
while (matcher.find())
  System.out.println(":" + matcher.group() + ":"); //输出 http://www.lietu.com
```

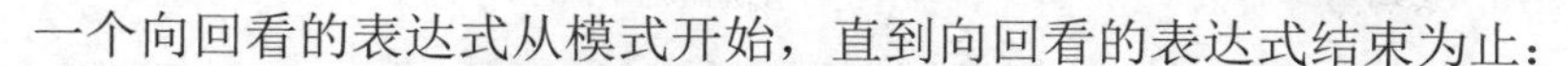

一个向回看的表达式从模式开始，直到向回看的表达式结束为止：

```
(?<=X)        X，正向向回寻找
(?<!X)        X，负向向回寻找
```

向回看的例子：

```
// 查找"http://"后面的文本
Pattern pat = Pattern.compile( "(?<=http://)\\S+" );

String str = "The lietu website can be found at  http://www.lietu.com. There,
you can find some documents.";

Matcher matcher = pat.matcher(str);
while (matcher.find())
  System.out.println(":" + matcher.group() + ":"); //提取出来 www.lietu.com.
```

例如，字符串包含"Size: M"或者"Size: Medium"，想要提取"M"和"Medium"。

使用一个向回看模式，这样整个正则表达式是：

```
(?<=Size: )\w+
```

解释是：

- (?<=Size:)意味着匹配串前面的字符必须是"Size: "。
- \w+ 意味着一个单词。

有时候需要匹配日期。例如“2021-7-6”这样的格式用正则表达式匹配如下：

```
String inputStr = "发布日期：2021-7-6";
Pattern p = Pattern.compile("\\d{2,4}-\\d{1,2}-\\d{1,2}");
Matcher m = p.matcher(inputStr);
if(m.find()){
    String strDate = m.group();
    System.out.println(strDate); // 输出 2021-7-6
}
```

其他的一些匹配日期的正则表达式有：“\\d{2,4}/\\d{1,2}/\\d{1,2}”和“\\d{2,4}年\\d{1,2}月\\d{1,2}日”以及“\\d{2,4}\\.\\d{1,2}\\.\\d{2,4}”。

可以约定匹配的位置。例如开始位置用^符号匹配字符串的开始，$匹配字符串的结束。类似 String 的 startWith()方法。该部分模式不消耗被匹配的字符串，所以叫做零长度断言。

“零长度断言”还有“向前查看”和“向后查看”。它们和锚定一样都是零长度的。不同之处在于“前后查看”会实际匹配字符，只是它们会抛弃匹配只返回匹配结果：匹配或不匹配。这就是为什么它们被称作“断言”。它们并不实际消耗字符串中的字符，而只是断言一个匹配是否可能。

(?!X)是负的向前看。例如匹配 John 开始的姓名，但是不包括 John Smith：

```
String regex = "John (?!Smith)[A-Z]\\w+";
Pattern pattern = Pattern.compile(regex);

String str = "I think that John Smith is a fictional character. His real name
   might be John Jackson, John Gestling, or John Hulmes for all we know.";

Matcher matcher = pattern.matcher(str);
while (matcher.find())
 System.out.println("MATCH: " + matcher.group());
```

程序输出：

```
MATCH: John Jackson
MATCH: John Gestling
MATCH: John Hulmes
```

往回看的例子：

```
// 发现"http://"后面的文本
Pattern pat = Pattern.compile("(?<=http://)\\S+");

String str = "The Java website can be found at  http://www.lietu.com. There,
    you can find some Java examples.";

Matcher matcher = pat.matcher(str);
while (matcher.find())
  System.out.println(":" + matcher.group() + ":");
    //输出 :www.lietu.com:
可以在 String 类的 split 方法中使用正则表达式：String.split(String regex)。
String colours = "Red,White, Blue   Green        Yellow, Orange";

// 查找逗号和空格的模式
String[] cols = colours.split("[,\\s]+");
for (String colour : cols)
  System.out.println("Colour = \"" + colour + "\"");
```

可以用 Matcher 对象替换文本。Matcher.replaceFirst(replacement)方法替换第一个匹配区域，而 Matcher.replaceAll(replacement)则替换所有的区域。例如用狸猫替换太子：

```
Pattern pattern = Pattern.compile( "太子" );
Matcher matcher = pattern.matcher("生下太子");

String output = matcher.replaceAll("狸猫");     // 成为 "生下狸猫"
```

4.5　解析器生成器 JavaCC

因为不确定要处理的输入内容是来自内存还是文件，也不确定有多长的内容需要处理。JavaCC 接收一个 java.io.Reader 对象，会传入一个 StringReader 对象给 JavaCC：

```
java.io.StringReader input = new StringReader("test");
char c = (char)input.read();  //读入一个字符
System.out.println(c);

char[] buffer = new char[3];
int len = input.read(buffer); //读入到字符数组缓存
System.out.println(len);
System.out.println(String.valueOf(buffer));
```

下载 JavaCC 以后，编译 Simple1.jj。修改 Simple1.java，传入一个 StringReader 给 Simple1：

```
StringReader s = new StringReader("{{}}");
Simple1 parser = new Simple1(s);
parser.Input();
```

如果输入有错误，会抛出一个 ParseException 异常。

需要给 JavaCC 的 CharStream 接口写一个具体的实现类。下面写一个只处理一行字符串的 FastCharStream 类：

```
public final class FastCharStream implements CharStream {
  char[] buffer = null;

  int bufferLength = 0;          // 有效字符的结束位置
  int bufferPosition = 0;        // 下一个要读取的字符

  int tokenStart = 0;            // 缓冲区偏程量
  int bufferStart = 0;           // 缓冲区文件中的位置

  Reader input;                  // 字符的来源

  /** 从Reader对象构造类 */
  public FastCharStream(Reader r) {
    input = r;
  }

  @Override
  public final char readChar() throws IOException {
    if (bufferPosition >= bufferLength)
      refill();
    return buffer[bufferPosition++];
  }

  private final void refill() throws IOException {
    int newPosition = bufferLength - tokenStart;

    if (tokenStart == 0) {               // 符号无法放入缓冲区
      if (buffer == null) {              // 第一次分配缓冲区
        buffer = new char[2048];
      } else if (bufferLength == buffer.length) { // 增长缓冲区
        char[] newBuffer = new char[buffer.length * 2];
        System.arraycopy(buffer, 0, newBuffer, 0, bufferLength);
        buffer = newBuffer;
      }
    } else {                             // 符号移到前面
      System.arraycopy(buffer, tokenStart, buffer, 0, newPosition);
    }

    bufferLength = newPosition;          // 更新状态
    bufferPosition = newPosition;
    bufferStart += tokenStart;
    tokenStart = 0;

    int charsRead =                      // 填充缓冲区中的空间
      input.read(buffer, newPosition, buffer.length-newPosition);
    if (charsRead == -1)
      throw new IOException("read past eof");
    else
      bufferLength += charsRead;
  }

  @Override
  public final char BeginToken() throws IOException {
    tokenStart = bufferPosition;
    return readChar();
  }
```

```
  @Override
  public final void backup(int amount) {
    bufferPosition -= amount;
  }

  @Override
  public final String GetImage() {
    return new String(buffer, tokenStart, bufferPosition - tokenStart);
  }

  @Override
  public final char[] GetSuffix(int len) {
    char[] value = new char[len];
    System.arraycopy(buffer, bufferPosition - len, value, 0, len);
    return value;
  }

  @Override
  public final void Done() {
    try {
      input.close();
    } catch (IOException e) {
    }
  }

  @Override
  public final int getColumn() {
    return bufferStart + bufferPosition;
  }
  @Override
  public final int getLine() {
    return 1;
  }
  @Override
  public final int getEndColumn() {
    return bufferStart + bufferPosition;
  }
  @Override
  public final int getEndLine() {
    return 1;
  }
  @Override
  public final int getBeginColumn() {
    return bufferStart + tokenStart;
  }
  @Override
  public final int getBeginLine() {
    return 1;
  }
}
```

4.6 本 章 小 结

本章介绍了处理文本的一些字符串操作方法，以及使用有限状态机处理字符串的方法。幂集构造方法把 NFA 转换成 DFA，然后再用 Hopcroft 算法最小化 DFA。

第 5 章　网 络 编 程

计算机网络在 2000 年左右促进了美国经济的发展，让世界变得更平坦。没有互联网之前，往往通过电话沟通。使用电话时，打电话和接电话的人建立起临时的双向交流通道，也就是互相发送语音信息。计算机之间使用类似的套接字互相发送信息。

5.1　套　接　字

家里的自来水或者天然气通过管道传输过来。套接字是计算机之间传输数据的管道，不过这个管道是双向的。为了防止乱套，还要有协议来保证谁先说、谁后说。例如，接电话的时候先说：喂，是让对方知道电话已经接通了。HTTP 协议就是这样的一个应用层协议。

为了实现多台计算机之间的通信，首先通过 IP 地址确定计算机，然后为了允许同一台计算机上有多条数据传输通道同时存在，IP 地址后还有个端口号。InetSocketAddress 对象封装了通信对方的主机名和端口号，它的内部属性如下：

```
public class InetSocketAddress extends SocketAddress {
   private String hostname = null;      // Socket 地址的主机名
   private InetAddress addr = null;     // Socket 地址的 IP 地址
   private int port;                    // Socket 地址的端口号
}
```

套接字往往用在客户端/服务器编程模型，简称 C/S 模型。客户端/服务器模型是很常见的一种交互模式。例如，自来水厂是服务器端，而用水的家庭是客户端。餐馆是服务器端，而食客是客户端。

在商业社会，客户就是衣食父母。但是为了保证秩序，服务往往过期不候。例如乘飞机出行，来晚了的客户只能改签下趟航班。

任何需要等待的地方都可以设置过期不候的时间，也就是超时时长。例如：客户端和服务器端建立连接，还有读数据和写数据。对应的有连接超时、读超时，但是却没有写超时，只能在异步 IO 时设置写超时。例如设置连接超时：

```
SocketAddress sockaddr = new InetSocketAddress(ip, port);
// 创建套接字
Socket socket = new Socket();
// 10 秒的超时等待时间
socket.connet(sockaddr, 10000);
```

例如设置 5 秒的读超时，可以使用如下的代码：

```
someSocket.setSoTimeout(5 * 1000);
```

超时后可以采用重试或其他的方法，例如下载工具 wget 在放弃下载之前，会重试 20

次。处理读超时的代码如下：

```
try{
     Socket s = new Socket("www.lietu.com",80);
     s.setSoTimeout (2000);  //等待 2 秒

     // 读入一些数据
}catch (InterruptedIOException iioe){
     // 再试一次
}catch (IOException ioe){
     System.err.println ("IO 错误" + ioe);
     System.exit(0);
}
```

Socket 可以处在连接和非连接状态，也就是关闭状态。在关闭状态时，可以重用。

5.1.1 客户端

浏览器下载网页时，先要和 Web 服务器端建立 Socket 连接。使用 Socket 类的过程如图 5-1 所示。

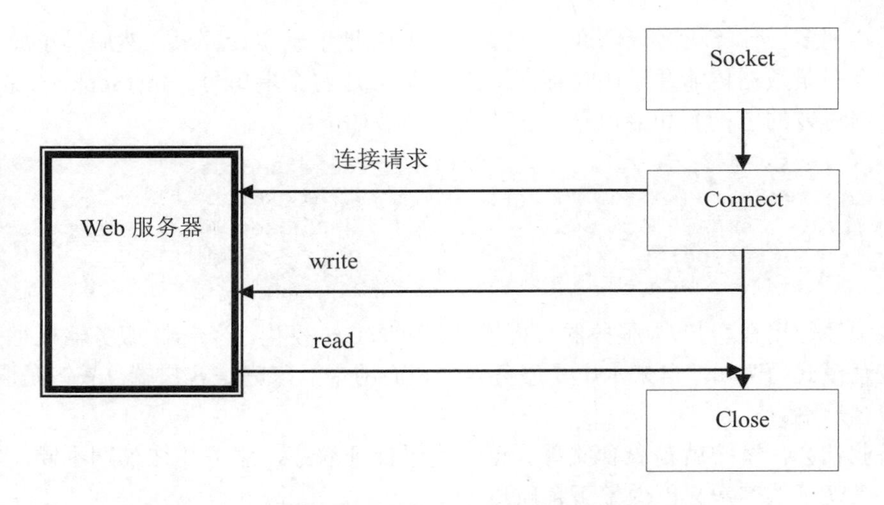

图 5-1 使用 java.net.Socket

就好像要先把管道安装好才能使用自来水一样，首先要和服务器建立连接。构造方法 Socket(String host, int port)创建一个 socket，连接到指定机器的指定端口号。与服务器建立连接后，要发送命令，说明请求哪个页面，调用 getOutputStream()写出请求页面的路径。再用 getInputStream()接收服务器发回的网页。最后调用 close()关闭连接。

客户端向 Web 服务器发送 GET 命令并输出返回结果的例子：

```
String host = "www.lietu.com";  // 主机名
String file = "/index.jsp";     // 网页路径
int port = 80;                  // 端口号

Socket client = new Socket(host, port);  // 和服务器建立连接
```

```
OutputStream out = client.getOutputStream(); //取得输出流
PrintWriter outw = new PrintWriter(out, false);
outw.print("GET " + file + " HTTP/1.0\r\n"); // 发送 HTTP GET 命令
outw.print("Accept: text/plain, text/html, text/*\r\n");
outw.print("\r\n");
outw.flush();

InputStream in = client.getInputStream(); //取得输入流
InputStreamReader inr = new InputStreamReader(in);
BufferedReader br = new BufferedReader(inr);
String line;
while ((line = br.readLine()) != null) {
    System.out.println(line); //输出返回的网页
}

if (client != null) {
    client.close(); //关闭连接
}
```

如果下载网页是乱码，可以给 InputStreamReader 构造方法增加第二个参数，指定下载网页的编码格式。

```
InputStreamReader inr = new InputStreamReader(in , "UTF-8");
//指定 UTF-8 编码
```

5.1.2 服务器端

构造方法只需要声明一个端口号：ServerSocket(int port)。其中的 accept()方法一直等待，直到接到一个客户端的连接请求后返回对应的 Socket，处理完请求后关闭连接。

一个简单的服务器实现：

```
// 在端口号 1254 注册服务
ServerSocket s = new ServerSocket(1254);
Socket client=s.accept(); // 等待并接收一个连接
// 准备向这个客户端写出数据
// 得到客户端 socket 的输出流
OutputStream outToClient = client.getOutputStream();
DataOutputStream dos = new DataOutputStream (outToClient);
// 发送字符串
dos.writeUTF("Hi there");
// 关闭一个连接，但不会关闭这个端口的 ServerSocket
dos.close();
outToClient.close();
client.close();
```

服务器处理流程如图 5-2 所示。

服务器处理流如图 5-3 所示。

一个服务只有一个端口号，如何同时和不同的客户端打交道。Socket 连接底层使用了 TCP 协议。TCP 协议是一个基于连接的分配器。记录了源 IP 地址:源端口号，以及目的 IP 地址:目的端口号。recv 主机使用这四个值来导向数据段到合适的套接字。不同的连接/会话自动分离成不同的套接字。服务器可以很容易地支持多并发的 TCP 套接字。

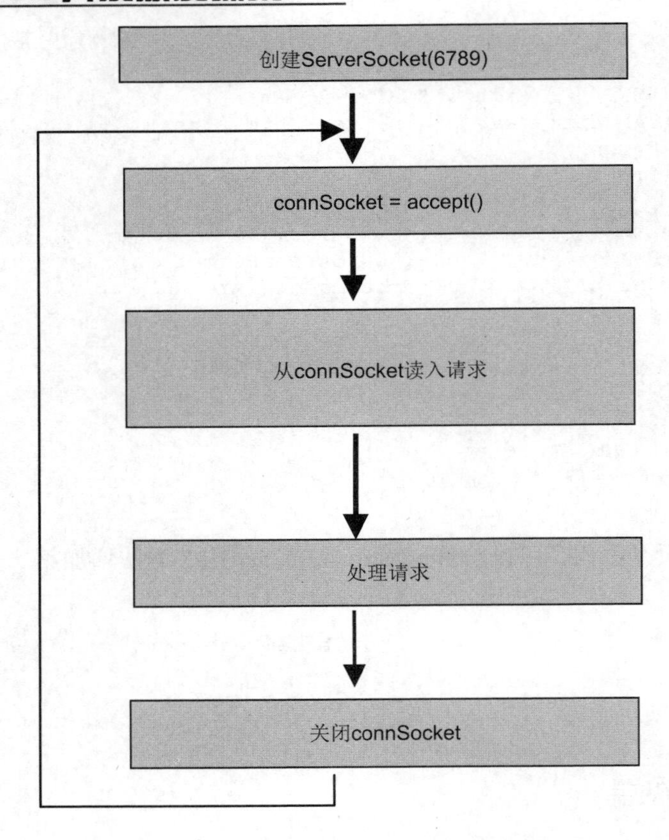

图 5-2　服务器处理流程

图 5-3　服务器处理流

银行为了应对越来越多的办理业务需求，会有多个柜台同时服务。Alexa 访问量排名在几万名以上的网站需要同时和几百个以上的客户端保持连接，所以需要多线程来处理多个客户端的请求。在一个独立的执行线程内处理每个客户端的请求。客户端请求处理类的实现如下：

```
class RequestHandler implements Runnable {
   public void run() {  }
}
```

服务器端启动客户端请求处理线程：

```
RequestHandler rh = new RequestHandler(requestInfo);
Thread t = new Thread(rh);
t.start();
```

可以使用线程池：

```
int port = 80; // 端口号

ServerSocket serverSocket = new ServerSocket(port); //建立监听 socket
boolean listening = true;
ExecutorService threadExecutor = Executors.newCachedThreadPool();
while(listening) {
    Socket requestInfo = serverSocket.accept();
    RequestHandler requestHandler = new RequestHandler(requestInfo);
    threadExecutor.execute(requestHandler);
}
```

5.1.3　TCP

TCP 的几种状态。

- LISTEN：侦听来自远方的 TCP 端口的连接请求。
- ESTABLISHED：代表一个打开的连接。
- CLOSE-WAIT：等待从本地用户发来的连接中断请求。
- CLOSING：等待远程 TCP 对连接中断的确认。
- TIME-WAIT：等待足够的时间以确保远程 TCP 接收到连接中断请求的确认。
- CLOSED：没有任何连接状态。

netstat 相关的参数：

```
-a  列出所有活跃的连接
-p TCP 仅限于 TCP 连接
```

使用 netstat -na -p TCP 命令即可知道当前的 TCP 连接状态。

一般 LISTEN、ESTABLISHED、TIME_WAIT 是比较常见的。

传输层协议使用带外数据(Out-of-Band，OOB)来发送一些重要的数据，如果通信一方有重要的数据需要通知对方时，协议能够将这些数据快速地发送到对方。为了发送这些数据，协议一般不使用与普通数据相同的通道，而是使用另外的通道。Linux 系统的套接字机制支持底层协议发送和接受带外数据。但是 TCP 协议没有真正意义上的带外数据。为了发送重要协议，TCP 提供了一种称为紧急模式(urgent mode)的机制。TCP 协议在数据段中设置 URG 位，表示进入紧急模式，接收方可以对紧急模式采取特殊的处理。

检测远程的 TCP 套接字是否已经关闭，可以使用 java.net.Socket.sendUrgentData(int)方法。如果远程接受方已经宕了，就捕捉它抛出的 IOException 异常。

这避免了设计通信协议来使用某种 ping 机制。通过 socket.setOOBInline(false)可以使 OOBInline 失效。任何收到的 OOB 数据都会被远程接受方扔掉。但是仍然能够发送 OOB 数据给它。如果远程方已经关闭，就会试图重置连接，并且导致抛出一个 IOException。

Linux 的超时重传默认是 3 秒，一旦发生丢包，延时往往就太长。因此可以将超时重传时间强制设定为 1 秒。但这可能会导致重复的数据包，可以通过修改 TS(tcp_sack 参数，链路质量良好的情况下一般设为 0)或 DSACK(允许发多个 ACK，这里也用设 0 的方式)等方式来进行改进。

5.1.4 多播

测试多播的代码如下：

```
import java.net.InetAddress;
import java.net.MulticastSocket;

class MulticastTest
{

    public static void main(String[] args)
    {
        try {
        int PORT = Integer.getInteger("hudson.udp",33848);

        InetAddress MULTICAST = InetAddress.getByAddress(new byte[]
                            {(byte)239,(byte)77, (byte)124, (byte)213});
        MulticastSocket mcs = new MulticastSocket(PORT);
        mcs.joinGroup(MULTICAST);
        } catch (Exception e) {
            e.printStackTrace();
            System.exit(-1);
        }
    }
}
```

5.2 Web 服务器

实现一个简单的 Web 服务器来理解如何使用套接字。

5.2.1 HTTP 协议

网络资源一般是 Web 服务器上一些各种格式的文件。一般通过 HTTP 协议和 Web 服务器打交道，这样的 Web 服务器又叫做 HTTP 服务器。HTTP 服务器存储了互联网上的数据并且根据HTTP客户端的请求提供数据。网络爬虫也是一种HTTP客户端。更常见的HTTP客户端是 Web 浏览器。客户端发起一个到服务器上指定端口(默认端口为 80)的 HTTP 请求，服务器端按指定格式返回网页或者其他网络资源，如图 5-4 所示。

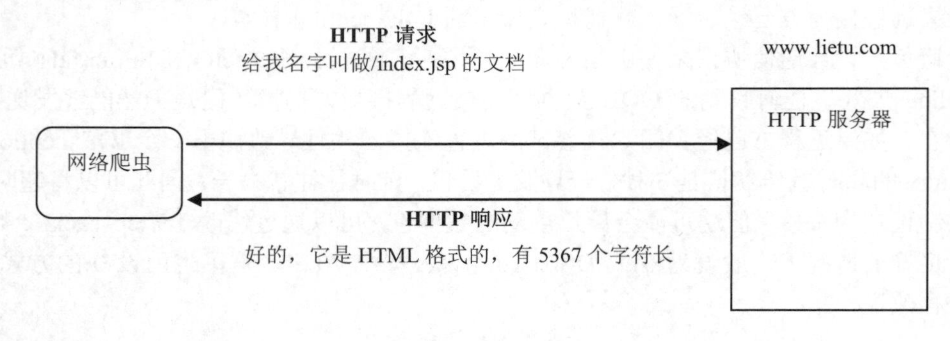

图 5-4　HTTP 协议

就好像发快递需要收件人的地址一样，打开网页也需要知道网络资源的地址。URI 包括 URL 和 URN。但是 URN 并不常用，很少有人知道 URN。URL 是 URI 的一种。URL 由 3 部分组成，如图 5-5 所示。

图 5-5　URL

需要使用 DNS 把主机名转换成 IP 地址，没有配置 DNS 则不能根据域名打开网站。但没有配置 DNS 也可以上 QQ，因为 QQ 把 IP 地址写死在程序中了。

HTTP 协议传输的内容往往是超文本，但也可以是图像等，所以还需要头信息来描述内容的格式等信息。为了容易理解，协议头是用文本描述而不是二进制格式的。

客户端向服务器发送的请求头包含请求的方法、URL、协议版本，以及包含的请求修饰符、客户信息和内容。服务器以一个状态行作为响应，相应的内容包括消息协议的版本、成功或者错误编码加上服务器信息、实体元信息以及可能的实体内容。

HTTP 请求格式是：

```
<request line>
<headers>
<blank line>
[<request-body>]
```

在 HTTP 请求中，第一行必须是一个请求行(request line)，用来说明请求类型、要访问的资源以及使用的 HTTP 版本。紧接着是头信息(header)，用来说明服务器要使用的附加信息。在头信息之后是一个空行，在此之后可以添加任意的其他数据，这些附加的数据称为主体(body)。

HTTP 规范定义了 8 种可能的请求方法。爬虫经常用到 GET、HEAD 和 POST 三种，分别说明如下。

- GET：检索 URI 中标识资源的一个简单请求。例如爬虫发送请求：GET /index.html HTTP/1.1。
- HEAD：与 GET 方法相同，服务器只返回状态行和头标，并不返回请求文档。例如用 HEAD 请求检查网页更新时间。
- POST：服务器接受被写入客户端输出流中的数据的请求。可以用 POST 方法来提交表单参数。

例如请求头：

```
Accept: text/plain, text/html
```

客户端说明了可以接收文本类型的信息，最好不要发送音频格式的数据。

```
Referer: http://www.w3.org/hypertext/DataSources/Overview.html
```

代表从这个网页直到正在请求的网页。

```
Accept-Charset: GB2312,utf-8;q=0.7
```

每个语言后包括一个 q-value。表示用户对这种语言的偏好估计。默认值是 1.0，1.0 也是最大值。

```
Keep-alive: 115
Connection: keep-alive
```

Keep-alive 是指在同一个连接中发出和接收多次 HTTP 请求，单位是毫秒。

介绍完客户端向服务器的请求消息后，然后再了解服务器向客户端返回的响应消息。这种类型的消息也是由一个起始行，一个或者多个头信息，一个指示头信息结束的空行和可选的消息体组成。

HTTP 的头信息包括通用头、请求头、响应头和实体头四个部分。每个头信息由一个域名、冒号(:)和域值三部分组成。域名是大小写无关的，域值前可以添加任何数量的空格符，头信息可以被扩展为多行，在每行开始处，使用至少一个空格或制表符，如图 5-6 所示。

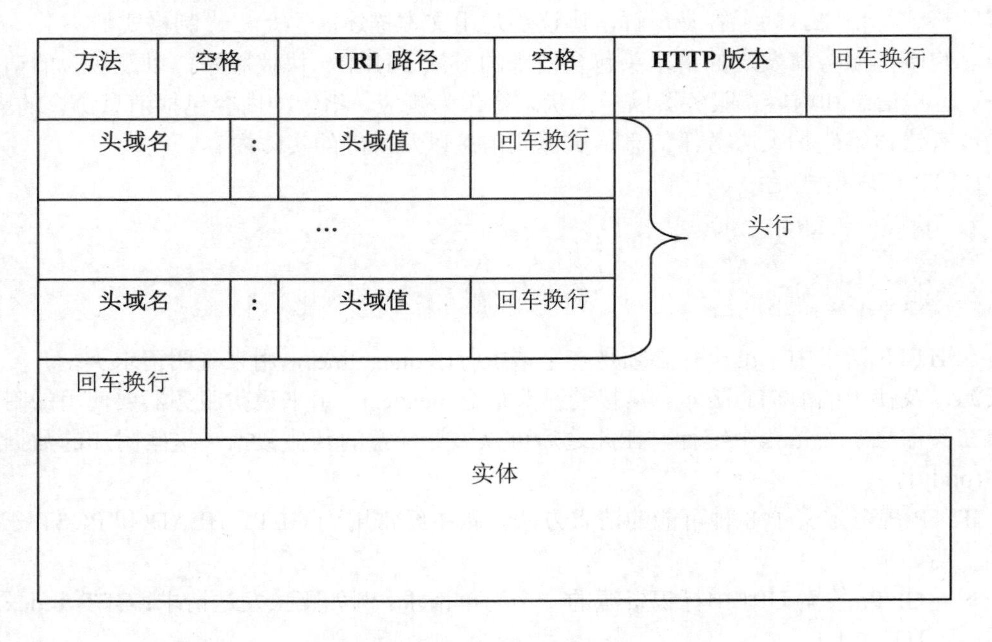

图 5-6　HTTP 请求信息格式

HTTP 请求信息的例子如图 5-7 所示。

例如，爬虫程序发出 GET 请求：

```
GET /index.html HTTP/1.1
```

服务器返回响应：

```
HTTP /1.1 200 OK
Date: Apr 11 2011 15:32:08 GMT
Server: Apache/2.0.46(win32)
Content-Length: 119
Content-Type: text/html
```

```
<HTML>
<HEAD>
<LINK REL="stylesheet" HREF="index.css">
</HEAD>
<BODY>
<IMG SRC="image/logo.png">
</BODY>
</HTML>
```

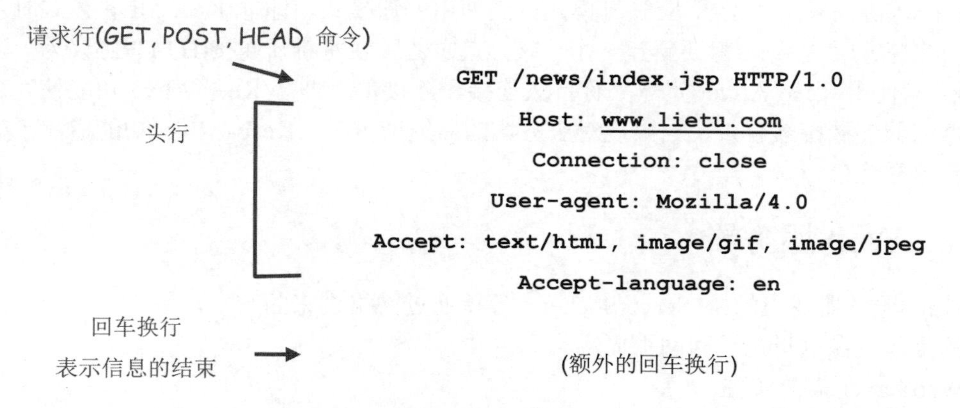

图 5-7　HTTP 请求信息的例子

GET 请求的头显示类似下面的信息：

```
GET / HTTP/1.0
 Host: www.lietu.com
 Connection: Keep-Alive
```

响应头显示类似如下信息：

```
HTTP/1.0 200 OK
 Date: Sun, 19 Mar 2006 19:39:05 GMT
 Content-Length: 65730
 Content-Type: text/html
 Expires: Sun, 19 Mar 2006 19:40:05 GMT
 Cache-Control: max-age=60, private
 Connection: keep-alive
 Proxy-Connection: keep-alive
 Server: Apache
 Last-Modified: Sun, 19 Mar 2006 19:38:58 GMT
 Vary: Accept-Encoding,User-Agent
 Via: 1.1 webcache (NetCache NetApp/6.0.1P3)
```

在提交表单的时候，如果不指定方法，则默认为 GET 请求，表单中提交的数据将会附加在 url 之后，以?与 url 分开。字母数字字符原样发送，但空格转换为“+“号，其他符号转换为%XX，其中 XX 为该符号以十六进制表示的 ASCII 值。GET 请求把提交的数据放置在 HTTP 请求协议头中，而 POST 提交的数据则放在实体数据中。GET 方式提交的数据最多只能有 1024 字节，而 POST 则没有此限制。

例如，程序发出 HEAD 请求：

```
HEAD /index.jsp HTTP/1.0
```

服务器返回响应：

```
HTTP/1.1 200 OK
Server: Apache-Coyote/1.1
Content-Type: text/html;charset=UTF-8
Content-Length: 5367
Date: Fri, 08 Apr 2011 11:08:24 GMT
Connection: close
```

HTTP 协议采用“请求-应答”模式，当使用普通模式，即非 KeepAlive 模式时，每个请求/应答客户和服务器都要新建一个连接，完成之后立即断开连接(HTTP 协议为无连接的协议)；当使用 Keep-Alive 模式(又称持久连接、连接重用)时，Keep-Alive 功能使客户端到服务器端的连接持续有效，当出现对服务器的后继请求时，Keep-Alive 功能避免了建立或者重新建立连接。

5.2.2 Web 服务器

Web 服务器使用的是 ServerSocket。等待通过网络进来的请求。基于请求的类型执行相应的操作。在这里是返回网页内容。

WebServer 类的实现：

```
ServerSocket listenSocket = new ServerSocket(6789);
Socket connectionSocket = listenSocket.accept();

BufferedReader inFromClient =
    new BufferedReader
        (new InputStreamReader(connectionSocket.getInputStream()));
DataOutputStream outToClient =
    new DataOutputStream(connectionSocket.getOutputStream());

String requestMessageLine = inFromClient.readLine();

StringTokenizer tokenizedLine =
    new StringTokenizer(requestMessageLine);

if (tokenizedLine.nextToken().equals("GET")){         // GET 命令
    String fileName = tokenizedLine.nextToken();      //得到文件名

    if (fileName.startsWith("/"))
     fileName = fileName.substring(1);  //去掉文件名前面的斜杠

    File file = new File(fileName);
    int numOfBytes = (int) file.length(); //得到文件的长度

    FileInputStream inFile  = new FileInputStream (fileName);  //读入文件

    byte[] fileInBytes = new byte[numOfBytes];  //创建字节数组
    inFile.read(fileInBytes);  //把文件内容读入到字节数组

    outToClient.writeBytes("HTTP/1.0 200 Document Follows\r\n"); //输出到客户端

    if (fileName.endsWith(".jpg"))
    outToClient.writeBytes("Content-Type: image/jpeg\r\n"); //内容类型
    if (fileName.endsWith(".gif"))
```

```
    outToClient.writeBytes("Content-Type: image/gif\r\n"); //内容类型

    outToClient.writeBytes("Content-Length: " + numOfBytes + "\r\n");
        //内容长度
    outToClient.writeBytes("\r\n");

    outToClient.write(fileInBytes, 0, numOfBytes);

    connectionSocket.close(); //关闭连接
}
else System.out.println("错误的请求信息");
```

5.3 异步 IO

SocketChannel 用于和 Web 服务器建立连接。打开一个 SocketChannel 并连接到服务器：

```
SocketChannel socketChannel = SocketChannel.open();
socketChannel.connect(new InetSocketAddress("http://www.lietu.com", 80));
```

可以设置 SocketChannel 到非阻塞模式。在非阻塞模式下，可以调用 connect()、read() 和 write()在异步模式。

如果 SocketChannel 在非阻塞模式下，可以调用 connect()，但是这个方法可能在连接建立前就返回了。可以调用 finishConnect()方法，判断连接是否已经建立：

```
socketChannel.configureBlocking(false);
socketChannel.connect(new InetSocketAddress("http://www.lietu.com", 80));

while(!socketChannel.finishConnect()){
    //等待，或者做点其他的事
}
```

SocketChannel.validOps()返回所有有效的操作。

Socket channel 支持连接、读和写，因此这个方法返回(SelectionKey.OP_CONNECT | SelectionKey.OP_READ | SelectionKey.OP_WRITE)。

NIO 缓冲区维护了几个指针，决定了它们的访问器方法功能。NIO 缓冲的实现包含了一套丰富的方法来修改这些指针。

5.4 下载网页

要取得网页的内容，首先要得到网页的 URL 地址，相当于网页的名称。用 URL 来代表一个网页。客户端通过 HTTP 协议下载网页。使用套接字发送 HTTP 请求，如图 5-8 所示。

5.4.1 使用 curl

curl 是一个知名的网络命令行工具。可以用来上传或者下载文件，也就是 POST 方式提交数据。在 Linux 下默认已经安装了这个命令行工具，但是也有 Windows 版本的 curl (http://www.paehl.com/open_source/?CURL_7.21.6)，这是一个编译好的 curl.exe 文件。只需要在 Windows 下运行 cmd，然后就可以在命令行运行这个工具。

```
>curl -o page.html http://www.lietu.com
```

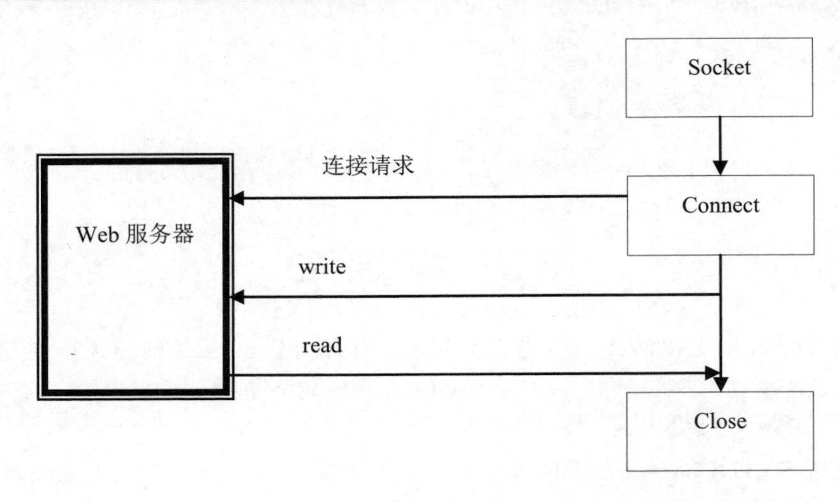

图 5-8　使用 HTTP 协议

5.4.2　使用 URL 类

java.net.URL 类可以对相应的 Web 服务器发出请求并且获得响应文档。URL 类有一个默认的构造函数，使用 URL 地址作为参数，构造 URL 对象：

```
URL pageURL = new URL("http://www.lietu.com"); //网址前后不要有多余的空格
```

接着，可以通过获得的 URL 对象来取得网络流，进而像操作本地文件一样来操作网络资源：

```
InputStream stream = pageURL.openStream();
```

使用 URL 类下载网页的完整代码如下：

```
Scanner scanner = new Scanner(new InputStreamReader(stream ,"utf-8"));
scanner.useDelimiter("\\z"); //可以用正则表达式分段读取网页
//读取网页内容
StringBuilder pageBuffer = new StringBuilder();
while (scanner.hasNext()){
    pageBuffer.append( scanner.next());
}

System.out.println(pageBuffer.toString());
```

5.4.3　使用 HTTPClient

在实际的项目中，网络环境比较复杂，因此，只用 java.net 包中的 API 来模拟浏览器客户端的工作，代码量将非常大。例如，需要处理 HTTP 返回的状态码、设置 HTTP 代理、处理 HTTPS 协议、设置 Cookie 等工作。为了便于应用程序的开发，实际开发时常常使用开源项目 HttpClient(http://hc.apache.org/httpcomponents-client-ga/)。

HttpClient 的 JavaDoc API 说明文档可以在 httpcomponents-core-4.1-bin.zip 找到。下载地址是 http://hc.apache.org/downloads.cgi。

它完全能够处理 HTTP 连接中的各种问题，使用起来非常方便。只须在项目中引入 HttpClient.jar 包，就可以模拟浏览器来获取网页内容。例如：

```
//创建一个客户端，类似于打开一个浏览器
DefaultHttpClient httpclient = new DefaultHttpClient();

//创建一个 GET 方法，类似于在浏览器地址栏中输入一个地址
HttpGet httpget = new HttpGet("http://www.lietu.com/");

//类似于在浏览器地址栏中输入回车，获得网页内容
HttpResponse response = httpclient.execute(httpget);

//查看返回的内容，类似于在浏览器查看网页源代码
HttpEntity entity = response.getEntity();
if (entity != null) {
  //读入内容流，并以字符串形式返回，这里指定网页编码是 UTF-8
  System.out.println(EntityUtils.toString(entity,"utf-8"));
  EntityUtils.consume(entity);//关闭内容流
}

//释放连接
httpclient.getConnectionManager().shutdown();
```

5.5 本章小结

本章介绍了套接字编程以及使用套接字实现 Web 服务器，还介绍了下载网页的一些方法。

第 6 章　并发程序设计

一个人不管有多少间屋子，晚上还是只能住一间屋，只能睡一张床。但是服务器端程序需要能快速计算大量任务。另外也总是有很多计算量大的任务需要执行。

1965 年，电子工程师戈登·摩尔为《电子学》撰写了一篇名为“让集成电路填满更多元件”的文章，他指出：我们将制造出更复杂的电路从而降低电器的成本——根据我的推算，10 年之后，一块集成电路板里包含的电子元件会从当时的 60 个增加到 6 万多个。那是个大胆的推断。1975 年，摩尔又对它做了修正，把每一年翻一番的目标改为每两年翻一番。

这就是被誉为“定义个人电脑和互联网科技发展轨迹金律”的摩尔定律(Moore’s law)。这个指数规律的发展速度是令人难以置信的，大家都听过那个国王按几何级数赏赐大臣谷粒，从而使得国库被掏空的传说。而摩尔定律讲的就是现实中晶体管数量几何级数倍增的故事。单个芯片上的晶体管数目，从 1971 年 4004 处理器上的 2300 个，增长到 1997 年 Pentium II 处理器上的 7.5 百万个，26 年内增加了 3200 倍。按摩尔“每两年翻一番”的预测，26 年中应包括 13 个翻番周期，每经过一个周期，芯片上集成的元件数应提高 2^n 倍，因此到第 13 个周期，即 26 年后，元件数应提高了 2^{12}=4096 倍，作为一种发展趋势的预测，这与实际的增长倍数 3200 倍可以算是相当接近了。

如今单个核心的处理器性能不再每 24 个月翻一番，要靠集成更多的核到处理器才能提高性能。多核时代更需要并发程序。

6.1　线　　程

线程是一个程序内部的顺序控制流。在一个进程中可以有多个线程，分别执行不同的任务，可以同时运行，但是相互独立。Java 虚拟机进程中，执行程序代码的任务是由线程来完成的。

当线程执行一个方法时，程序计数器指向方法区中下一条要执行的字节码指令。用方法调用栈跟踪线程中一系列方法的调用过程。方法调用栈中的元素称为栈帧。每当调用一个方法的时候，就会向方法栈压入一个新帧。

> **术语：** Program Counter 程序计数器，简称 PC。每个运行中的 Java 线程都有它自己的 PC，在线程启动时创建，大小是一个字长。因此它既能持有一个本地指针，也能够持有一个 returnAddress。当线程执行某个 Java 方法时，PC 的内容总是下一条将被指向指令的“地址”。这里的“地址”可以是一个本地指针，也可以是在方法字节码中相对于该方法起始指令的偏移量。如果该线程正在执行一个本地方法，那么此时 PC 寄存器的值为“undefined”。

每个进程都有独立的代码和数据空间；所以进程间的切换会有较大的开销。线程可以看成是轻量级的进程。同一类线程共享代码和数据空间，共享堆内存，但是每个线程的栈内存独立，也就是说，每个线程有独立的方法调用栈和程序计数器。所以线程间切换的开销小。

当用 Java 命令启动一个 Java 虚拟机进程时，Java 虚拟机都会创建一个主线程，该线程从程序入口 main()开始执行。结合下边的例子代码，可详解 Java 线程的运行机制：

```
public class TestThread{
   private int a ;//实例变量
   public int test(){
      int b = 0;//局部变量
      a++;
      b = a;
      return b;
   }
   public static void main(String[] args){
      TestThread t = null;    //局部变量
      int a = 0;              //局部变量
      t = new TestThread();
      a = t.test();
      System.out.println(a);
   }
}
```

当主线程运行到 a++ 这行代码时，运行时数据区的状态如图 6-1 所示。

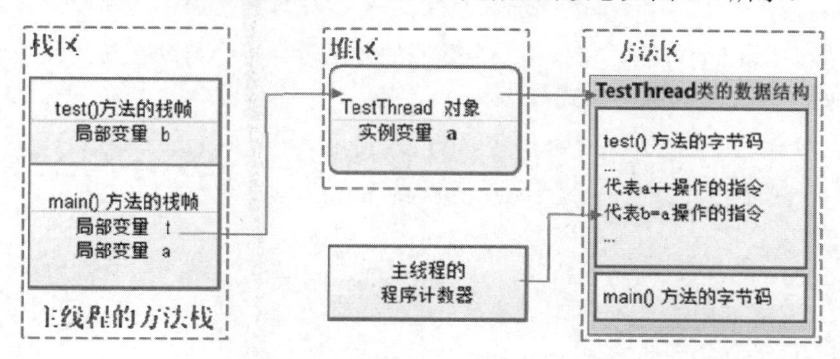

图 6-1　数据区的状态

为了方便管理线程，提供了预定义的线程类 java.lang.Thread。需要在新线程中运行的类继承 Thread 类，然后重写 run()方法就可以：

```
public class ThreadB extends Thread {
   public void run() {
      //代码
   }
}
//用一个 threadB.start()调用
```

一个线程只能被启动一次，再次启动会抛出 IllegalThreadStateException 异常。

因为 Java 语言中不允许继承多个类，所以一个类一旦继承了 Thread 类，就不能再继承其他类了。为了避免所有线程都必须是 Thread 的子类，需要独立运行的类也可以继承一个系统已经定义好的叫做 Runnable 的接口。Thread 类有个构造方法 public Thread(Runnable target)。当线程启动时，将执行 target 对象的 run()方法。Java 内部定义的 Runnable 接口很简单：

```
public interface Runnable {
  public void run();
}
```

实现这个接口，然后把要同步执行的代码写在 run()方法中。测试类：

```
public class Test implements Runnable {
    public void run() {
        System.out.println("test"); //同步执行的代码
    }
}
```

运行需要同步执行的代码：

```
public class RunIt {
    public static void main(String[] args) {
        Test a = new Test();
        //a.run(); 错误的写法

        //Thread 需要一个线程对象，然后它用其中的代码向系统申请 CPU 时间片
        Thread thread=new Thread(a);
        thread.start();
    }
}
```

不要直接调用 run()方法，它只是一个普通的方法，并不会自动在新线程中运行。

对比开始一个线程的两种方式：

```
public class HelloRunnable implements Runnable {
    public void run() {
        System.out.println("Hello from a thread!");
    }
    public static void main(String args[]) {
        (new Thread(new HelloRunnable())).start();
    }
}
public class HelloThread extends Thread {
    public void run() {
        System.out.println("Hello from a thread!");
    }
    public static void main(String args[]) {
        (new HelloThread()).start();
    }
}
```

两种写法都是调用 Thread.start()方法启动线程。因为只是要把一些代码交给 Thread 运行，而不是重写 Thread 类的行为，所以建议使用实现 Runnable 接口的方式，实现 Runnable 接口的对象。

为了让每个线程都能有机会执行，可以在 run()方法中调用 Thread 类的静态方法 sleep()，旨在让 CPU 停止执行当前线程一段时间。网络爬虫遍历一个网站，为了避免给这个网站造成太多的瞬时访问量，经常也需要调用 sleep 方法暂停指定的时间。

sleep(long millis)中的 millis 参数用于设定睡眠时间，以毫秒为单位。睡眠时间到了，就睡醒了。如果在睡眠时被打扰，这个方法就抛出 InterruptedException 异常。

```
public static void main(String[] args) throws InterruptedException {
    System.out.println("开始睡");
    Thread.sleep(1000);
    System.out.println("睡醒了");
}
```

线程睡醒后不一定马上运行，而是转成就绪状态，等待时机。

6.1.1 内存与线程安全

一个 JVM 实例的运行时数据结构如下。

- 一个方法区。JVM 中所有的线程共享一个方法区。
- 一个堆内存区。JVM 中所有的线程共享一个堆内存区，每个线程一个堆栈。
- 每个线程一个程序计数器。
- 本地方法栈。

栈内存区存放每个线程自己的数据，而堆内存区存放全局共享的数据。

栈内存区存放方法参数，局部变量的值等。其操作方式类似于数据结构中的堆栈。

堆内存区存储对象。与数据结构中的堆是两回事。

每次创建一个对象时，它处于堆内存区。像 int 和 double 这样的基本数据类型，如果它们是局域方法变量，则分配在栈内存区。如果它们是成员变量(也就是一个类的属性)，则在堆内存中。

当方法被调用时，方法中的局部变量压入堆栈。当方法调用完成后，堆栈指针递减。在一个多线程应用程序中，每个线程有它自己的方法栈，但将共享同一个堆。这就是为什么在代码中要注意避免在堆空间的并发访问问题的来源。

每个线程都有自己的堆栈，所以栈内存中的变量是线程安全的，但堆内存不是线程安全的，除非通过自己的代码来保证同步。

在堆栈中的一个方法是可重入的，允许多个并发调用，而且不会互相干扰。一个方法如果调用它自身，就是递归的。只要有足够的栈空间，递归方法调用在 Java 中很有效，尽管它很难调试。

在很多算法中，递归方法可以用来消除迭代。所有递归函数都是可重入的，但不是所有可重入的函数都是递归的。

举例说明栈内存和堆内存。看下面这样的类和方法声明：

```
public class A {
    int e = 1;

    public int math(int x, int y) {
        A a = new A();
        return (a.e + x + y);
    }
}
```

各变量在内存中的分布情况如下。

- 栈内存：x、y，引用 a。
- 堆内存：实例 a (它是类 A 的对象)，其中 a.e = 1。

注意，这里在栈内存中的 a 指向堆内存中的实例 a。如图 6-2 所示。如果不再用到实例 a，就会把它当作垃圾回收。

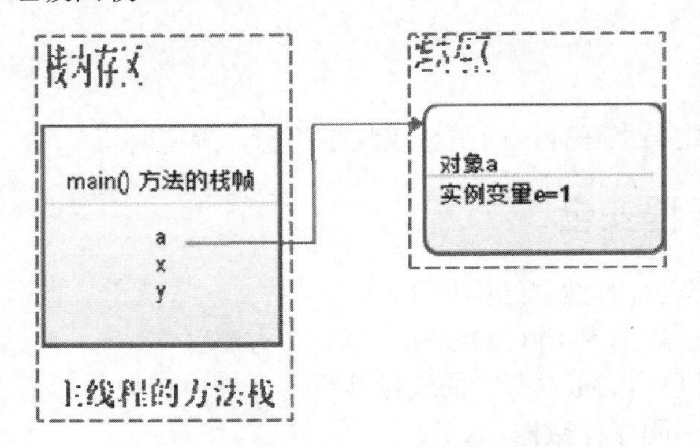

图 6-2　变量在内存中的分布情况

规则很简单，局域变量(包括方法参数)在栈内存中。其他的，在堆内存中。注意，变量永远不会存储对象，它们只存储基本数据类型和引用。因此，所有对象在堆上。而所有的类定义也在堆上(在一个称为方法区的特殊区域)，其中包括在这些类中定义的常量。

如果所有的对象都在堆里申请内存，则对于使用小对象的函数来说，会导致很大的性能损失，因为在栈里申请内存几乎没有性能损失。

接口中所有的值都是常量，也就是 final static，因此仅存储在堆内存中。

6.1.2　线程组

在 Java 中每个线程都属于某个线程组(ThreadGroup)。例如，如果在 main()中产生一个线程，则这个线程属于 main 线程组管理的一员，可以使用下面的指令来获得目前线程所属的线程组名称：

```
public static void main(String[] args) throws InterruptedException {
    System.out.println(Thread.currentThread().getThreadGroup().getName());
}
```

可以使用线程组监控线程的运行状况。

6.1.3　状态

Java 虚拟机中的线程可能位于不同的状态。可以使用 Thread.getState()方法得到线程所在的状态，这个方法返回一个枚举类型 Thread.State 的值。Thread.State 的定义如下：

```
public enum State {
   NEW,               //创建状态
   RUNNABLE,          //运行状态
   BLOCKED,           //阻塞状态
   WAITING,           //等待状态
   TIMED_WAITING,     //限时等待状态
```

```
    TERMINATED;        //结束状态
}
```

在一个给定时刻，一个线程只能位于其中一个状态。如果创建了一个线程而没有启动它，那么，此线程就处于创建状态。

```
Thread t = new Thread();
Thread.State e = t.getState();  //如果一个新线程还没有开始执行，则位于创建状态
System.out.println(e);          //输出：NEW
```

运行状态的线程已经在 Java 虚拟机上执行了，但可能还在等待操作系统中的其他资源，例如处理器。也就是说要么现在就在运行，要么操作系统调度到该线程时立即就可以执行。线程的状态转换如图 6-3 所示。

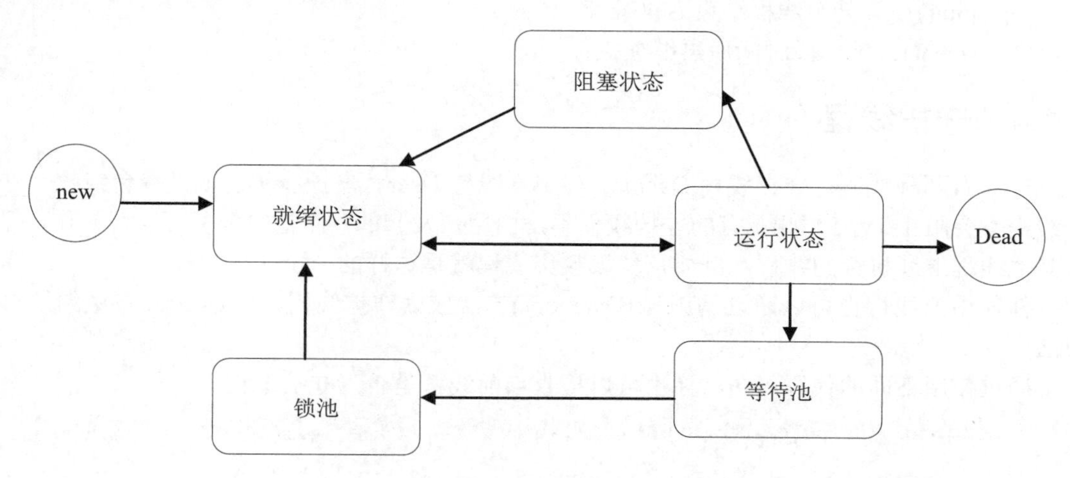

图 6-3　线程的状态转换

如果要给相同优先级的其他线程一个运行的机会，可以调用当前线程的方法 yield()。调用在 Thread 类中定义的静态方法 yield()，会造成当前线程从正在运行状态移动到就绪状态，从而放弃 CPU。然后线程调度决定会再次运行该线程的时间。如果没有正在就绪状态中等待的线程，则该线程继续执行。如果有一些在就绪状态的其他线程，它们的优先级决定执行哪个线程。如果没有同等优先级的线程在就绪状态，那么将忽略 yield。

如果要等子线程结束后，再继续运行主线程，可以调用子线程的 join()方法暂停主线程，优先运行子线程，当子线程结束后，再继续运行主线程：

```
public class JoinThread extends Thread {
    public JoinThread(String name) {
        super(name); //设置线程名字
    }

    public void run() {
        for (int i = 0; i < 3; i++) {
            try {
                Thread.sleep(1000);
            } catch (InterruptedException e) {
                e.printStackTrace();
            }
            System.out.println(this.getName() + ": " + i);
```

```
        }
    }

    public static void main(String[] args) throws InterruptedException {
        Thread t1 = new JoinThread("子线程");
        t1.start(); // 启动子线程
        t1.join(); // 等待子线程运行结束
        System.out.println("主线程结束"); //上面的 for 循环运行结束后才执行这行代码
    }
}
```

因此，可以有三种方法暂停当前线程。

(1) yield()：给同等优先级的其他线程一个运行的机会。

(2) join()：等某个线程结束后再继续。

(3) sleep()：等一段时间后再继续执行。

6.1.4 守护线程

Java 有两种线程：守护线程 Daemon 与用户线程 User。守护线程也就是后台线程。守护线程不会阻止 JVM 退出。有的守护线程不是由用户发起的，而是用于执行监督操作，促进其他线程继续执行的线程。例如，垃圾收集线程就是这样的一个守护线程。

任何用户线程也可以通过调用 setDaemon()方法成为守护线程，传递 true 参数给这个方法。

通过使用下面的代码语句，你也可以检查当前线程是否为守护进程：

```
Thread.currentThread().isDaemon();
```

创建一个守护线程：

```
Thread daemonThread = new Thread();
// 设定 daemonThread 为守护线程，默认为非守护线程
daemonThread.setDaemon(true);
// 验证当前线程是否为守护线程，返回 true 则为守护线程
System.out.println(daemonThread.isDaemon());
```

如果守护线程是一个死循环，则只要当前 JVM 实例中尚存在任何一个非守护线程没有结束，守护线程就仍然工作；只有当最后一个非守护线程结束时，守护线程才随着 JVM 一同结束。例如：

```
Thread thread = new Thread() {
        @Override
        public void run() {
            while (true) {
                // 死循环
            }
        }
};
thread.setDaemon(true); //不阻止 JVM 退出
thread.start();
```

运行上面的代码将立即退出。然而，如果省略 thread.setDaemon(true)，程序将不会终止运行。

守护线程创建的线程也是守护线程。

6.1.5　并行编程

每个线程有自己的不共享的调用栈和当前语句，如图 6-4 所示。图中的 PC 是程序计数器的简称。

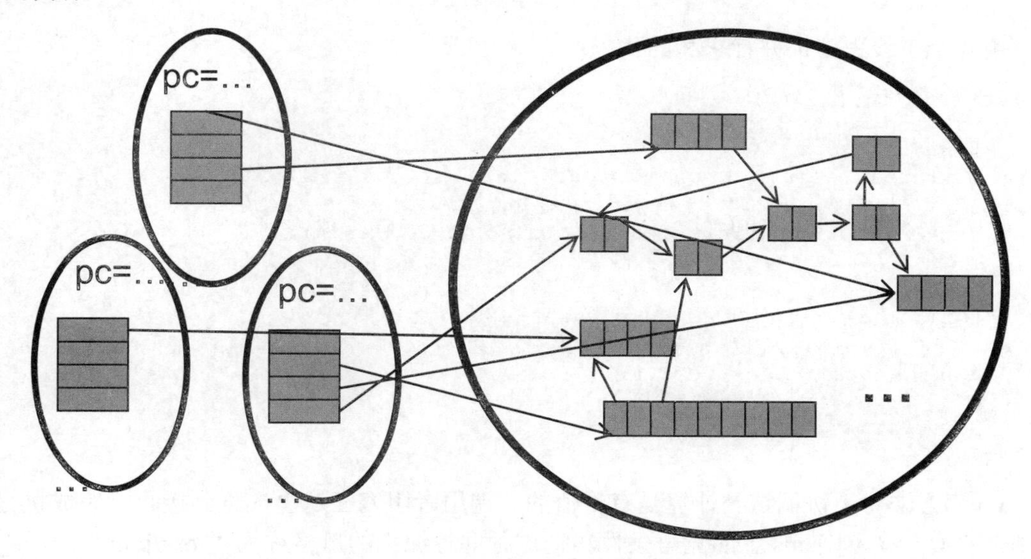

图 6-4　不共享的局域数据和控制结构与共享的对象和静态实例变量

编写一个共享内存的并行程序。例如：一个大数组中的元素求和。想法是有 4 个线程，同时对数组的 1/4 求和，如图 6-5 所示。

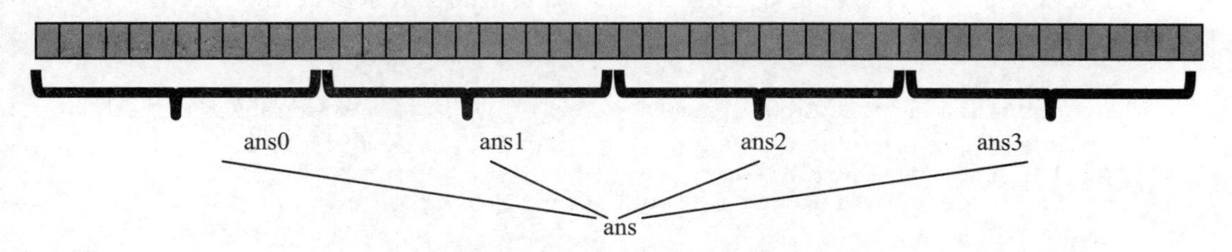

图 6-5　4 个线程同步求和

创建 4 个线程对象，每个分配一部分工作。调用每个线程对象上的 start()方法，让它实际并行运行。用 join()等待线程结束。这 4 个答案加到一起生成最终结果。

因为要重写没参数也没结果的 run 方法，所以使用实例变量在线程间传递结果：

```
class SumThread extends java.lang.Thread {
  int lo; // 参数
  int hi;
  int[] arr;

  int ans = 0; // 结果

  SumThread(int[] a, int l, int h) {
```

```
    lo=l; hi=h; arr=a;
  }

  public void run() { //重写的方法必须定义成这样
    for(int i=lo; i < hi; i++)
      ans += arr[i];
  }
}
```

用 4 个子线程帮忙并行求和的代码：

```
int sum(int[] arr){// 可以是一个静态方法
  int len = arr.length;
  int ans = 0;
  SumThread[] ts = new SumThread[4];
  for(int i=0; i < 4; i++){ //执行并行计算
    ts[i] = new SumThread(arr,i*len/4,(i+1)*len/4);
    ts[i].start();
  }
  for(int i=0; i < 4; i++) { // 合并结果
    ts[i].join(); // 等待子线程结束
    ans += ts[i].ans;
  }
  return ans;
}
```

Join()方法对于协调这类计算是有价值的。调用者阻塞在这里，直到接收者完成执行。否则，将有一个 ts[i].ans 上的竞争条件。把这种并行编程的风格称为“fork/join”。

fork-join 程序不需要太关注线程间的共享内存。在上面的例子中，lo、hi、arr 由主线程写，而帮助线程读它们的值。ans 的值由帮助线程写，由主线程读取值。使用共享内存时，必须避免竞争条件。在研究并行时，将坚持用 join()方法。

为了让代码可维护性好，更好地适应平台，需要把线程数量参数化：

```
int sum(int[] arr, int numThreads){
  …
  int subLen = arr.length / numThreads;          //每个线程要处理的子长度
  SumThread[] ts = new SumThread[numThreads];    //子线程数组
  for(int i=0; i < numThreads; i++){
   ts[i] = new SumThread(arr,i*subLen,(i+1)*subLen);
   ts[i].start();                                //启动一个子线程
  }
  for(int i=0; i < numThreads; i++) {
    …
  }
  …
```

要使用而且只使用能得到的一些处理器。不使用其他程序或自己的程序中的其他线程已经使用的处理器。也许调用者也在使用并行化。甚至在你的线程运行时，可用的内核也可能改变。如果你有 3 个处理器，使用 3 个线程将需要 1 小时，那么创建 4 个线程，可能需要 1.5 小时。

不像求和，一般来说，子问题可能花费明显不同量的时间。用分而治之算法把数组分成小段，并行化递归调用，如图 6-6 所示。

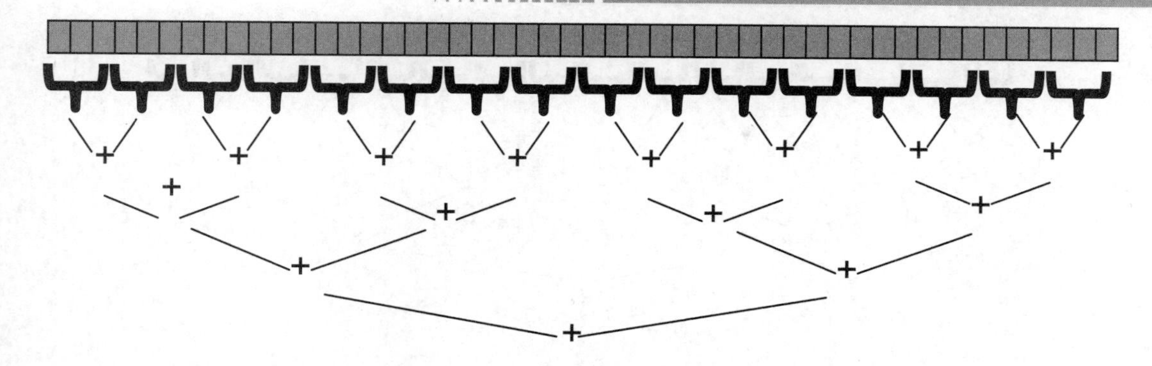

图 6-6　分而治之算法把数组分成小段

```
class SumThread extends java.lang.Thread {
  int lo; int hi; int[] arr; // 参数
  int ans = 0; // result
  SumThread(int[] a, int l, int h) { … }
  public void run(){ // override
    if(hi - lo < SEQUENTIAL_CUTOFF)
      for(int i=lo; i < hi; i++)
        ans += arr[i];
    else {
      SumThread left = new SumThread(arr,lo,(hi+lo)/2);
      SumThread right= new SumThread(arr,(hi+lo)/2,hi);
      left.start();
      right.start();
      left.join();
      right.join();
      ans = left.ans + right.ans;
    }
  }
}
int sum(int[] arr){
   SumThread t = new SumThread(arr,0,arr.length);
   t.run();
   return t.ans;
}
```

不要创建两个递归的线程：创建一个并且自己做另外一个，这样可减少线程数量。通过图 6-7 和图 6-8 可以看到减少的线程。最好这样做：

```
SumThread left  = …
SumThread right = …
// 下面四行的顺序很重要
left.start();   //启动新线程
right.run();    //主线程自己执行一部分计算，并没有启动新线程
left.join();    //等待左边的结果
ans=left.ans+right.ans;
```

如果每个领导都身先士率，一份任务分出去，还留一份任务自己做了，这样就可以少用一倍的人力完成全部任务。

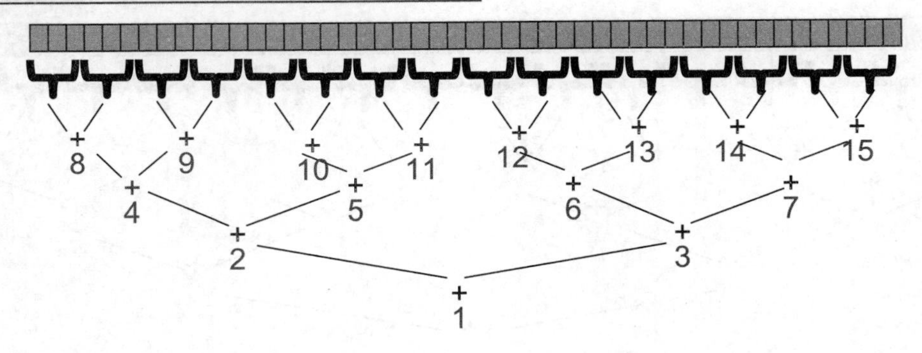

图 6-7　每步两个新线程

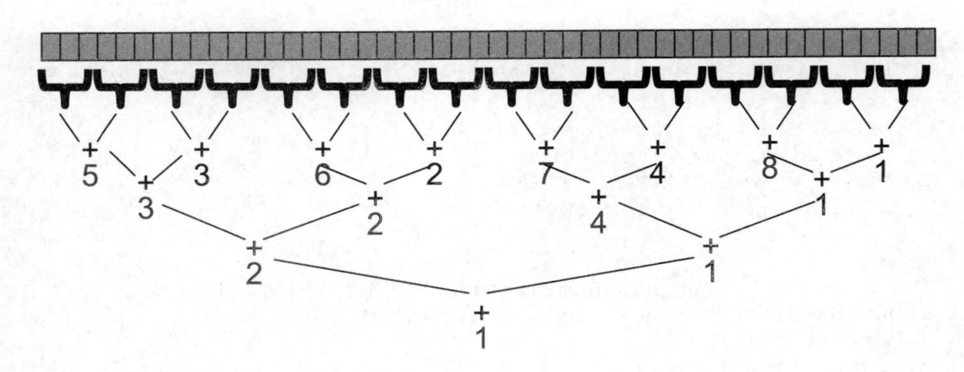

图 6-8　每步一个新线程

6.2 线　程　池

因为删除和新建线程都是费时的工作，所以要使用线程池 ExecutorService 重用线程。把要执行的任务放到线程池，让它自己调度这些任务。有两种线程池。有大量任务要执行的线程池用 newCachedThreadPool 创建，例如：

```
ExecutorService service = Executors.newCachedThreadPool();
```

创建一个可根据需要创建新线程的线程池，但是如果以前构造的线程可用时，就重用它们。将会把长期不用的线程从线程池删除，也就是删除 60 秒内没有用过的线程。就好像超市收银柜台数量是动态的，顾客多就多开几个，顾客少就少开几个。

newFixedThreadPool 用于少数几个长期运行任务的线程池。例如：

```
ExecutorService service = Executors.newFixedThreadPool(2);
```

会重用已有的线程，但是不会创建新的线程。如果其中一个线程因为错误而结束了，将会创建一个新的线程接替它执行后续的任务。就好像在场上的篮球运动员数量是固定的，如果有人受伤下场，就会有候补队员接替。

这两种线程池都能让任务并行执行完。

一个线程池的例子：

```
public class ShutdownDemo {
 public static void main(String[] args) throws InterruptedException{
  ExecutorService executor = Executors.newSingleThreadExecutor();

  executor.execute(new Runnable(){

   @Override
   public void run() {
    while(true){
     System.out.println("-- 活着 --");
    }
   }

  });

  TimeUnit.SECONDS.sleep(3);

  executor.shutdownNow();
 }
}
```

会不停地打印：活着。ExecutorService.shutdownNow 方法不保证实际停止任务。最好提供个状态变量给长期运行的任务，让任务自己定期检查，然后在需要的时候退出循环。在这个例子中，可以在 while 循环中检查 Thread.isInterrupted()。

6.3 fork-join 框架

fork-join 是一个轻量级并行框架。就像任何 ExecutorService 一样，fork-join 框架分配任务给线程池中的工作线程。假如把任务分解得过细，那么创建一个线程的开销有可能超出执行该任务的开销。因此，fork-join 框架使用与可用核数相匹配的适当大小的线程池，以减少这种频繁交换的开销。为避免线程空闲，没有事情要做的工作线程可以窃取其他还在忙着的线程的任务。

每个工作线程都有自己的工作队列，这是使用双端队列 deque 来实现的。当一个任务划分给一个新线程时，它将自己推到 deque 的头部。当线程的任务队列为空，它将尝试从另一个线程的 deque 的尾部窃取另一个任务。

可以使用标准队列实现工作窃取，但是与标准队列相比，deque 具有两方面的优势：减少争用和窃取。因为只有工作线程会访问自身的 deque 的头部，deque 头部永远不会发生争用；因为只有当一个线程空闲时才会访问 deque 的尾部，所以也很少存在线程的 deque 尾部的争用。跟传统的基于线程池的方法相比，减少争用会大大降低同步成本。此外，这种方法暗含的后进先出任务排队机制意味着最大的任务排在队列的尾部，当另一个线程需要窃取任务时，它将得到一个能够分解成多个小任务的任务，从而避免了在未来窃取任务。因此，工作窃取实现了合理的负载平衡，无须进行协调并且将同步成本降到了最小。

fork-join 框架的设计，使分而治之算法易于并行化。更具体地说，在控制路径上分支出几个路径，每个处理同等数量的数据集。

如果还没有使用 Java7，则需要把 jsr166y.jar 放到 classpath 路径下。RecursiveTask 用于需要返回计算结果的子任务。RecursiveAction 用于不需要返回计算结果的子任务。然后把运行任务传给 ForkJoinPool。一个用来熟悉 API 的例子，只是对指定的数加 1：

```
public static ForkJoinPool fjPool = new ForkJoinPool();

// 定义自己的任务类
class Incrementor extends RecursiveTask<Integer> {
   int theNumber;
   Incrementor(int x) {
     theNumber = x;
   }
   @Override
   public Integer compute() {
     return theNumber + 1;
   }
}

// 然后使用上面创建的全局任务池
int fortyThree = fjPool.invoke(new Incrementor(42));
```

RecursiveTask 这个名称就暗示了在计算方法中可以创建其他 RecursiveTask 对象放到任务池中并行运行。首先，你创建另一个对象，然后调用它的 fork 方法。实际上这就启动了并行计算——fork 本身迅速返回，但是现在开始更多的计算。当你需要答案，你在先前调用 fork 方法的对象上调用 join 方法。join 方法将让你得到从 compute()返回的答案。如果还没有准备好，则 join 会阻塞(即，不返回)，直到已经计算出结果。因此，要点是先调用 fork，然后调用 join，在两者之间做其他有用的工作。

下面例子是对一个数组中所有元素的求和，每 5000 个不同的元素段并行求和：

```
static ForkJoinPool fjPool = new ForkJoinPool();

static class Sum extends RecursiveTask<Long> {
   static final int SEQUENTIAL_THRESHOLD = 5000;

   int low;          //开始位置
   int high;         //结束位置
   int[] array;      //要求和的数组

   Sum(int[] arr, int lo, int hi) { //构造方法
      array = arr;
      low   = lo;
      high  = hi;
   }

   @Override
   protected Long compute() {
      //如果元素少，则使用一个简单的循环求和
      if(high - low <= SEQUENTIAL_THRESHOLD) {
         long sum = 0;
         for(int i=low; i < high; ++i)
            sum += array[i];
         return sum;
      } else {
         int mid = low + (high - low) / 2;
         Sum left  = new Sum(array, low, mid);
         Sum right = new Sum(array, mid, high);
         left.fork(); //左边部分并行计算
```

```
            long rightAns = right.compute(); //右边部分递归调用计算方法
            long leftAns  = left.join(); //等待左边部分的结果
            return leftAns + rightAns; //返回总的结果
        }
    }

    static long sumArray(int[] array) {
        return fjPool.invoke(new Sum(array,0,array.length));
    }
}

public static void main(String[] args) {
    int[] arr = new int[2020];
    arr[0]=1;
    arr[2000]=3;
    Long total = fjPool.invoke(new Sum(arr,0,arr.length));
    System.out.println(total);
}
```

把任务分配给任务池执行然后再取回结果，这个过程本身效率就不高，所以主线程自己要干一份活。它每次都把左边的任务派出去，右边的任务留给自己，最后主线程自己只做了最右边一段的实际求和，其他的求和任务都派给任务池了。

这段代码是如何工作的？

一个 Sum 对象包括了一个数组和该数组的范围。compute 方法对在这个范围内的元素求和。如果范围比 SEQUENTIAL_THRESHOLD 定义的元素少，就使用一个简单的循环求和。否则，它会创建两个是问题一半大小的 Sum 对象。它采用 fork 并行计算左半边，此对象本身调用 right.compute()，自己做右半边的计算。为了得到左半边的答案，调用 left.join()。

为什么有一个 SEQUENTIAL_THRESHOLD？保持递归调用，直到 high==low+1，然后返回 array[low]，这样做也是正确的。但是，这样却创建了很多 Sum 对象，并调用 fork，所以它最终效率会低得多，尽管复杂度相同。

为什么创造比可能有的处理器数量更多的 Sum 对象？因为它是框架的工作，让合理数量的并行任务有效率地执行，并用一个好办法调度它们。并行计算通过大量相当小的并行任务可以做得更好。特别是当程序可用的处理器在执行过程中变化时(因为操作系统还运行其他程序)，或任务用不同长度的时间结束时，需要很多小任务。

所以设置一个在实践中很好的 SEQUENTIAL_THRESHOLD 值需要折中考虑。建议不断创建更多的并行子任务，直到一些基本计算步骤在某处超过 100 并低于 10000。确切的数字并不重要，只要不走极端就行。

有一些需要注意的陷阱：

对两个子问题调用两次 fork 似乎更自然，然后两次调用 join。这自然比不要任何好处的只调用 compute 效率更低，因为比有好处的情况创建了更多的并行任务。事实证明这样效率低了很多。专门针对库的当前实现来说，低效与创建任务的开销有关。这些开销自己只做了很少的工作。

请记住，调用 join 会阻塞住，直到答案准备好。所以，如果你看一下代码：

```
left.fork();
long rightAns = right.compute();
long leftAns  = left.join();
return leftAns + rightAns;
```

顺序是至关重要的。如果写成：

```
left.fork();
long leftAns  = left.join();
long rightAns = right.compute();
return leftAns + rightAns;
```

则整个数组求和算法没有并行，因为在开始计算右边以前，每一步都将完全计算左边。同样，这个版本也是非并行的，因为它在开始计算左边以前，先计算右边：

```
long rightAns = right.compute();
left.fork();
long leftAns  = left.join();
return leftAns + rightAns;
```

如果并行运行的代码引起一个异常，调试器不会有太大帮助，因为异常传播到手上的时候，调用栈已经丢失了。可以在 compute()方法中捕获异常并打印堆栈跟踪内容。

不要在 RecursiveTask 或 RecursiveAction 类里面使用一个 ForkJoinPool 的 invoke 方法。而应该直接调用 compute 或者 fork。只有序列化的代码才能调用 invoke 开始并行。

计算库需要“热身”，可能会看到结果出来的慢。Java 虚拟机重新优化库内部之后才会加快。把计算放在一个循环中，以便看到“长远利益”。HotSpot JVM 首先以解释的方式执行代码，然后在经过一定量的执行后，才将其编译成机器代码。

fork-join 方法和 MapReduce 是相似的，因为它们都是并行化任务。不过一个区别是 MapReduce 在执行任务的第一步就把任务分割成部分，而 fork-join 仅在任务过大时才将任务分割成更小的任务。

6.4 线程局域变量

static 关键字用来修饰整个进程和所有对象都是唯一的变量。

多线程共同使用一个变量的问题在于在一个线程中修改变量的值可能影响到另外一个线程的使用。每个线程使用一个变量的不同副本叫做线程局域变量。每个线程只能看到与自己相联系的值，别的线程正在使用或修改的是另外的副本。

首先创建一个线程本地变量，然后初始化其中的值，最后可以通过 get 方法得到其中的值。例如，下面的类生成唯一的标识符。这些标识符对每个线程都是本地化的。当线程第一次调用 UniqueThreadIdGenerator.getCurrentThreadId()时，给这个线程分配一个线程编号，以后再调用时，仍然返回这个值。

```
import java.util.concurrent.atomic.AtomicInteger;

public class UniqueThreadIdGenerator {

    private static final AtomicInteger uniqueId = new AtomicInteger(0);

    private static final ThreadLocal < Integer > uniqueNum =
        new ThreadLocal < Integer > () {  //匿名类
            @Override protected Integer initialValue() {
                return uniqueId.getAndIncrement();
        }
```

```
    };

    public static int getCurrentThreadId() {
        return uniqueNum.get();
    }
} // UniqueThreadIdGenerator
```

测试：

```
class Test implements Runnable {
        public void run() {
            System.out.println("sub"
                + UniqueThreadIdGenerator.getCurrentThreadId());
        }
}

public class RunIt {

        public static void main(String[] args) throws InterruptedException {
            Test a = new Test();

            Thread thread=new Thread(a);
            thread.start();

            Thread.sleep(1000);
            System.out.println("master"
                + UniqueThreadIdGenerator.getCurrentThreadId());
            System.out.println("master"
                + UniqueThreadIdGenerator.getCurrentThreadId());
        }
}
```

6.5　阻塞队列

来不及即时处理的信息可以放入队列。如果队列中的元素已经处理完毕，处理程序会等待新的要处理元素。所以这个队列是阻塞队列。

例如要用爬虫提取一个网站中所有的公司邮箱地址。首先按目录遍历，然后在公司介绍详细页中得到所有的 email 地址。这里有两个处理过程，分别是抓取公司网页的过程和提取邮箱地址的过程。

套用线程的生产者和消费者模型，这里爬虫线程是生产者，提取邮件地址线程是消费者。生产出来的对象是公司介绍页面。

有个小的存储仓库。如果来不及处理的，放入该仓库。抓取过程把公司介绍页面的网址放入 BlockingQueue。提取过程从 BlockingQueue 提取要分析的页面的网址。

6.5.1　阻塞队列

LinkedBlockingQueue：其构造函数中可以指定这个仓库的大小。例如：

```
BlockingQueue<String> dataQueue = new LinkedBlockingQueue<String>(100);
```

网络爬虫使用 BlockingQueue 的例子：

```
public static class Spider implements Runnable {
    private BlockingQueue<Integer> urlQueue;
    private static int i = 0;

    public Spider(BlockingQueue<Integer> dataQueue) {
        this.urlQueue = dataQueue;
    }

    public void run() {
        while (!Thread.interrupted()) {
            try {
                urlQueue.add(new Integer(++i));
                System.out.println("生产: " + i);
                TimeUnit.MILLISECONDS.sleep(1000);
            } catch (InterruptedException e) {
                e.printStackTrace();
            }
        }
    }
}
```

有很多公司名，需要从互联网提取对应的企业邮箱地址。并行提取邮件的示例如下：

```
public class ConcurrentSpider {

    public static class Extractor implements Runnable { //提取信息的类
        private BlockingQueue<Integer> urlQueue;

        public Extractor(BlockingQueue<Integer> dataQueue) {
            this.urlQueue = dataQueue;
        }

        public void run() {
            Integer i;
            while (!Thread.interrupted()) {
                try {
                    i = urlQueue.take();
                    System.out.println("消费: " + i);
                    TimeUnit.MILLISECONDS.sleep(1100);
                } catch (InterruptedException e) {
                    e.printStackTrace();
                }
            }
        }
    }

    public static class Spider implements Runnable { //取得公司介绍网址的类
        private BlockingQueue<Integer> urlQueue;
        private static int i = 0;

        public Spider(BlockingQueue<Integer> dataQueue) {
            this.urlQueue = dataQueue;
        }

        public void run() {
            while (!Thread.interrupted()) {
                try {
                    urlQueue.add(new Integer(++i));
                    System.out.println("生产: " + i);
```

```
                    TimeUnit.MILLISECONDS.sleep(1000);
                } catch (InterruptedException e) {
                    e.printStackTrace();
                }
            }
        }
    }

    public static void main(String[] args) throws InterruptedException {
        BlockingQueue<Integer> urlQueue =
            new LinkedBlockingQueue<Integer>(5);

    ExecutorService service = Executors.newFixedThreadPool(2);//线程池
    Spider producer = new Spider(urlQueue);           //生产者
    Extractor consumer = new Extractor(urlQueue);   //消费者

    service.submit(producer);  //可以有多个生产者或消费者
    service.submit(consumer);

    service.awaitTermination(100, TimeUnit.HOURS); //等待结束
    }
}
```

6.5.2 半阻塞队列

非阻塞队列。如果队列已经满了，则会丢掉新元素。

```
class SinkQueue<T> {

  interface Consumer<T> {
    void consume(T object) throws InterruptedException;
  }

  // 一个固定大小的循环缓冲区，减少垃圾回收
  private final T[] data;
  private int head;      // 头位置
  private int tail;      // 尾位置
  private int size;      // 元素数量
  private Thread currentConsumer = null;

  @SuppressWarnings("unchecked")
  SinkQueue(int capacity) {
    this.data = (T[]) new Object[Math.max(1, capacity)];
    head = tail = size = 0;
  }

  synchronized boolean enqueue(T e) {
    if (data.length == size) {
      return false;
    }
    ++size;
    tail = (tail + 1) % data.length;
    data[tail] = e;
    notify();
    return true;
  }
```

```
/**
 * 消耗一个元素，如果队列是空的，调用线程就会阻塞
 * 一个时刻仅允许一个消费者
 * @param consumer  消费者回调对象
 */
void consume(Consumer<T> consumer) throws InterruptedException {
  T e = waitForData();

  try {
    consumer.consume(e);  // 可以永久拿走
    _dequeue();
  }
  finally {
    clearConsumerLock();
  }
}

/**
 * 从队列头部取得一个元素，如果队列是空的，就会阻塞
 * @return 第一个元素
 * @throws InterruptedException
 */
synchronized T dequeue() throws InterruptedException {
  checkConsumer();

  while (0 == size) {
    wait();
  }
  return _dequeue();
}

private synchronized T waitForData() throws InterruptedException {
  checkConsumer();

  while (0 == size) {
    wait();
  }
  setConsumerLock();
  return front();
}

private synchronized void checkConsumer() {
  if (currentConsumer != null) {
    throw new ConcurrentModificationException("The "+
        currentConsumer.getName() +" thread is consuming the queue.");
  }
}

private synchronized void setConsumerLock() {
  currentConsumer = Thread.currentThread();
}

private synchronized void clearConsumerLock() {
  currentConsumer = null;
}

private synchronized T _dequeue() {
  if (0 == size) {
```

```
      throw new IllegalStateException("Size must > 0 here.");
    }
    --size;
    head = (head + 1) % data.length;
    T ret = data[head];
    data[head] = null;  // hint to gc
    return ret;
  }

  synchronized T front() {
    return data[(head + 1) % data.length];
  }

  synchronized T back() {
    return data[tail];
  }

  synchronized void clear() {
    checkConsumer();

    for (int i = data.length; i-- > 0; ) {
      data[i] = null;
    }
    size = 0;
  }

  synchronized int size() {
    return size;
  }

  int capacity() {
    return data.length;
  }
}
```

适当的屏障用于线程协调。

6.6 并　　发

有时候需要生成一个全局唯一的序列号。一个应用场景是全文检索索引库，为了实现读写并发控制，需要对正在读取索引的应用有个引用计数。当没有任何应用在读取索引时，也就是引用计数为 0 后，可以提交修改。引用计数需要保持连续性。

另外一个应用场景是，需要给商品生成一个唯一的序列号。最容易想到的一个实现方法如下：

```
public class UnsafeSequence {
    private int value;

    /** 返回一个唯一的值 */
    public int getNext() {
        return value++;
    }
}
```

如果一个线程调用这个方法，不会有问题。如果多个线程调用这个方法，就会有问题。

测试两个线程：

```
public class TestUnsafeSequence extends Thread {
    static UnsafeSequence unsafeSequence = new UnsafeSequence(); //序列号生成器
    static HashSet<Integer> seqSet = new HashSet<Integer>(); //已经生成的

    public void run() {
        while (true){
            int id = unsafeSequence.getNext();
            if(seqSet.contains(id)){
                System.out.println("序列号重复错误: "+id);
            }
            seqSet.add(id);
        }
    }

    public static void main(String args[]) {
        (new TestUnsafeSequence()).start();
        (new TestUnsafeSequence()).start();
    }
}
```

输出结果：

```
序列号重复错误: 6503
序列号重复错误: 7582
序列号重复错误: 7849
序列号重复错误: 7971
序列号重复错误: 12599
序列号重复错误: 13175
...
```

返回值重复的原因：因为访问的是同一个 value 值。先取得这个值，然后加 1。自增操作 value++看起来像是一个单一的操作，但是事实上分为 3 个独立的操作执行它：读取这个值，使之加 1，再写入新值。因为这些操作发生在多个线程中，这些线程可能交替占有运行时间，所以两个线程很可能同时读取这个值，两个线程都得到相同的值，并都使之增加 1。结果就是不同的线程返回了相同的序列数。

如图 6-9 所示是运气不好的一次执行过程。

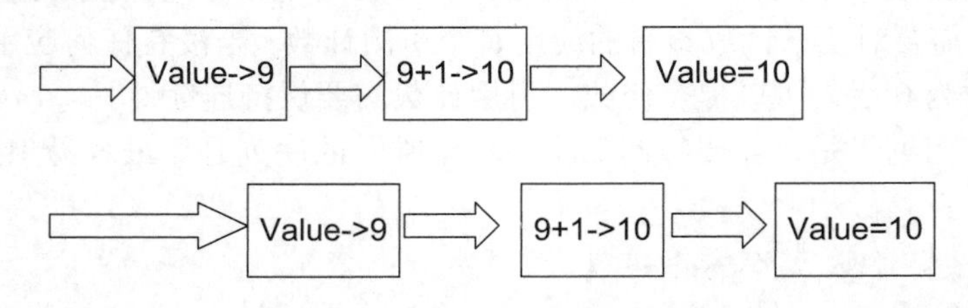

图 6-9　运气不好的一次执行过程

判断 value 的值叫做竞争条件。避免竞争条件的三个方法如下。

- 无共享：如果能够互不相干地使用，则没问题。例如数据按类别交给不同的线程处理。
- 使用原子操作：所有对 value 值的操作一次性完成，中间不可中断。

- 使用锁：对需要同步的整个方法加锁。

AtomicInteger 中的 incrementAndGet()是原子性的。该类位于 java.util.concurrent.atomic 包中。用它实现序列号生成器：

```
public class SafeSequence{
   private final AtomicInteger value = new AtomicInteger (0);

   public int getNext() {
      return value.incrementAndGet();//原子性的操作
   }
}
```

可以用同样的方法测试 SafeSequence 中的序列号生成器。测试中没有出现重复序列号的情况。可以把 getNext 声明为 synchronized 类型的方法来修正 UnsafeSequence，这样就能避免图 6.9 所示的那种不应出现的交互：

```
public class Sequence {
   private int value;

   public synchronized int getNext() {
      return value++;
   }
}
```

synchronized getNext(){}可以防止多个线程同时访问这个对象的 getNext 方法。同时，如果一个对象有多个 synchronized 方法，只要一个线程访问了其中的一个 synchronized 方法，其他线程就不能同时访问这个对象中任何一个 synchronized 方法。也就是说 synchronized 方法是对象级的锁。这时，不同对象实例的 synchronized 方法是互不干扰的。也就是说，其他线程照样可以同时访问相同类的另一个对象实例中的 synchronized 方法。

除了对象级的锁，还有类级别的锁：

```
public class Sequence {
    private static int value;

    private static int getNext() {
        synchronized (Sequence.class) {
            return value++;
        }
    }
}
```

这里的 synchronized 锁的是一个类。Sequence.class 本身是 Sequence 类的一个静态属性，也是一个对象。锁 Sequence.class 的意思就是对整个类加锁，也就是说，无论创建了多少个 Sequence 类的对象，这些对象都共享一个相同的锁标记。

上面的例子只锁了一个变量，对于涉及不止一个变量的不变式，不变式中所有的变量必须都由一个锁保护。

对于高并发应用，最好使用 ConcurrentHashMap，而不是 HashMap。HashMap 虽然是同步的，但实际上往往需要“检查然后放入”这样的原子操作。例如下面这样的代码：

```
HashMap<String,Integer> myMap = new HashMap<String,Integer>();
Collections.synchronizedMap(myMap);
synchronized(myMap) {
```

```
    if (!myMap.containsKey("tomato")) //检查不存在
        myMap.put("tomato", 1);  //放入
}
```

所以在一般情况下不推荐使用 HashMap。

当执行任务需要较长时间时，不应该使用锁，例如 IO 操作等。

访问主板上的内存速度远不及 CPU 处理速度。为提高机器整体性能，在 CPU 内部引入高速缓存，加快对内存的访问速度。有的 CPU 内部共有三级缓存，分别是 L1(一级缓存)、L2(二级缓存)以及 L3(三级缓存)。

同一个花生植株可以结多个花生果。一个花生果中有多粒花生。类似地，一台机器可以有多个 CPU，一个 CPU 可以有多个核心。在 x86 和 x64 中，处理器设计成同步不同处理器中的高速缓存，所以我们可能看不出问题。但 IA64 处理器利用了这样的好处：每个处理器都有其自己的高速缓存和不严格同步。所以，不同的线程执行可能在缓存中放进不同的值。

因此，在第一次运行时，CPU 访问内存地址，并把值存储在缓存中。当第二次访问变量时，就从缓存中返回。所以所有后续读取都从缓存读。写操作也是同样的。当变量改变时，改变到缓存中去，随后的读/写也是从缓存中进行。然而，当写入最终被刷新到内存时，清除缓存或用其他数据填充缓存，CPU 比较聪明地做了一件事：当获取变量的值(几个字节)到缓存中时，它也取了附近的一些值，因为下一个要使用的变量可能就在它旁边。其过程如图 6-10～图 6-13 所示。

一个 CPU 可以写它自己的缓存，这最终会转移到 RAM，其他 CPU 可能已经从 RAM 中读过这个 CPU 尚未更新的值，如图 6-14 所示。

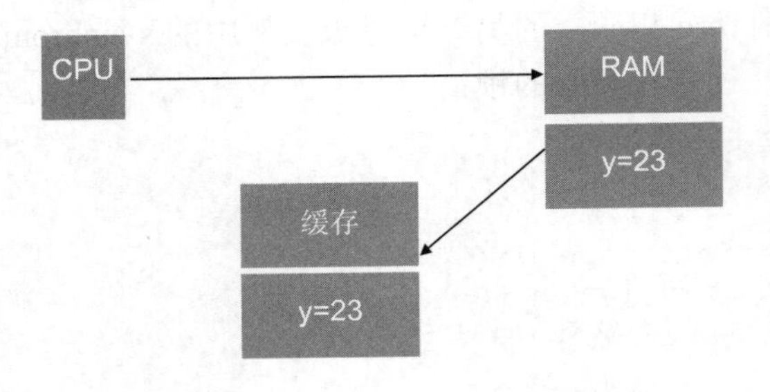

图 6-10　第一次获取

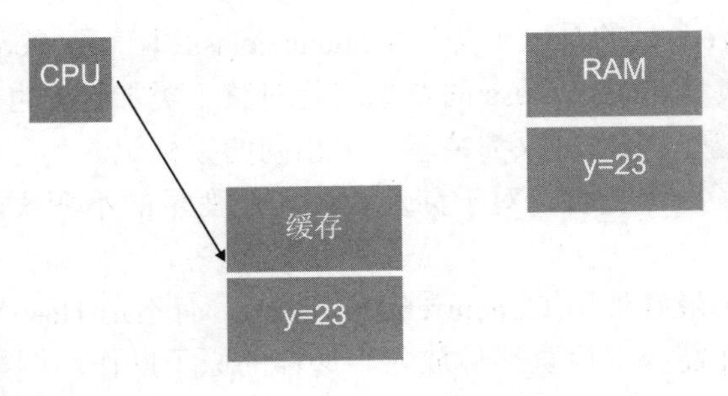

图 6-11　第二次获取

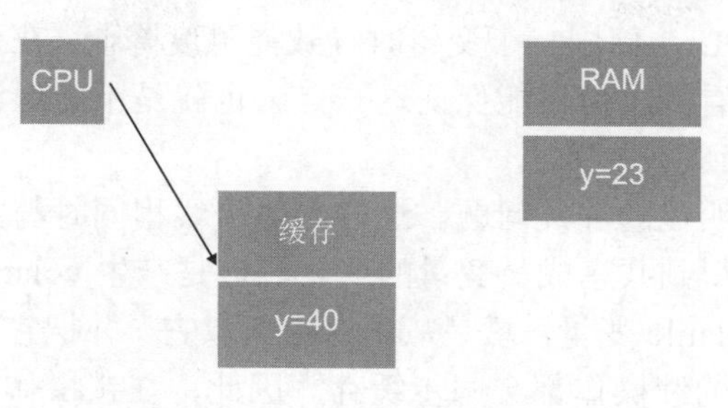

图 6-12　改变值

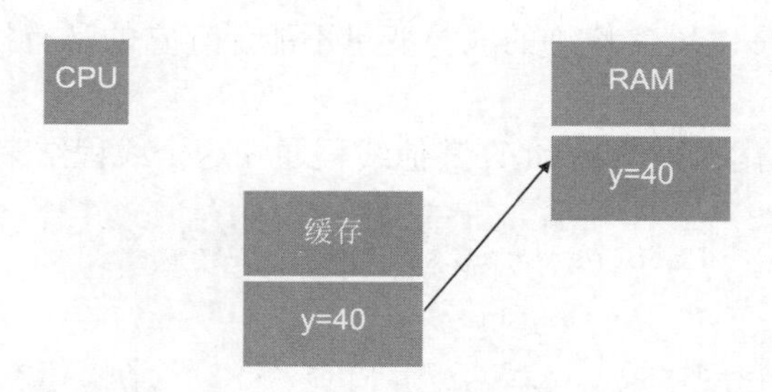

图 6-13　未来的某个时候

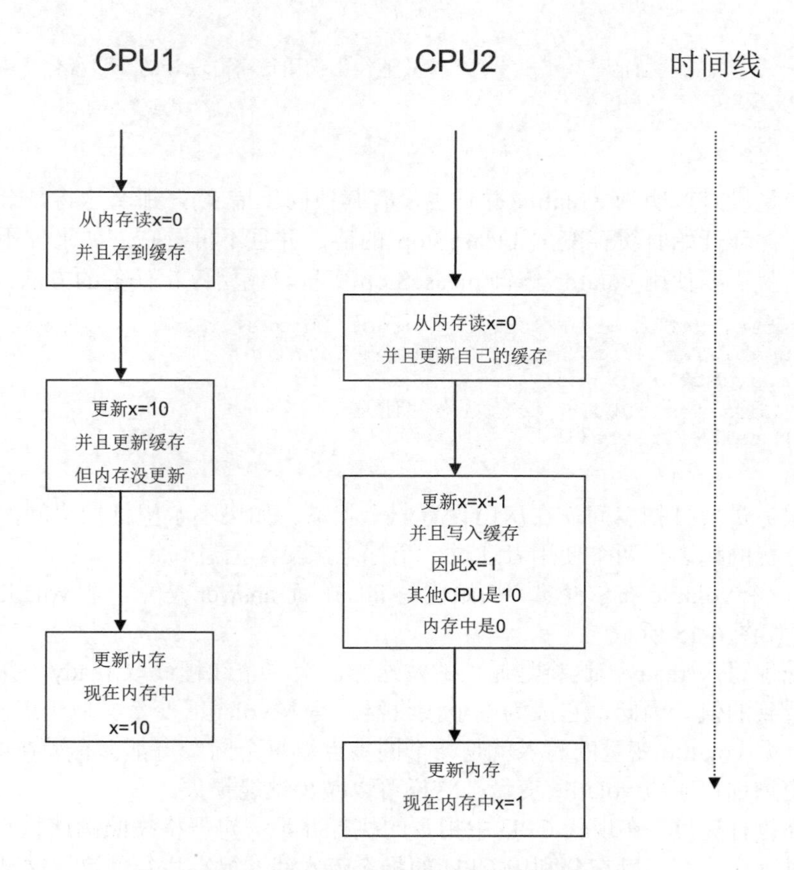

图 6-14　两个 CPU 访问同一个变量

因为缓存，多个 CPU 访问同一个变量时导致能见度降低。在一个线程中发生的内存写有可能被另外一个变量看到。但不能保证这一点。也就是不能保证一个线程写了一个变量后，另外一个线程能看到。

因此，这就产生了明显的并发问题。这样当多个线程同时与某个对象交互时，就必须注意到要让线程及时地得到共享成员变量的变化。这是产生 volatile 关键字的原因。

如果你声明一个 volatile 变量，总是从内存中读取它，并把它的值立即写入到内存。但是必须指出的是，所有的锁操作都会同步缓存。因此，在锁操作内部并不需要 volatile 关键字。

总之，对于 volatile 关键字修饰的成员变量不能保存它的私有拷贝，而应直接与共享成员变量交互。

例如，一个停止请求的方法，允许其他线程通知这个线程结束任务：

```
public class StoppableTask extends Thread {
  private volatile boolean pleaseStop;

  public void run() {
    while (!pleaseStop) {
      // 做一些事情...
    }
  }

  public void tellMeToStop() { //其他线程调用这个方法让这个线程停止
    pleaseStop = true;
  }
}
```

如果该变量没有声明为 volatile(并且也没有其他同步措施)，那么这将是合法的，运行循环的线程在循环开始时缓存变量 pleaseStop 的值，并且不再看它。如果你不希望这是一个无限循环，就需要使用 volatile 修饰 pleaseStop 变量。调用停止任务的方法：

```
public static void main(String[] args) throws InterruptedException {
    StoppableTask task = new StoppableTask();
    task.start();
    Thread.sleep(3000); //3 秒后停止任务
    task.tellMeToStop();
}
```

宾馆的服务员要打扫房间，在房门设置一个状态。如果不希望打扫房间，也在房门设置一个请勿打扰的标志。两个使用者通过一个标志来交流信息。

ready 是一个 volatile 布尔变量，初始值是 false，而 answer 是一个非 volatile 整数变量，初始值是 0，如图 6-15 所示。

第一个线程写入 ready，这将是通信的发送方。第二个线程读取 ready，并打印出第一个线程给它看到的值。因此，它成为一个接收器。写入 volatile 变量类似于退出同步点。

每次对一个 volatile 变量的写入就是一个同步点。每个同步点都会有潜在的性能损失。不要把多个变量都声明成 volatile 变量，这样可以减少性能损失。

为了提高执行速度，在现代 CPU 中指令的执行并不一定严格按照顺序执行，没有相关性的指令可以乱序执行，以充分利用 CPU 的指令流水线，提高执行速度。这是硬件级别的优化。

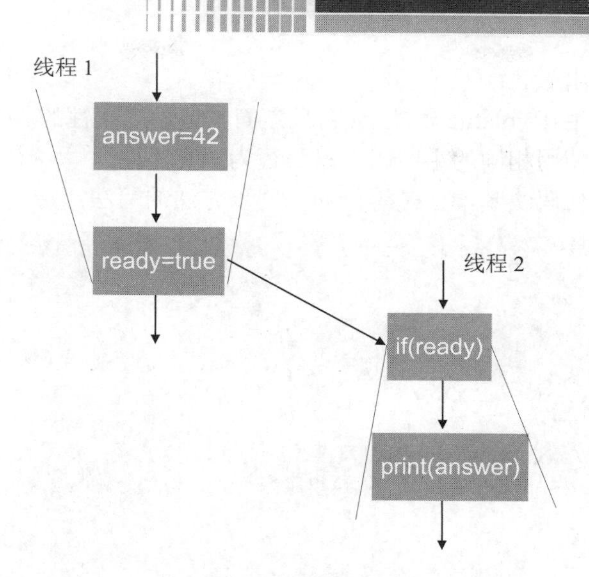

图 6-15 两个梯形

编译器优化代码常用的方法有：将内存变量缓存到寄存器；调整指令顺序充分利用 CPU 指令流水线，常见的是重新排序读写指令。对常规内存进行优化的时候，这些优化是透明的，而且效率很高。由编译器优化或者硬件重新排序引起的问题的解决办法是：从硬件(或者其他处理器)的角度看必须以特定顺序执行的操作之间设置内存屏障(memory barrier)。

```
volatile int [] arr = new int[SIZE];

arr = arr;
int x = arr[0];
arr[0] = 1;
```

arr 是一个数组的 volatile 引用，不是一个 volatile 元素组成的数组的引用。因此，写到 arr[0] 不是一个 volatile 写入。如果你写到 arr[0]，将不会得到像 volatile 写入一样的顺序或者能见度的保证。

6.6.1 虚拟机如何实现同步

JVM 中只有两个指令和同步相关，一个是进入 monitor，还有一个是退出 monitor。monitorenter 和 monitorexit 用于同步语句块。monitorenter 进入到一个同步语句块，这个语句块被锁住。monitorexit 离开这个语句块，解锁。

每个对象都有一个对应的 monitor，执行 monitorenter 的线程获得对象引用的所有权。如果有其他的线程获取了这个对象的 monitor，当前的线程就要一直等待，直到这个对象解锁，然后再试着得到所有权。一个线程不会被自己阻塞，如果当前线程已经拥有一个对象上的锁，则执行 monitorenter 会让计数器递增。计数器返回到零时，锁才会被释放。

一个 monitorenter 指令可以和一个或多个 monitorexit 指令一起使用，实现一个 synchronized 语句。但是 monitorenter 和 monitorexit 指令没有用于执行同步的方法，虽然可以用它们来提供相同的锁语义。一个同步方法的调用上的监控项目通过 Java 虚拟机的方法调用指令隐式地处理。在同步方法的定义上设置 ACC_SYNCHRONIZED 标签，所以方法的实际字节码上看不出来。

类似的效果也发生在volatile属性上：它只是简单地设置属性的ACC_VOLATILE标志。访问这个属性的代码使用相同的字节码，只是行为稍有不同。

同步方法和同步代码块基本上是等价的。同步方法的写法：

```
public synchronized void method() { // 从这里阻塞"this"....
    ...
    ...
    ...
} // 到这里
```

同步代码块的写法：

```
public void method() {
    synchronized( this ) { //从这里阻塞"this" ....
        ....
    } //到这里
}
```

6.6.2　单件模式

有的类只需要一个实例，例如词典类。可以使用单件模式来实现。下面是一个最简单的单件模式实现：

```
private static YourObject instance;

public YourObject getInstance() {
    if(instance == null) {
        instance = new YourObject();
    }
    return instance;
}
```

创建对象的方法在多线程中可能执行多次。一种简单的解决方法是，把getInstance方法做成严格同步的：

```
private static YourObject instance;

public static synchronized YourObject getInstance() {  //同步方法
    if(instance == null) {
        instance = new YourObject();
    }
    return instance;
}
```

另外一种方法借助类加载器实现：

```
public class YourObject {
    //私有的构造器防止从其他类实例化这个类
    private YourObject() { }

    //在第一次执行 YourObject.getInstance()的时候加载 InstanceHolder
    private static class InstanceHolder {
        public static final YourObject INSTANCE = new YourObject();
    } //静态属性在类加载之后就已经初始化好了
```

```
    public static YourObject getInstance() {
        return InstanceHolder.INSTANCE;
    }
}
```

因为这是类加载器控制的，所以不需要额外的同步。

6.7　内 存 管 理

内存就是 CPU 能直接访问的存储空间，访问内存的速度往往比访问硬盘快很多，因此有效使用内存就能提高程序性能。创建一个对象就占用了一部分内存。Java 程序能够使用的内存一般都由虚拟机管理，并不需要自己写代码来管理内存。这样把内存管理和程序设计解耦合，大大减少了内存人为管理不当所带来的错误。

但是天下没有免费的午餐，为了节约内存使用和提高性能，需要了解虚拟机是如何管理内存的。下面先了解虚拟机中的内存结构，然后再看如何在程序中使用内存。

6.7.1　虚拟机的内存

如果一个进程的内存使用量在使用的过程中不断增长，可能会导致服务器上同时运行的其他应用程序所用的内存分配不足。Java 程序往往在服务器端长期运行，所以需要限制内存使用量。一个 JVM 默认只使用 64MB 内存。

脑部的功能位于不同的区域：脑干、小脑、大脑。JVM 中的内存区域由三部分组成，如图 6-16 所示。

图 6-16　Java 虚拟机中的内存

- 堆内存用来存储对象。
- 非堆内存用来存储加载的类和其他元数据。
- JVM 自己的代码、JVM 内部结构、加载的监视程序代理代码和数据等。

JVM 有一个堆是运行时数据区域，所有类实例和数组都在这个内存区域。在 JVM 启动时创建堆内存。例如数组长度太大，会导致内存溢出，出现下面这样的错误：

```
java.lang.OutOfMemoryError: Java heap space
```

例如创建一个几千万长度的字节数组时：

```
int len = 70000000;
byte[] x = new byte[len];
```

如果是占用内存多的对象，不用后要及时置成空值，这样方便尽快回收内存。例如：

```
int len = 50000000;
byte[] x = new byte[len];
```

```
x=null; //注释掉这行就会导致内存溢出
byte[] y = new byte[len];
```

为了方便监控内存使用情况。可以通过 Runtime 类的几个方法得到虚拟机内存已经用了多少，还有多少可用。这些方法返回的都是一个长整型的数字，单位是字节。

```
public static String humanReadableUnits(long bytes, DecimalFormat df) {
  String newSizeAndUnits;

  if (bytes / ONE_GB > 0) {
    newSizeAndUnits = String.valueOf(df.format((float) bytes / ONE_GB))
        + " GB";
  } else if (bytes / ONE_MB > 0) {
    newSizeAndUnits = String.valueOf(df.format((float) bytes / ONE_MB))
        + " MB";
  } else if (bytes / ONE_KB > 0) {
    newSizeAndUnits = String.valueOf(df.format((float) bytes / ONE_KB))
        + " KB";
  } else {
    newSizeAndUnits = String.valueOf(bytes) + " 字节";
  }

  return newSizeAndUnits;
}
```

totalMemory()方法返回的是 Java 虚拟机现在已经从操作系统那里拿过来的内存大小，也就是 Java 虚拟机这个进程当时所占用的所有内存。如果在运行 Java 的时候没有添加-Xms 参数，那么在 Java 程序运行的过程中，内存总是慢慢地从操作系统那里拿，基本上是用多少拿多少，一直拿到 maxMemory()为止，所以 totalMemory()是慢慢增大的。如果用了-Xms 参数，程序在启动的时候就会无条件地从操作系统中拿-Xms 后面定义的内存数，然后在这些内存用的差不多的时候，再去拿。

Java 虚拟机从操作系统挖过来而又没有用上的内存就是 freeMemory()，所以 freeMemory()的值一般都是很小的，但是如果在运行 Java 程序时使用了-Xms，由于程序在启动时会无条件地从操作系统中挖-Xms 后面定义的内存数，这时拿过来的内存可能大部分没用上，所以 freeMemory()可能会有些大。

每个 Java 应用都有一个 Runtime 类的唯一实例。getRuntime 方法返回当前 Runtime 对象。查看已经用了多少内存：

```
private static long usedMemory() {
    return s_runtime.totalMemory() - s_runtime.freeMemory();
}

private static final Runtime s_runtime = Runtime.getRuntime();

public static void main(String[] args) {
    System.out.println(usedMemory()); //已经用了多少内存
}
```

假设在黑板上解题，推导出中间结果后，不用的中间推导过程可以擦除，然后再重复使用同一块地方。有助手在帮你擦除不用的中间推导过程。需要和其达成默契，让其及时擦除不再需要用到的部分。可以把 Java 虚拟机中的垃圾回收器看成是那个助手。

去餐厅吃饭，顾客出去了之后，服务员会收拾剩下的东西。退出方法以后，方法内创建的临时变量会被回收掉。垃圾回收器会回收根进程不可达的变量使用的内存。可以调用 Runtime.gc()回收不会再用的内存：

```
public class GCTest {
    final int NELEMS = 50000; //元素个数

    void eatMemory() {
        int[] intArray = new int[NELEMS];
        for (int i = 0; i < NELEMS; i++) {
            intArray[i] = i;
        }
    }

    private static long usedMemory(Runtime r) {
        return r.totalMemory() - r.freeMemory();
    }

    public static void main(String[] args) {
        GCTest gct = new GCTest();

        // 第一步:得到一个运行时对象
        Runtime r = Runtime.getRuntime();

        // 第二步：输出当前已用内存数量
        System.out.println("创建数组前已用内存数量: " + usedMemory(r));

        // 第三步：消耗一些内存
        gct.eatMemory();

        // 第四步：输出消耗后已用的内存数量
        System.out.println("创建数组后已用内存数量: " + usedMemory(r));

        // 第五步：运行垃圾回收器，然后检查已用内存
        r.gc();
        System.out.println("运行 gc()后已用内存数量: " + usedMemory(r));
    }
}
```

程序输出结果：

```
创建数组前已用内存数量: 221592
创建数组后已用内存数量: 421608
运行 gc()后已用内存数量: 157040
```

顾客如果把吃不完的打包，就可以带走，带走的不会被一起收拾了。如果方法返回在其中创建的对象，则这样的对象就有可能逃脱在程序执行中被回收的结局。

很多人在餐厅聚餐，当所有人都离开以后，服务员才能收拾。不再被引用的对象才能被当作垃圾回收。可以显式地把不再用到的对象置成空值。这样垃圾回收器就可以回收这个对象了。

兵马未动，粮草先行，可以先估计下要用的内存大小。默认使用的 64MB 内存经常会不够用，可以使用如下的 VM 选项配置堆大小。

- -Xmx<size>：设置最大的堆内存大小。
- -Xms<size>：设置开始的堆内存大小。

对于 Sun JDK，建议堆的最小值等于最大值。例如，使用-Xmx JVM 选项增加 Java 的最大堆内存大小：

```
>java -Xms128m -Xmx128m BigApp
```

如果应用程序确实需要许多非堆内存，而且 64MB 的默认大小不够时可能会出现这样的错误：

```
Error occurred during initialization of VM
 Could not reserve enough space for object heap
 Could not create the Java virtual machine
```

这时候可以使用 MaxPermSize VM 选项放大最大非堆内存大小。

例如，-XX:MaxPermSize=128m 设置大小为 128MB。

例如，Tomcat 或 WebLogic 可能需要更多的非堆内存。修改 bin/catalina.sh 脚本，添加如下代码：

```
JAVA_OPTS="-server -Xms256m -Xmx1024m -XX:PermSize=600m
          -XX:MaxPermSize=600m -Dcom.sun.management.jmxremote"
```

6.7.2 内存模型

术语：Java Memory Model，内存模型。描述线程之间如何通过内存打交道。

最小的内存单元叫做位。内存通常组织成一个位的集合。8 位称为一个字节。字：是指一个字节的集合(通常为 4 个字节)。内存中的每个字节都有一个地址。内存寻址速度很快。

地址表示为十六进制数，如图 6-17 所示。

在 Java 中没有办法找出一个对象存储的内存地址。在内部，Java 通过在内存中的地址来标识一个对象，把该地址叫做引用。

```
public class Span {
    public int start;   // 开始位置
    public int end;     // 结束位置

    public Span(int start, int end) {
        this.start = start;
        this.end = end;
    }
}
```

举一个例子，计算如下的声明：

```
Span s1 = new Span(1, 2);
```

为新的 Span 对象分配堆空间。对于这个例子，想象在地址 1000 创建对象 s1。把局部变量 s1 分配在当前栈帧，并且分配值 1000，用这个值来标识对象，如图 6-18 所示。

为了更加形象地表示概念，用箭头而不是地址值表示。用图 6-19 而不是图 6-18 表示同样的内存状态。

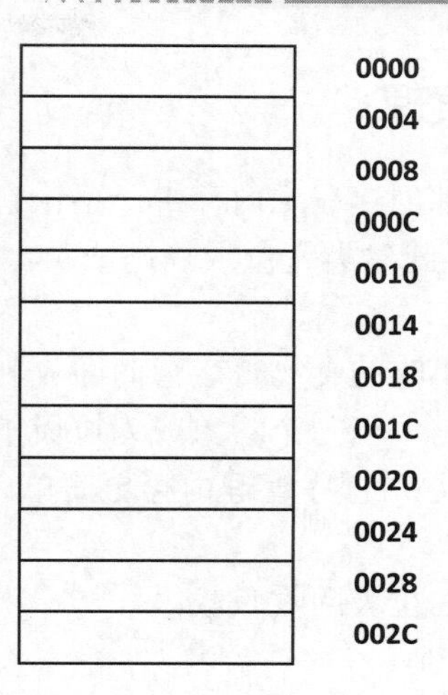

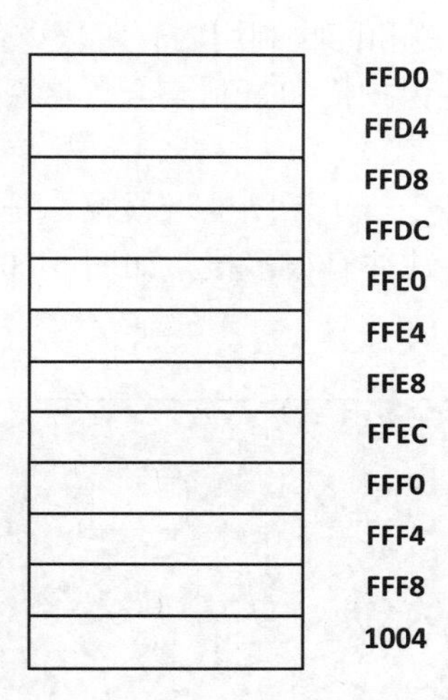

图 6-17　内存地址

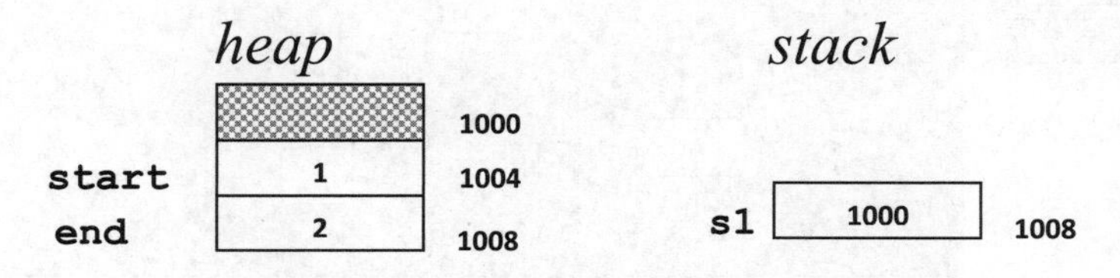

图 6-18　对象 s1 在内存中

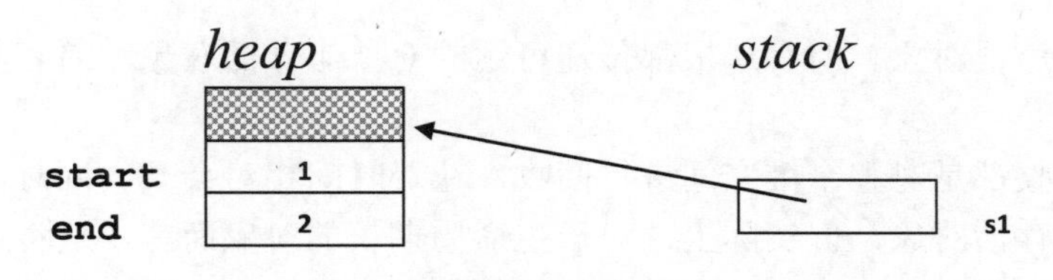

图 6-19　指针模型

6.7.3 垃圾回收的工作原理

变量都需要回收，所以对象都创建在堆内存中，不论它们的范围是局域变量或者实例变量。在 Java 内存空间的方法区创建类变量或静态成员，堆和方法区在不同的线程之间共享。

餐厅的服务员会收拾没有人再吃的食物。运营商回收利用不再使用的手机号码，把号码卖给其他人。垃圾回收的原理是：当一个对象成为垃圾了，就回收它所占用的内存。垃圾收集让程序员写 Java 程序时比 C++程序管理内存更简单。

理想的垃圾回收器要实现。

- 高吞吐量，也就是更低的垃圾回收负载。
- 低暂停时间。
- 更少的碎片。

所以垃圾回收有两个阶段：探测和回收利用内存阶段。有多种算法可以实现垃圾回收。比较常见的算法有：引用计数、标记扫描和复制集合。这两个步骤要么是分别进行的，要么是交替进行的。

从根开始计算可达性。根来源于一个活跃的堆栈帧，是在一个活跃的堆栈帧上的一个静态变量或局部变量的对象引用。往往有很多根，如图 6-20 中就有两个根。

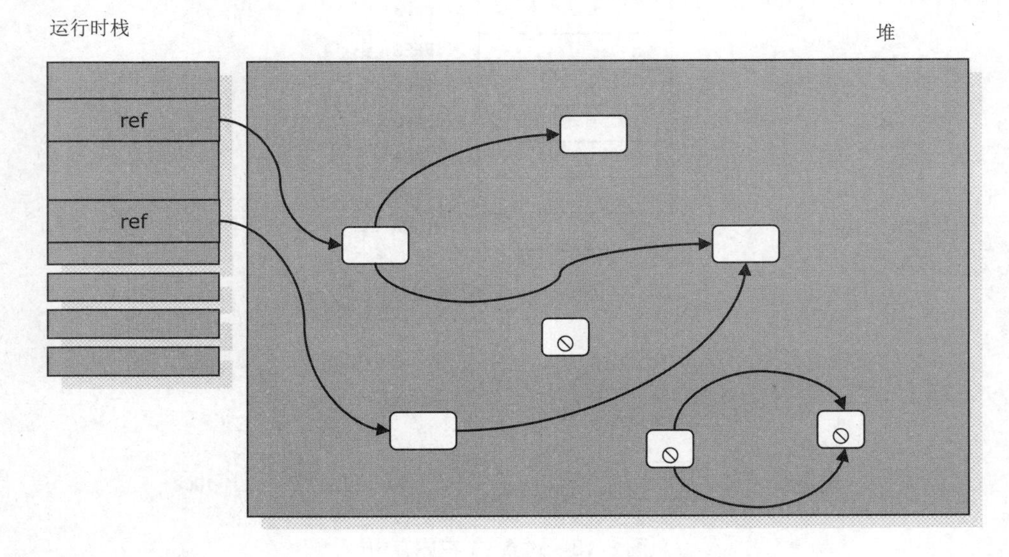

图 6-20 可达性的例子

从根直接可达根对象。所有从根部传递可达的对象叫做活对象。所有其他对象叫做垃圾对象。

每次垃圾回收都是对整个堆空间进行回收，花费时间相对会长，同时，因为每次回收都需要遍历所有存活对象，但实际上，对于生命周期长的对象而言，这种遍历是没有效果的，因为可能进行了很多次遍历，但是它们依旧存在。因此，不同生命周期的对象可以采取不同的收集方式，以便提高回收效率。

在分代垃圾回收的方法中，把不同生命周期的对象放在不同的代上，不同代上采用最适合它的垃圾回收方式进行回收。就好像公司裁员时，不会轻易把老员工放入裁员名单。

分代的假设：大多数对象会早逝。例如，古代的时候，大多数人在 30 岁之前死去。例如，周瑜也只活了 36 岁。

保洁阿姨打扫卫生间，需要暂时停止使用卫生间。垃圾回收时也有个暂停时间。

由一个守护线程执行垃圾收集工作。这个守护线程叫做垃圾收集器。一些实时系统需要减少垃圾回收的暂停时间。

有各种垃圾回收器，其中有两种常用的垃圾收集器，即吞吐量收集器和并行低暂停收集器。

- 吞吐量收集器：是年轻代收集器的并行版本。通过命令行的 JVM 选项-XX:+UseParallelGC 来使用它。年老代收集器和序列垃圾收集器是同样的。
- 并行低暂停收集器：通过命令行的 JVM 选项-Xingc 或者-XX:+UseConcMarkSweepGC 来使用这个垃圾收集器。也把它叫做并发标记清除垃圾收集器。并发收集器收集年老代。大部分收集工作在应用程序执行时完成，不需要暂停程序的执行。为了更短的持续时间，应用程序可以在收集期间暂停。年轻代的复制收集器的并行版本与并发收集器一起使用。Java 中广泛应用并发标记清除垃圾收集器。当触发垃圾收集时，首先用算法标记需要收集的对象。

不要同时使用-XX:+UseParallelGC 和-XX:+UseConcMarkSweepGC。

在吞吐量和确定性之间，垃圾收集器通常两者只能顾其一。当有很多处理器的应用要提高性能时，可以使用吞吐量收集器。对实时应用，需要缩短垃圾回收的暂停时间，可以使用并发低暂停收集器。

并发低暂停收集器可以让垃圾收集暂停时间更短。但是应用程序运行时需要与垃圾收集器共享处理器资源。

对于批处理应用，需要缩短垃圾收集从开始到结束所花的时间。

G1 是一款低时延的垃圾收集器，计划用来取代 Hotspot JVM 中的并行低暂停收集器。

根据 GC 详细日志来调整参数的设置。

JVM 可以按照符合人体工程学的方法自动优化性能。如果系统检测作为服务器级的系统，则 Java 虚拟机在服务器模式下运行。如果系统的配置比较高，有大于 2 个 CPU 并且内存大于 2GB，则把系统检测为服务器级的系统。垃圾收集器从默认的串行收集器(-XX:+UseSerialGC)到并行收集器(-XX:+UseParallelGC)。

术语： Ergonomic，功效学。看菜吃饭，量体裁衣。根据硬件配置决定运行模式。

6.7.4 监控垃圾回收

监控垃圾最简单的方式，可以使用-XX:+PrintGCTimeStamps -verbose:gc。

运行 GCTest 程序后的输出：

```
创建数组前已用内存数量：526952
创建数组后已用内存数量：726968
```

```
0.164: [Full GC 709K->360K(15872K), 0.0065208 secs]
运行 gc()后已用内存数量: 460512
```

可以使用 Java 剖析工具监控垃圾回收。

YourKit Java Profiler(http://www.yourkit.com/java/profiler/index.jsp)就是这类工具。此外还有 jvisualvm。

6.7.5 程序中的内存管理

设置-Xms 和-Xmx 成为同样的值。当-Xms 不等于-Xmx 时，如果堆增长或者压缩，则需要一个完全的 GC。

当默认只使用 64MB 内存时，创建 2 千万长度的字节数组不会溢出。但是同样长度的对象数组却会溢出。所以对于长数组，要使用短的数据类型：

```
int len = 20000000;
byte[] x = new byte[len];              //内存不溢出
//String[] y = new String[len];        //内存会溢出
```

如果经常需要创建新的字符数组，可以参考 Lucene 中的内存管理，可以回收不再使用的字符数组：

```
private ArrayList<char[]> freeCharBlocks = new ArrayList<char[]>();

/* 返回 char[]给缓存 */
synchronized void recycleCharBlocks(char[][] blocks, int numBlocks) {
    for(int i=0;i<numBlocks;i++) {
        freeCharBlocks.add(blocks[i]);
        blocks[i] = null;
    }
}

/* 从共享池中分配一个 char[] */
synchronized char[] getCharBlock() {
    final int size = freeCharBlocks.size();
    final char[] c;
    if (size>0)
        c = freeCharBlocks.remove(size-1);
    else
        c = new char[CHAR_BLOCK_SIZE];
    return c;
}
```

用一个可以分布在不同内存区域的二维数组。因为一维数组已经很长，所以再增加的二维数组增长方式比较缓慢。

判断 Java 虚拟机是 64 位还是 32 位，根据位数来对齐。

对于动态数组，如果长度不够了，需要动态增加空间。如果每次增加一个空间，则移动数据过于频繁。最简单的方法是原空间的基础上再增加一倍的空间，这样新数组的长度是每次乘以 2：

```
newSize = 2 * data.length;
```

如果要一次性增加很多元素到动态数组，则为了省空间，新的数组大小仅够存放所有这些元素，不再以乘以 2 的方式增长。需要让数组最少是一个指定的容量：

```
public void ensureCapacity(int minCapacity) {
    //保证数组容量最少是 minCapacity
}
```

ensureCapacity 的具体实现如下：

```
public void ensureCapacity(int minCapacity) {
    int oldCapacity = elementData.length;  //现有容量
    if (minCapacity > oldCapacity) { //如果要求最小容量大于现有容量
        Object oldData[] = elementData; //旧数据
        int newCapacity = (oldCapacity * 3)/2 + 1; //根据现有容量计算的新容量
        if (newCapacity < minCapacity)  //新容量不能低于要求的最小容量
            newCapacity = minCapacity;
        // 要求的最小容量 minCapacity 通常不会比现有容量大太多
        elementData = Arrays.copyOf(elementData, newCapacity); //移动数据
    }
}
```

ArrayUtil.oversize 方法返回一个大于最小目标的数组大小，例如：

```
ArrayUtil.oversize(5, 4); //返回大于 5 的数，值是 8
```

6.7.6　弱引用

往往想要多保留一些历史邮件信息。但邮箱的容量总是有限的。当邮箱容量快满的时候，可以考虑自动删除登录几次后都没看过的邮件。或者删除一些很久以前的没有回复过也没有再次看过的邮件。

创建对象实例后，把它分配给引用变量。当程序运行到超出局域变量所在的范围后，或者把这些变量设成 null 后，Java 中的垃圾收集器会回收无用的对象实例。对象的生存周期是：首先创建出来，然后使用它，最后被当作垃圾回收了，如图 6-21 所示。

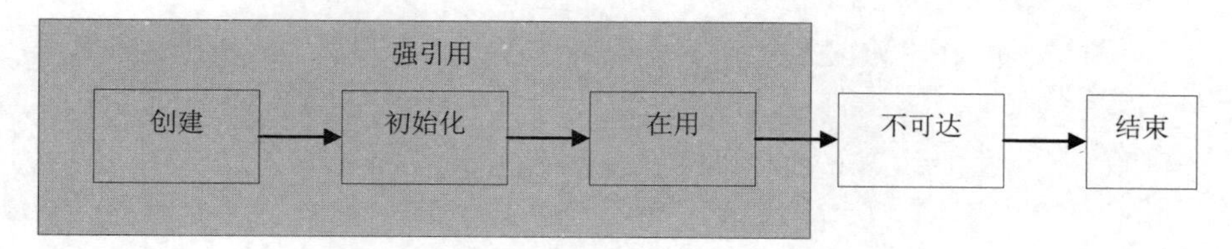

图 6-21　对象的生存周期

如果有些对象构建起来很昂贵，就尽可能长地把对象保持在缓存中。例如数据库连接或者搜索结果页。

```
HashMap cache = new HashMap(3);

// 缓存 3 个热门搜索词的搜索结果
cache.put("NBA", searchResultNBA);
cache.put("空气质量", searchResultAIR);
cache.put("房地产", searchResultHOUSE);
```

Linux 的内存几乎总是处于用满的状态，即使没有多少占内存的任务在执行。这时候系

统把更多的内存当作 IO 缓存来用。当它需要内存给应用程序时，使用最近最少访问算法(LRU)来决定释放哪部分缓存出来给应用程序分配作内存。

如果有其他更重要的操作需要更多的内存，希望自动释放缓存中的实例。但是把对象加入到缓存集合中时，维护了一个实例的强引用，使得它没有资格被当作垃圾回收。如果缓存持续增长，内存就会溢出了。这样，缓存就会成为应用程序的内存泄漏点。动态增加和压缩缓存可以解决这个问题，但需要很多代码实现。

当需要实现对象缓存时，不知道什么时候才不再需要用到这些对象。

java.lang.ref 包中的 Soft、Weak 和 Phantom 可以解决这样的问题。使用赋值语句创建的引用叫做强引用，让它没资格被当作垃圾回收：

```
Object cache = new Object(); // 强引用
```

软、弱和虚引用是引用较弱的类型。垃圾收集算法是允许标志一个实例可以被当作垃圾回收，即使存在这样的弱引用。这意味着，即使缓存持有某个特定实例的弱引用，如果需要的话，JVM 仍然可以把它扫出内存。

```
String obj = "cache";
WeakReference<Object> weakRef = new WeakReference<Object> (obj);
```

当创建一个弱引用时，ref 变量 obj 引用的实例会有资格被当作垃圾回收。但是如果应用的某个部分使用了这个对象，可以得到一个该对象的强引用：

```
Object strongRef = weakRef.get();
```

如果引用已经被当作垃圾回收了，调用 get 方法会返回 null。测试代码如下：

```
//初始化强引用
Object obj = new Object();
System.out.println("实例: " + obj); //输出 实例: java.lang.Object@de6ced

//创建一个 obj 的弱引用
WeakReference<Object> weakRef = new WeakReference<Object>(obj);

//让 obj 有资格被当作垃圾回收
obj = null;

// 再次取得一个强引用。现在它没资格当作垃圾回收
Object strongRef = weakRef.get();

System.out.println("实例:"+strongRef);//输出 实例:java.lang.Object@de6ced

// 让实例再次有资格被当作垃圾回收
strongRef = null;

// 魔术开始了
System.gc();

// 如果弱引用的对象被当作垃圾回收了，应该是 null
System.out.println("实例: " + weakRef.get()); //输出 实例: null
```

五个可达性程度如下。

- 强可达(strong reachable)：如果一个特定的实例有一个强引用，就说它是强可达的，

不管它有没有其他的弱引用。也就是说，它没有资格被当作垃圾回收。

- 软可达(softly reachable)：如果一个对象没有强引用，但可以通过软引用获得这个对象，则该对象是软可到达对象。
- 弱可达(weakly reachable)：如果一个对象既不是强可达对象，也不是软可达对象，但可以通过一个弱引用访问到它，则称该对象是弱可达对象。
- 虚可达(phantomly reachable)：如果对于一个特定的实例来说，没有任何强引用，或者软引用或者弱引用，但是却有一个虚引用，则这个引用是虚可达的。
- 不可达(unreachable)：如果对一个实例没有任何上面的引用，它就是不可达的。

当一个被引用的实例要被当作垃圾回收时，可以放入一个指定的 ReferenceQueue。引用有两个构造方法。构造方法的第一个参数用来指定引用的对象，还可以有一个额外的参数来指定引用队列。

虚引用只是用来了解有哪些对象被回收了：

```
Object obj = new Object();
final ReferenceQueue queue = new ReferenceQueue();

PhantomReference pRef = new PhantomReference(obj,queue);

obj = null;

new Thread(new Runnable() {
   public void run() {
     try {
       System.out.println("等待垃圾回收");

       // 将会阻塞这个调用，直到对象被回收
       PhantomReference pRef = (PhantomReference) queue.remove();
       System.out.println("obj 被回收了");
      } catch (InterruptedException e) {
        e.printStackTrace();
      }
    }
}).start();

//等待第二个线程开始
Thread.sleep(2000);

System.out.println("调用垃圾回收");
System.gc();
```

输出是：

```
等待垃圾回收
调用垃圾回收
obj 被回收了
```

java.util.WeakHashMap 是一个 HashMap 的特别版本，它使用弱引用作为键。因此，当一个特别的键不再使用后，就会当作垃圾回收，而 WeakHashMap 中对应的项会从映射集合中消失：

```
public class WeakHashMap<K,V> implements Map<K,V> {
```

```
    private static class Entry<K,V> extends WeakReference<K>
      implements Map.Entry<K,V> {
        private V value;
        private final int hash;
        private Entry<K,V> next;
        //...
    }

    public V get(Object key) {
        int hash = getHash(key);
        Entry<K,V> e = getChain(hash);
        while (e != null) {
            K eKey= e.get(); //得到强引用
            if (e.hash == hash && (key == eKey || key.equals(eKey)))
                return e.value;
            e = e.next;
        }
        return null;
    }
}
```

当调用 WeakReference.get()后，返回一个所指物的强引用(如果它仍然还在的话)，因此在 while 循环体中不用担心映射消失，因为强引用阻止它被当作垃圾回收了。WeakHashMap 演示了弱引用的一个常用法——某个内部对象扩展 WeakReference。

WeakReference 是 Reference 类的子类。Reference 类的对象可以被记录到一个专门记录引用的队列 ReferenceQueue。

花凋谢后，园艺师要把花从树枝上剪下来。在键对象已经被回收后，要从映射中修剪死了的项目。首先创建一个和弱引用相关的引用队列。当指示物有资格被当作垃圾回收，清除引用后，引用对象进入引用队列排队。然后应用程序可以从引用队列中找到引用。因为知道指示物已经被回收了，所以它可以执行相关的清理活动，如摘掉已经不在弱集合对象中的项目。

WeakHashMap 有一个叫作 expungeStaleEntries()的私有方法，在大多数 Map 操作时调用该方法，例如取得和放入键/值对的时候会调用这个方法。expungeStaleEntries()检查引用队列，找到过期的引用，删除关联的映射。下面是 expungeStaleEntries()一个可能的实现。Entry 类型用来存储键/值对，扩展 WeakReference，因此 expungeStaleEntries()要求下一个过期的弱引用时，它得到一个 Entry。使用引用队列清除映射，而不是排查内容更有效率，因为活着的 Entry 永远没有在清理过程中被清除。

```
private void expungeStaleEntries() { //仅仅在有进入队列的实际引用时，才做工作
    Entry<K,V> e;
    while ( (e = (Entry<K,V>) queue.poll()) != null) {
        int hash = e.hash;

        Entry<K,V> prev = getChain(hash); //根据散列码找到链表入口
        Entry<K,V> cur = prev;
        while (cur != null) { //从链表中寻找 e 所在的位置
            Entry<K,V> next = cur.next;
            if (cur == e) { //找到了
                if (prev == e)
                    setChain(hash, next);
                else
```

```
                prev.next = next;
            break;
        }
        prev = cur;
        cur = next;
    }
  }
}
```

使用 WeakHashMap 的例子：

```
WeakHashMap weakHashMap = new WeakHashMap();
// 创建一个映射的键，但是保留一个对它的强引用
String keyStrongReference = new String("key");
weakHashMap.put(keyStrongReference, "value");
// 运行垃圾回收并检查是否这个键还在那里
System.gc();
System.out.println(weakHashMap.get("key")); //输出 value
// 现在，置空强引用然后再试
keyStrongReference = null;
System.gc();
System.out.println(weakHashMap.get("key")); //输出 null
```

在第一次调用 System.gc()时，仍然有一个 keyStrongReference 变量的强引用。因为这个，映射键没有被垃圾回收器清除。接下来，去掉了对这个键的强引用，然后再试。这次，调用 weakHashMap.get("key")时，返回 null，也就是说这个键/值对消失了。

可以使用 WeakHashMap 作为临时性的缓存。但是弱可达的对象在每轮垃圾回收的时候都可能被回收掉。这意味着，即使仍然有足够的内存，缓存也可能被清空。

WeakHashMap 可以用于保存生存周期没法控制的对象的元数据。如果觉得 WeakHashMap 仍然没有充分利用内存，可以采用 com.google.common.collect.MapMaker。

ConcurrentMap 实例的构建器，有如下的组合特性。

- 键或者值自动用弱引用或者软引用包装。
- 当达到最大大小时，使用最近最少使用算法淘汰项目。
- 基于时间的项目过期，按照自从最近一次的访问或者写入时间来设置过期时间。
- 通知被淘汰的项目。
- 为还不存在的键按需地计算值。

推荐使用 new MapMaker().weakKeys().makeMap()替换 WeakHashMap，但是它使用对象相等来比较键，而 WeakHashMap 使用 Object.equals(java.lang.Object)。

使用弱引用的例子：当调用 close()方法时，移除对于 ThreadLocal 值的引用。

Java 内置的 ThreadLocal 中有一个严重的缺陷：它需要任意长的时间取消引用你已经存储在它里面的东西，甚至当 ThreadLocal 实例本身已不再被引用。用弱引用来改进它。CloseableThreadLocal 类解决这个问题的工作原理是：只收 WeakReference 的值到 ThreadLocal，分别持有对每个存储值的硬引用。当你调用 close()方法时，这些硬引用被清除，然后 GC 就能自由地收回存储对象的空间。CloseableThreadLocal 类的实现如下：

```
public class CloseableThreadLocal<T> implements Closeable {
  private ThreadLocal<WeakReference<T>> t =
      new ThreadLocal<WeakReference<T>>();
  private Map<Thread,T> hardRefs = new HashMap<Thread,T>();
```

```
  protected T initialValue() {
    return null;
  }

  public T get() {
    WeakReference<T> weakRef = t.get();
    if (weakRef == null) {
      T iv = initialValue();
      if (iv != null) {
        set(iv);
        return iv;
      } else
        return null;
    } else {
      return weakRef.get();
    }
  }

  public void set(T object) {
    t.set(new WeakReference<T>(object));

    synchronized(hardRefs) {
      hardRefs.put(Thread.currentThread(), object);

      // Purge dead threads
      for (Iterator<Thread> it = hardRefs.keySet().iterator(); it.hasNext();) {
        final Thread t = it.next();
        if (!t.isAlive())
          it.remove();
      }
    }
  }

  public void close() {
    // Clear the hard refs; then, the only remaining refs to
    // all values we were storing are weak (unless somewhere
    // else is still using them) and so GC may reclaim them:
    hardRefs = null;
    // Take care of the current thread right now; others will be
    // taken care of via the WeakReferences.
    if (t != null) {
      t.remove();
    }
    t = null;
  }
}
```

6.8 本章小结

本章介绍了并发编程中的 volatile 关键词。如果我们用的机器主板上只有一个 CPU，就用不到 volatile 关键词，在有很多 CPU 的机器上可能有用。volatile 只是用来刷新缓存，保证多线程数据的一致性。如果多线程只是在一个多核的 CPU 上运行，则用不到这个。

介绍了 Java 内存管理，特别是堆空间。

早在 1958 年，John McCarthy 所实现的 Lisp 语言就第一次提供了 GC 的功能。

第 7 章 开发应用程序

抓数据的爬虫程序往往是一个控制台程序。而搜索界面，往往是一个 Web 应用程序。这里介绍应用程序和 Web 开发基础。

7.1 控制台应用程序

开发的时候一般在 Eclipse 中运行爬虫程序。实际运行程序时，需要脱离 Eclipse，把编译出来的.class 文件部署到 Windows 或者 Linux 下，用 java 命令直接运行。

任何定义了静态 main 方法的类都可以在控制台运行。例如，有个类叫作 Controller：

```
public class Controller {
    public static void main(String[] args) throws Exception {
        System.out.println("在命令行运行");
    }
}
```

在控制台运行它：

```
java Controller
```

实际上就是把类名 Controller 作为参数传递给 java.exe 这个 Windows 程序。

为了防止内存溢出，给爬虫程序分配更多的内存，例如 800MB 内存：

```
java -Xms128m -Xmx800m Controller
```

这里的-Xms128m 和-Xmx800m 是两个运行 Java 虚拟机的选项。

7.1.1 接收参数

控制台程序可以从命令行接收个数不定的一些参数。例如有两个参数，则 main 方法的 args 数组长度是 2，而且第一个参数的值可以通过 main 方法的 args[0]得到，第二个参数通过 args[1]得到。例如一个爬虫控制台程序命令行传入的第一个参数指定根文件夹路径，第二个参数指定爬虫的线程数量：

```
public static void main(String[] args) throws Exception {
    if (args.length < 2) {
        System.out.println("请声明'根文件夹路径' 和 '爬虫数量'。");
        return;
    }
    String rootFolder = args[0]; //命令行传入的第一个参数的值
    int numberOfCrawlers = Integer.parseInt(args[1]);
        //命令行传入的第二个参数的值

    //剩下的处理代码...
}
```

从控制台执行这个应用程序，假设类名叫作 Controller。运行如下命令向 Controller 中的 main 方法传递参数：

```
java Controller d:/data 1
```

这样 main 方法中的变量 rootFolder 的值是"d:/data"，而 numberOfCrawlers 的值是 1。

7.1.2 读取输入

通过 System.in 读入控制台输入：

```
BufferedReader reader = new BufferedReader
    (new InputStreamReader(System.in));
int score = Integer.parseInt(reader.readLine()); //读入用户从控制台输入的分值
```

例如，根据用户输入问句，返回答案。如下所示：

```
BufferedReader reader = new BufferedReader
    (new InputStreamReader(System.in));
String question = reader.readLine(); //读入用户从控制台输入的分值

if ("hi".equals(question)) {
    System.out.println("hi");
}
BufferedReader input =
    new BufferedReader(new InputStreamReader(System.in));
while (true) {
    System.out.println("type in a line to echo");
    try {
        String result = input.readLine();
        System.out.println("You typed: " + result);
    } catch (java.io.IOException e) {
        System.out.println("oops! An input error");
    }
}
```

Eclipse 中接受中文输入是乱码。修改 Eclipse 配置文件，设置系统属性 file.encoding 为 UTF-8。流程是：首先关闭 Eclipse，然后在 Eclipse.exe 同目录下，有一个 eclipse.ini，打开，然后添加下面这句：

```
-Dfile.encoding=utf-8
```

保存文件后，重新打开 Eclipse，问题就没有了。

指定编码：

```
String charSet = "UTF-8";
BufferedReader reader =
    new BufferedReader(new InputStreamReader(System.in,charSet));
```

或者用 Scanner 读入：

```
String charSet = "UTF-8";
Scanner scan = new Scanner(System.in,"UTF-8");
String question = scan.nextLine();
```

读完之后需要关闭 Scanner：

```
scan.close();
```

按 UTF-8 编码输出：

```
PrintStream out = new PrintStream(System.out, true, "UTF-8");
String kana = "こんにちは";
out.println(kana);
```

7.1.3 输出

使用 String.format 方法可以让你构建一个可格式化的字符串，而不是一次输出的那种。例如：

```
String fs;
fs = String.format("浮点数变量的值是 %f, 整数变量的值是 %d, 字符串是 %s", 10.f, 1, "test");
System.out.println(fs);
```

如果是打印的话还可以这样：

```
System.out.printf("浮点数变量的值是 %f, 整数变量的值是 %d, 字符串是 %s", 10.f, 1, "test");
```

输出结果：

```
浮点数变量的值是 10.000000, 整数变量的值是 1, 字符串是 test
```

7.1.4 配置信息

把一些配置信息存储到文本文件。文件的格式是每行一个键/值对。Java 中约定文件后缀为*.properties。所以这样的文件叫做 properties 文件。

通过 java.util.Properties 访问键/值对。获取 JVM 的系统属性：

```
Properties sysProp = System.getProperties();
sysProp.list(System.out);
```

可以通过键得到值。例如输出 Java 版本号：

```
System.out.println(sysProp.get("java.vm.version")); //取得版本号
```

在 properties 文件中，可以用“#”来做注释。例如 conf.properties 内容如下：

```
#数据库 URL 地址
dburl =
jdbc:mysql://localhost:3306/playinfo?useUnicode=true&characterEncoding=gbk
#用户名
user = root
#密码
password = sa
```

Properties 类只能读取 ISO 8859-1 格式的配置文件。中文要转成 ISO 8859-1，可以使用工具 native2ascii 把其中的中文编码成\u83B2\u82B1\u6E56 这样的字符。

解决乱码问题的一个方法：

```
Properties props = new Properties();
URL resource = getClass().getClassLoader().getResource("data.properties");
props.load(new InputStreamReader(resource.openStream(), "UTF8"));
    //根据情况指定编码
```

或者直接把字符串传递给 properties.load()方法：

```
public static Properties load(String propertiesString) throws IOException
{
    Properties properties = new Properties();
    properties.load(new StringReader(propertiesString));
    return properties;
}
```

测试方法：

```
String content = "hotQuerys1=大海\r\nhotQuerys2=汽车";
Properties p = load(content);
System.out.println(p.getProperty("hotQuerys1"));
```

如何找到 properties 文件。如果要取得 c:/test.txt 文件，最简单的方法可以这样写：

```
File file = new File("c:/test.txt");
```

这样用有什么问题，相信大家都知道，就是路径硬编码。应用应该一次成型，到处可用，并且从现实应用来讲，最终生成的应用也会部署到 Windows 外的操作系统中，对于 Linux 来说，在应用中用了 c:/这样的字样，就是失败，所以，我们应该尽量避免使用硬编码，即直接使用绝对路径。

使用 class 的 getClassLoader()方法所得的 ClassLoader 的 getResourceAsStream()来读取包中的配置文件：

```
public class SearchAction {
    private Properties propertie;
    public SearchAction() {
        InputStream inputFile =
            this.getClass().getClassLoader().getResourceAsStream
                ("conf.properties");
        propertie = new Properties();
        propertie.load(inputFile); //从输入流中读取属性列表
        String dbUrl = propertie.getProperty("dburl"); //取得数据库连接参数
    }
}
```

如果这样还是访问不到配置文件 conf.properties，那还可以直接用 FileInputStream 得到输入流：

```
String fileName = "database.properties";  //配置文件名
InputStream is = new FileInputStream(new File(fileName)); //得到输入流
```

如果要在静态块或者静态方法中加载 properties 文件，这个方法就行不通了。

在 Servlet 中可以使用 javax.servlet.ServletContext 的 getResourceAsStream()方法来读取.properties 文件。

properties 文件的目的，就是为了方便应用程序配置。所以这个文件不应该存在于 jar 包或者 war 包里，而应该打在 war 包外，或者放到 Web 应用的目录之外。常见的做法是放到 Servlet 容器的 CLASSPATH 里面。例如，在使用 Tomcat 的时候，常常放到 common/classes 文件夹下面。

可以把 properties 文件放在 jar 所在目录的 conf 子目录下。

7.1.5 部署

可以把要运行的 Java 类打包到 jar 文件中，然后直接运行这个 jar 文件。例如：

```
java -jar crawler.jar
```

如果还要声明虚拟机运行的选项，则把这些选项放在前面：

```
java [-options] -jar jarfile [args...]
```

例如，-Dtest="true"也是虚拟机选项，而不是传递给 main 方法的参数。所以这样运行：

```
java -Dtest="true" -jar crawler.jar
```

不能把虚拟机选项参数放在 crawler.jar 后面。

脱离开发环境运行。要让程序在 Windows 下运行，就写一个批处理文件。例如要执行 com.lietu.crawler.Spider 类。批处理文件 spider.bat 的内容如下：

```
@ECHO OFF
set CLASSPATH=.
set CLASSPATH=%CLASSPATH%;path/to/needed/jars/my.jar

%JAVA_HOME%\bin\java -Xms128m -Xmx384m -Xnoclassgc com.lietu.crawler.Spider
```

指定依赖的 jar 文件。除了可以使用环境变量 CLASSPATH，也可以使用 cp 参数。例如这样写：

```
java -Xmx900m -cp ./lib/spider.jar;. com.lietu.crawler.Spider
```

找某个目录下所有的 jar 文件，可以用通配符。例如：

```
java -Xmx900m -cp ./*;. com.geo.index.IndexFile
```

7.1.6 系统属性

运行在 64 位处理器上的 64 位操作系统环境下，可以安装 64 位 Java 虚拟机。64 位的虚拟机有更大的地址空间。这对于一些长期运行的程序有好处。

有时候程序需要根据当前运行的虚拟机是 64 位还是 32 位来进行优化。可以通过系统属性判断。系统属性类似 Windows 的环境变量，不过是 Java 内部的变量。

```
//取得操作系统体系结构
System.out.print(System.getProperty("os.arch")); //例如输出：x86
//取得虚拟机位数
System.out.println(System.getProperty("sun.arch.data.model")); //例如输出：32
```

然后根据这两个值判断是否为 64 位虚拟机。

```
public static final String OS_ARCH = System.getProperty("os.arch");

public static final boolean JRE_IS_64BIT;
static {
  String x = System.getProperty("sun.arch.data.model");
  if (x != null) {
    JRE_IS_64BIT = x.indexOf("64") != -1;
```

```
    } else {
      if (OS_ARCH != null && OS_ARCH.indexOf("64") != -1) {
        JRE_IS_64BIT = true;
      } else {
        JRE_IS_64BIT = false;
      }
    }
}
```

可以自定义系统属性。例如得到词典所在的路径：

```
System.getProperty("dic.dir"); // dic.dir 是自定义的一个值
```

例如，可以在 Eclipse 中指定虚拟机参数，也就是系统属性：

```
"-Ddic.dir=D:/seg/dic"
```

或者在命令行指定系统参数：

```
java "-Ddic.dir=D:/seg/Dic" -classpath
D:\JAVA\lib\lucene-3.3.jar;D:\JAVA\lib\seg.jar seg.test.SegResult
```

7.2 开发 Web 程序

很多人想要看的不是代码，而是运行的效果。所以有时候需要把 Java 做的东西挂到网站上去。开发 Web 程序就是开发一个返回网页的类。

7.2.1 Web 程序是从哪里来的

Tom 是动画片《猫和老鼠》中一只大名鼎鼎的猫。Tomcat 是一个知名的 Web 服务器。Tomcat 的类加载的顺序如下。

(1) $JAVA_HOME/jre/lib/ext/下的 jar 文件。

(2) 环境变量 CLASSPATH 中的 jar 和 class 文件。

(3) $CATALINA_HOME/common/classes 下的 class 文件。

(4) $CATALINA_HOME/commons/endorsed 下的 jar 文件。

(5) $CATALINA_HOME/commons/i18n 下的 jar 文件。

(6) $CATALINA_HOME/common/lib 下的 jar 文件。

(7) $CATALINA_HOME/server/classes 下的 class 文件。

(8) $CATALINA_HOME/server/lib/下的 jar 文件。

(9) $CATALINA_BASE/shared/classes 下的 class 文件。

(10) $CATALINA_BASE/shared/lib 下的 jar 文件。

(11) 各自具体的 webapp /WEB-INF/classes 下的 class 文件。

(12) 各自具体的 webapp /WEB-INF/lib 下的 jar 文件。

也就是说，Web 程序来自于上面这些文件。JDBC 驱动之类的 jar 文件可以放在 $CATALINA_HOME/common/lib 路径下，这样就可以避免在 server.xml 中配置好数据源却出现找不到 JDBC 驱动的情况。

在不同的地方放置 jar 和 class 可能会产生意想不到的后果，尤其是不同版本的 jar 文件，因此在实际应用部署 Web 应用时要特别注意。

7.2.2　Servlet 和 JSP

为了给客户提供服务，银行注册了网上银行的电话号码，例如 95588 是工商银行的，95533 是建设银行的。到 Web 服务器注册 Servlet。

Servlet 运行在 Servlet 容器中。Catalina 是 Tomcat 的 Servlet 容器。

可以从 http://tomcat.apache.org/找到具体的下载地址。

通过 SSH 客户端登录到 Linux 服务器。

然后用 wget 命令下载 apache-tomcat-7.0.105.tar.gz。

```
wget https://mirrors.tuna.tsinghua.edu.cn/apache/tomcat/tomcat-7/
v7.0.105/bin/apache-tomcat-7.0.105.tar.gz
```

然后解压缩：

```
tar -xvf apache-tomcat-7.0.105.tar.gz
```

为了简单测试 Servlet，可直接重写 Tomcat 自带的 Servlet 例子，如 HelloWorldExample。

然后增加 Tomcat 所使用的内存。修改配置文件 catalina.sh：

```
vi /usr/local/apache-tomcat-7.0.105/bin/catalina.sh
```

在文件 catalina.sh 的开始位置增加如下行：

```
JAVA_OPTS=-Xmx1024m
```

然后修改 Tomcat 配置文件 server.xml，把监听端口号从 8080 改到 80，并且支持 UTF-8 编码：

```
vi /usr/local/apache-tomcat-7.0.105/conf/server.xml
```

在这个配置文件中增加如下配置：

```
useBodyEncodingForURI="true" URIEncoding="UTF-8"
```

可以把 Web 应用打一个 war 包，然后传到服务器上的 webapps/子路径下，会自动解压缩 war 包中的 Web 应用。

以 Solr 中的 Servlet 为例。首先给它起个名字，然后声明由哪个类来处理。例如，名字叫做 SolrRequestFilter，由 org.apache.solr.servlet.SolrDispatchFilter 来处理响应：

```
<filter>
    <filter-name>SolrRequestFilter</filter-name>
    <filter-class>org.apache.solr.servlet.SolrDispatchFilter</filter-class>
</filter>
```

指定 Servlet 响应哪些 URL：

```
<filter-mapping>
    <filter-name>SolrRequestFilter</filter-name>
    <url-pattern>/*</url-pattern>
</filter-mapping>
```

7.2.3 翻页

翻页链接需要指定相对路径。<base>标签为所有相对链接指定基本 URL。首先通过 Java 代码取得相对路径：

```
<%
String path = request.getContextPath();
String basePath = request.getScheme()
    +"://"+request.getServerName()
    +":"+request.getServerPort()+path+"/";
%>
```

然后在<base>标签中指定相对路径是 basePath：

```
<head>
    <meta http-equiv="Content-Type" content="text/html; charset=utf-8">
    <base href="<%=basePath%>">
    <title>旅游活动搜索</title>
</head>
```

需要在分页器的构造方法中告诉分页器符合查询条件的结果总共有多少条。分页器则告诉查询对象，从第几条结果开始返回。另外一个预先固定设置好的值是每页最多显示的结果数。

7.2.4 Spring 容器

应用程序运行时依赖一些对象。将依赖对象的创建和管理交由 Spring 容器，这叫做控制反转。控制反转(Inversion of Control)的英文缩写是 IoC。从创建一个简单的 Hello World 例子开始了解什么是控制反转。

使用 Maven 生成项目结构：

```
mvn archetype:generate -DgroupId=com.lietu.core -DartifactId=Spring3Example
-DarchetypeArtifactId=maven-archetype-quickstart -DinteractiveMode=false
```

转换 Maven 风格的项目成为 Eclipse 风格的项目。需要到 pom.xml 所在的目录执行转换命令。首先变更当前路径到 Spring3Example 子目录：

```
cd Spring3Example
```

然后再执行转换：

```
mvn eclipse:eclipse
```

Maven 生成的项目用到了类路径变量 M2_REPO 的值。.classpath 文件中包含这样的类路径项目：

```
<classpathentry kind="var"
path="M2_REPO/junit/junit/3.8.1/junit-3.8.1.jar"/>
```

增加类路径变量。

使用下面的命令设置 M2_REPO 的值成为 C:/Users/Administrator/.m2/repository。格式是：

```
mvn -Declipse.workspace=<path-to-eclipse-workspace>
eclipse:add-maven-repo
```

如果 Eclipse 的工作空间位于 C:\Program Files\eclipse\workspace，则可以使用下面的命令设置 M2_REPO 的值：

```
mvn -Declipse.workspace="C:\Program Files\eclipse\workspace"
eclipse:add-maven-repo
```

也可以在 Eclipse 界面中直接设置 M2_REPO 的值。方法是：从菜单栏中选择 Window→Preferences，然后选择 Java→Build Path→Classpath Variables，最后新建一个叫做 M2_REPO 的变量。

M2_REPO 的值设置好以后，把生成的这个项目导入到 Eclipse 开发环境中去。

添加 Spring 3.0 的依赖关系到 Maven 的 pom.xml 文件中去。Spring 的依赖可以通过 Maven 中央存储库下载。在 Eclipse 中修改 pom.xml 文件成为下面这样：

```
<project xmlns="http://maven.apache.org/POM/4.0.0"
    xmlns:xsi="http://www.w3.org/2001/XMLSchema-instance"
    xsi:schemaLocation="http://maven.apache.org/POM/4.0.0
    http://maven.apache.org/maven-v4_0_0.xsd">
    <modelVersion>4.0.0</modelVersion>
    <groupId>com.mkyong.core</groupId>
    <artifactId>Spring3Example</artifactId>
    <packaging>jar</packaging>
    <version>1.0-SNAPSHOT</version>
    <name>Spring3Example</name>
    <url>http://maven.apache.org</url>

    <properties>
        <spring.version>3.0.5.RELEASE</spring.version>
    </properties>

    <dependencies>

        <!-- Spring 3 依赖 -->
        <dependency>
            <groupId>org.springframework</groupId>
            <artifactId>spring-core</artifactId>
            <version>${spring.version}</version>
        </dependency>

        <dependency>
            <groupId>org.springframework</groupId>
            <artifactId>spring-context</artifactId>
            <version>${spring.version}</version>
        </dependency>

    </dependencies>
</project>
```

定义一个简单的 Spring bean：

```
package com.lietu.core;

/**
 * Spring bean
 *
 */
```

```
public class HelloWorld {
    private String name;

    public void setName(String name) {
        this.name = name;
    }

    public void printHello() {
        System.out.println("Spring 3 : Hello ! " + name);
    }
}
```

创建一个 Spring 的配置文件，并且声明所有可用的 Spring bean。SpringBeans.xml 内容如下：

```
<beans xmlns="http://www.springframework.org/schema/beans"
    xmlns:xsi="http://www.w3.org/2001/XMLSchema-instance"
    xsi:schemaLocation="http://www.springframework.org/schema/beans
    http://www.springframework.org/schema/beans/spring-beans-3.0.xsd">

    <bean id="helloBean" class="com.lietu.core.HelloWorld">
        <property name="name" value="Mkyong" />
    </bean>

</beans>
```

最后运行它：

```
package com.lietu.core;

import org.springframework.context.ApplicationContext;
import org.springframework.context.support.ClassPathXmlApplicationContext;

public class App {
    public static void main(String[] args) {
        ApplicationContext context = new ClassPathXmlApplicationContext(
            "SpringBeans.xml");

        HelloWorld obj = (HelloWorld)context.getBean("helloBean");
        obj.printHello();
    }
}
```

相比下面这样的实现：

```
HelloWorld obj = new HelloWorld();
obj.setName("lietu");
obj.printHello();
```

创建一个对象的实例时，已经依赖它的具体实现了。通过 IoC 得到对象的实例时，允许实例脱离这个对象的实现。

7.3 Jdbi 操作数据库

在 Java 中，可以通过 Jdbi 工具库来访问关系型数据库。以 Sqlite 数据库为例演示 Jdbi 写入数据库。为了使用 Jdbi，首先在 build.gradle 文件中增加依赖项：

```
plugins {
    id 'io.spring.dependency-management' version '1.0.1.RELEASE'
}

dependencyManagement {
    imports {
        mavenBom 'org.jdbi:jdbi3-bom:3.8.2'
    }
}

dependencies {
    compile 'org.jdbi:jdbi3-core'
    compile group: 'org.xerial', name: 'sqlite-jdbc', version: '3.28.0'
}
```

建立数据库连接：

```
public static Connection getConnect() {
    try {
        Class.forName("org.sqlite.JDBC");  //加载 JDBC 驱动
        String path_to_sqlite_db = "./db/org.db";
        return DriverManager.getConnection("jdbc:sqlite:" + path_to_sqlite_db);
    } catch (Exception e) {
        e.printStackTrace();
        return null;
    }
}
```

写入数据：

```
Handle handle = Jdbi.open(getConnect());   //得到一个句柄实例
String en = "hospital";
String cn = "医院";
Update update = handle.createUpdate("INSERT INTO org (en,cn) VALUES
(:enName,:cnName)")
        .bind("enName", en)
        .bind("cnName", cn);

int rows = update.execute();
System.out.println(rows);   //输出更新影响的行数
```

使用 Jdbi 查询数据库，例如：

```
public static String trans(String en) throws SQLException{
    Handle handle = Jdbi.open(getConnect());
    Query query = handle.createQuery("select cn from disease WHERE en
        = :enName");
    ResultIterator<String> itr = query.bind("enName", en).mapTo
        (String.class).iterator();
    if(itr.hasNext()){
        return itr.next();
    }
    return null;
}
```

7.4 XML 序列化

可以使用 XStream 工具库实现简单的序列化，使用 JAXB 框架实现序列化和反序列化。

7.4.1 JAXB 框架

JAXB(Java Architecture for XML Binding)提供两种主要特性：将一个 Java 对象序列化为 XML，以及反向操作，将 XML 解析成 Java 对象。jaxbMarshaller.unmarshal()是把 XML 对象转化为我们需要的 Java 对象的方法，自然 jaxbMarshaller.marshal()是把 Java 对象转化为 XML 对象的一个过程。

书店里有很多本书。所以有一个 Book 和 Bookstore 类：

```
@XmlRootElement(name = "book")
// 如果需要，可以定义字段写入的顺序
@XmlType(propOrder = { "author", "name", "publisher", "isbn" })
public class Book {

    private String name;
    private String author;
    private String publisher;
    private String isbn;

    // 可以为 XML 输出更改变量名称
    @XmlElement(name = "title")
    public String getName() {
        return name;
    }

    public void setName(String name) {
        this.name = name;
    }

    public String getAuthor() {
        return author;
    }

    public void setAuthor(String author) {
        this.author = author;
    }

    public String getPublisher() {
        return publisher;
    }

    public void setPublisher(String publisher) {
        this.publisher = publisher;
    }

    public String getIsbn() {
        return isbn;
    }

    public void setIsbn(String isbn) {
```

```
        this.isbn = isbn;
    }

}


//该语句意味着类“Bookstore.java”是该示例的根元素
//@XmlRootElement(namespace = "de.vogella.xml.jaxb.model")
public class Bookstore {

    // XmLElementWrapper 围绕 XML 表示生成包装器元素
    @XmlElementWrapper(name = "bookList")
    // XmlElement 设置实体的名称
    @XmlElement(name = "book")
    private ArrayList<Book> bookList;
    private String name;
    private String location;

    public void setBookList(ArrayList<Book> bookList) {
        this.bookList = bookList;
    }

    public ArrayList<Book> getBooksList() {
        return bookList;
    }

    public String getName() {
        return name;
    }

    public void setName(String name) {
        this.name = name;
    }

    public String getLocation() {
        return location;
    }

    public void setLocation(String location) {
        this.location = location;
    }
}
```

序列化的过程是：首先创建 JAXB 上下文，然后创建 Marshaller 对象，最后通过 marshaller.marshal 方法写出到 XML 文件。代码如下：

```
ArrayList<Book> bookList = new ArrayList<Book>();

// 创建书
Book book1 = new Book();
book1.setIsbn("978-0060554736");
book1.setName("The Game");
book1.setAuthor("Neil Strauss");
book1.setPublisher("Harpercollins");
bookList.add(book1);

Book book2 = new Book();
book2.setIsbn("978-3832180577");
```

```
book2.setName("Feuchtgebiete");
book2.setAuthor("Charlotte Roche");
book2.setPublisher("Dumont Buchverlag");
bookList.add(book2);

// 创建书店，分配书
Bookstore bookstore = new Bookstore();
bookstore.setName("Fraport Bookstore");
bookstore.setLocation("Frankfurt Airport");
bookstore.setBookList(bookList);

//创建 JAXB 上下文并实例化 marshaller
JAXBContext context = JAXBContext.newInstance(Bookstore.class);
Marshaller m = context.createMarshaller();
m.setProperty(Marshaller.JAXB_FORMATTED_OUTPUT, Boolean.TRUE);
m.marshal(bookstore, System.out);

String BOOKSTORE_XML = "./bookstore-jaxb.xml";

Writer w = null;
try {
    w = new FileWriter(BOOKSTORE_XML);
    m.marshal(bookstore, w);
} finally {
    try {
        w.close();
    } catch (Exception e) {
    }
}
```

7.4.2 XStream 工具库

使用 XStream，不用任何映射就能实现简单的 Java 对象的序列化。

首先从 https://github.com/x-stream/xstream 下载 XStream 的最新版本，当前是 1.4.3 版本。然后调用 XStream.toXML 方法生成 XML 文件：

```
Employee e = new Employee();

//使用 setter 方法设置属性
e.setName("Jack");
e.setDesignation("Manager");
e.setDepartment("Finance");

//序列化对象
XStream xs = new XStream();

//写到文件
FileOutputStream fs = new FileOutputStream("c:/temp/employeedata.txt");
xs.toXML(e, fs);
```

在生成的 XML 中对象名变成了元素名，类中的字符串组成了 XML 中的元素内容。使用 XStream 序列化的类不需要实现 Serializable 接口。XStream 是一种序列化工具而不是数据绑定工具，就是说不能从 XML 或者 XML Schema Definition (XSD)文件生成类。

7.5　调用本地方法

Java 无法直接访问到操作系统底层，为此 JVM 提供一个本地方法接口用于调用本地方法库。例如字符串中的 intern 方法就是本地方法：

```
public native String intern();
```

Java 使用 native 方法来扩展 Java 程序的功能。例如，控制文件系统底层行为。

Linux 内核会将它最近访问过的文件页面缓存在内存中一段时间，这个文件缓存被称为页缓存。在典型的 IO 密集型的服务器如 Lucene 中，会涉及大量的文件读写，通常这些文件都是通过缓存 IO 来使用的，以便充分利用到 Linux 操作系统的页缓存。

有些类似的应用，例如视频解码，可能不需要缓存。使用 Linux 特定的 O_DIRECT 标志完全忽略所有的操作系统缓存。这样操作系统不再做预读也不写缓存，每个 IO 请求都接触到硬盘。

```
int fd = open(fname, O_RDONLY | O_DIRECT | O_NOATIME);
```

通过 C++代码调用 open 函数得到的文件描述符是一个整数。根据 fd 这个整数创建 FileDescriptor 类：

```
public final class FileDescriptor {
    private int fd;
    //...
}
```

因为 Java 没有暴露底层的 API，所以要使用一个小的 JNI 扩展来改进性能。操作系统级别的功能应该能修复这个问题。

> **术语**：Java Native Interface Java，本地接口。往往简称 JNI。

通过 JNI 调用 open 接口。本地函数在独立的.c 或者.cpp 文件中实现。C++和 JNI 使用时，接口稍微简单一些，如图 7-1 所示。

使用 C++编译器把 NativePosixUtil.cpp 编译成 NativePosixUtil.so。需要在 Java 类中调用 System.loadLibrary 方法加载动态链接库 NativePosixUtil.so：

```
System.loadLibrary("NativePosixUtil");
```

NativePosixUtil 类定义如下：

```
public final class NativePosixUtil {
    static {
        System.loadLibrary("NativePosixUtil");
    }

  public static native FileDescriptor open_direct(String filename, boolean read)
        throws IOException;
}
```

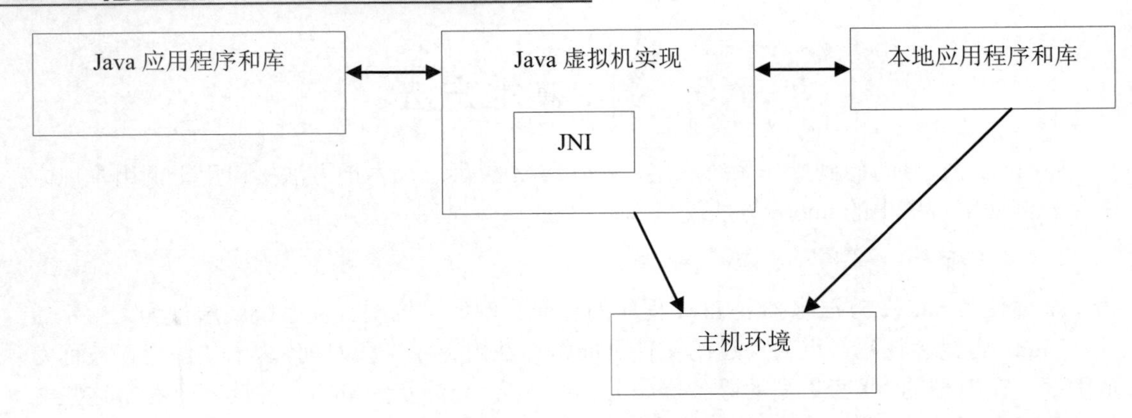

图 7-1　JNI 所处的位置

当 JVM 调用这个函数时，它传递一个 JNIEnv 指针，一个 jobject 指针，以及 Java 方法中声明的 Java 参数。一个 JNI 函数可能看起来像这样：

```
JNIEXPORT void JNICALL Java_ClassName_MethodName(JNIEnv *env, jobject obj) {
    /*这里实现本地方法*/
}
```

env 指针是一个结构体，包含 JVM 的接口，包含需要和 JVM 打交道和与 Java 对象工作的所有的功能。调用任何 JNI 函数都要用到 env 指针。例如：

```
const_fdesc = env->GetMethodID(class_fdesc, "<init>", "()V"); //构造方法
```

需要把数据从 Java 传递给 C++函数。通过引用传递 Java 对象。所有对象的类型都是 jobject。文件描述符对象的类型也是 jobject。jclass 是 jobject 的子类。例如 IOException 异常类：

```
jclass class_ioex;
class_ioex = env->FindClass("java/io/IOException");
```

要把 jstring 转换成 char *类型，使用后再释放字符串：

```
char *fname;
//把 Java 传递过来的参数 filename 转换成 char *
fname = (char *) env->GetStringUTFChars(filename, NULL);
//释放字符串以避免内存泄露
env->ReleaseStringUTFChars(filename, fname);
```

本地方法调用 JNI 函数 GetMethodID 返回方法编号，这是一个 jmethodID 类型的值：

```
jobject ret; //用于返回的文件描述符对象

// 构建一个新的文件描述符对象
const_fdesc = env->GetMethodID(class_fdesc, "<init>", "()V"); //构造方法
ret = env->NewObject(class_fdesc, const_fdesc);

// 用整数值 fd 设置文件描述符对象中的“fd”属性
jfieldID field_fd = env->GetFieldID(class_fdesc, "fd", "I");
env->SetIntField(ret, field_fd, fd);
```

创建 FileDescriptor 类的过程如下：取得类引用，得到类中的属性，也就是文件描述符，

调用 posix_fadvise 函数。

NativePosixUtil.cpp 文件的内容如下：

```
#include <jni.h>
#include <fcntl.h>      // 函数，用于打开文件的常量
#include <string.h>     // strerror
#include <errno.h>      // errno
#include <unistd.h>     // pread
#include <sys/mman.h>   // posix_madvise 函数，madvise 函数
#include <sys/types.h>  // 用于打开文件的常量
#include <sys/stat.h>   // 用于打开文件的常量

/*
 * Class:     org_apache_lucene_store_NativePosixUtil
 * Method:    open_direct
 * Signature: (Ljava/lang/String;Z)Ljava/io/FileDescriptor;
 */
extern "C"
JNIEXPORT jobject JNICALL
Java_org_apache_lucene_store_NativePosixUtil_open_1direct(JNIEnv *env,
jclass _ignore, jstring filename, jboolean readOnly)
{
  jfieldID field_fd;
  jmethodID const_fdesc;
  jclass class_fdesc, class_ioex;
  jobject ret;
  int fd;
  char *fname;

  class_ioex = env->FindClass("java/io/IOException");
  if (class_ioex == NULL) return NULL;
  class_fdesc = env->FindClass("java/io/FileDescriptor");
  if (class_fdesc == NULL) return NULL;

  fname = (char *) env->GetStringUTFChars(filename, NULL);

  if (readOnly) {
    fd = open(fname, O_RDONLY | O_DIRECT | O_NOATIME);
  } else {
    fd = open(fname, O_RDWR | O_CREAT | O_DIRECT | O_NOATIME, 0666);
  }

  env->ReleaseStringUTFChars(filename, fname);

  if (fd < 0) {
    //打开文件返回一个错误。抛出一个 IOException 异常，用 error 字符串说明这个异常
    env->ThrowNew(class_ioex, strerror(errno));
    return NULL;
  }

  // 构建一个新的文件描述符，FileDescriptor 类的实例
  const_fdesc = env->GetMethodID(class_fdesc, "<init>", "()V");
  if (const_fdesc == NULL) return NULL;
  ret = env->NewObject(class_fdesc, const_fdesc);

  //用文件描述符设置“fd”字段
  field_fd = env->GetFieldID(class_fdesc, "fd", "I");
  if (field_fd == NULL) return NULL;
```

```
  env->SetIntField(ret, field_fd, fd);

  // 返回这个文件描述符对象
  return ret;
}
```

在 Lucene 这样的 Java 应用中调用：

```
File path = new File("/usr/index/"); //得到一个文件对象
//调用本地方法得到一个文件描述符对象
FileDescriptor fd = NativePosixUtil.open_direct(path.toString(), false);
FileOutputStream fos = new FileOutputStream(fd);
FileChannel channel = fos.getChannel();
```

由于按顺序地读，Linux 倾向于退出已经加载的页面。

如果 Java 对象使用 JNI 指示本机代码分配本机内存，需要使用 finalize 以确保释放了这些内存。

7.6 国 际 化

术语： Internationalization，国际化。又称 Il8N。因为 I 为单词的第一个字母，18 为这个单词的长度，而 N 代表这个单词的最后一个字母。国际化又称本地化(Localization, L10N)。

曾经有一个大型软件已经有英文版本。为了发展更多地区的客户，需要开发包括日文、德文、西班牙文、法文、巴西葡萄牙文、简体中文、韩文、意大利文在内的多种语言版本。

首先提取出源代码中的文本信息，然后找母语是本地语言的专业翻译人员翻译成当地语言，最后做成统一格式的资源文件。对于在界面显示的文本信息，还需要调整用户界面，使得能够完整地显示出这些文字信息，日期也要按当地的格式显示。

资源文件的内容由键/值对组成。

资源文件的命名可以有 3 种格式：

```
basename_language_country.properties
basename_language.properties
basename_properties
```

例如中文使用这样的资源文件：myres_zh_CN.properties。法文版本的资源应该叫做 myres _fr_FR.properties。加拿大法文版本应该叫做 myres _fr_CA.properties。

资源文件都必须是 ISO-8859-1 编码，因此，对于所有非西方语系的处理，都必须先将其转换为 Java Unicode Escape 格式。JDK 自带生成资源文件的处理工具：native2ascii，这个工具的语法格式如下：

```
>native2ascii 资源文件名 目标资源文件名
```

例如：

```
>native2ascii en_iso88591.properties CN_GB.proerties
```

它的实现原理是：

```
private static final char[] hexChar = { '0', '1', '2', '3', '4', '5', '6',
    '7', '8', '9', 'A', 'B', 'C', 'D', 'E', 'F' }; //数字到字符对照表

private static String unicodeEscape(String s) { //转码非ASCII编码的字符
    StringBuilder sb = new StringBuilder();
    for (int i = 0; i < s.length(); i++) {
        char c = s.charAt(i);
        if ((c >> 7) > 0) {  //非ASCII编码的字符
            sb.append("\\u");
            sb.append(hexChar[(c >> 12) & 0xF]); // 最左边的4位对应的十六进制字符
            sb.append(hexChar[(c >> 8) & 0xF]); // 第二组4位对应的十六进制字符
            sb.append(hexChar[(c >> 4) & 0xF]); // 第三组4位对应的十六进制字符
            sb.append(hexChar[c & 0xF]); // 最右边的4位对应的十六进制字符
        } else {
            sb.append(c);  //普通字符不转码
        }
    }
    return sb.toString();
}
```

如果需要解码“\u666e\u901a\u65e5\u884c\u516c”这样的字符串，可以使用如下方法：

```
String unescape(String s) {
    int i = 0, len = s.length();
    char c;
    StringBuilder sb = new StringBuilder(len);
    while (i < len) {
        c = s.charAt(i++);
        if (c == '\\') {
            if (i < len) {
                c = s.charAt(i++);
                if (c == 'u') {
                    c = (char) Integer.parseInt(s.substring(i, i + 4), 16);
                    i += 4;
                } //根据需要，在这里添加其他的情况
            }
        } // fall through: \ escapes itself, quotes any character but u
        sb.append(c);
    }
    return sb.toString();
}
```

或者使用 org.apache.commons.lang.StringEscapeUtils。

推荐使用 Eclipse 插件——PropEditor(http://propedit.sourceforge.jp/index_en.html)编辑资源文件。使用这个插件打开 properties 文件后，输入的中文内容会被自动地保存为 Unicode (但显示时仍然是中文)，可以使用其他的文本编辑器验证一下。

定义三个资源文件，放到 src 的根目录下面：

```
myres.properties
good=Good
thanks=Thanks

myres_en_US.properties
good=Good
```

```
thanks=Thanks

myres_zh_CN.properties
good=\u597d
thanks=\u591a\u8c22
```

java.util.Locale 类对应一个特定的国家/区域、语言环境。一个 Locale 代码可由语言代码和地区代码组合而成。常用的几种 Locale 代码如表 7-1 所示。

表 7-1　Locale 说明

语言代码	地区代码	Locale 代码	说　明
en	US	en_US	美国英语
zh	CN	zh_CN	简体中文
ja	JP	ja_JP	日文
it	IT	it_IT	意大利文
fr	FR	fr_FR	法文
de	DE	de_DE	德文
pt	BR	pt_BR	巴西葡萄牙文

Locale.ENGLISH、Locale.CHINESE 这些常量返回一个 Locale 实例。也可以获取当前系统所使用的区域语言环境：

```
System.out.println(Locale.getDefault());  // 输出：zh_CN
```

中国人可以到另外一个国家去，但是仍然使用其区域语言。

若要获取 Java 所支持的语言和国家，可调用 Locale 类的 getAvailableLocales 方法获取，该方法返回一个 Locale 数组，该数组里包含了 Java 所支持的语言和国家：

```
Locale[] localeList = Locale.getAvailableLocales();
for (Locale loc : localeList) {
    System.out.println(loc.getDisplayCountry() + "=" + loc.getCountry()
        + " " + loc.getDisplayLanguage() + "=" + loc.getLanguage());
}
```

ResourceBundle 对象根据 Locale 加载资源文件。ResourcBundle.getBundle 方法返回一个 ResourceBundle 实例。使用 ResourceBundle.getBundle("myres")请求资源包时，getBundle 方法追加默认的区域设置标识符到基本名称后，并加载对应的包。

也可以传递一个 Locale。例如，想显式地加载一个中文包，可以调用：

```
ResourceBundle.getBundle("myres", new Locale("zh", "CN"));
```

然后可以调用 ResourceBundle 中的 getString 方法返回指定 key 对应的字符串：

```
Locale cnLocale = new Locale("zh", "CN");
ResourceBundle resbCn = ResourceBundle.getBundle("myres", cnLocale);
System.out.println(resbCn.getString("good"));  //输出：好
```

若要输出的消息中必须包含动态的内容，这些内容必须是从程序中获取的，可利用带占位符的国际化资源文件来实现。

例如下面的字符串：

```
你好，Jack!今天是 21-5-30 下午 13:00
```

Jack 是浏览者的姓名，必须动态改变，后面的时间也必须动态改变，则此处需要 2 个占位符。

资源文件示例：

```
msg=你好，{0}!今天是{1}
```

7.7　性　　能

在 Java 程序的开发过程中，不可避免地会遇到内存使用、性能瓶颈等问题。Java 剖析工具能帮助开发人员快速、有效地定位这些问题，因此已经成为 Java 开发过程中的一个重要工具。

YourKit Java 剖析工具可以统计出调用每个方法所消耗的 CPU 处理时间，以及这个方法被调用的次数；通过调用树(CallTree)了解调用的关系；通过热点分析(Hotspots)显示哪些包下的方法使用 CPU 处理的时间长及其被调用的次数。为了优化代码执行效率，可以在修改代码后重复执行 CPU 剖析。

此外还可以分析内存和垃圾回收，捕捉内存快照。通过内存剖析，可以了解类对象的具体存储及其类的加载方式、顺序。可以分析开发者直接编写的类的对象及其占有的内存大小。显示垃圾回收与对象的关系是强对象、软对象、弱对象或是虚引用。

通过分析垃圾回收，可以发现垃圾回收操作是比较频繁的类对象。因为该类可能产生了大量的临时对象，导致垃圾回收频繁操作。

JConsole 用来监控和管理 Java 应用程序。它就是位于 JAVA_HOME\bin 目录下的 jconsole.exe。使用它的方法是：首先连接上正在运行的本地或者远程的 Java 虚拟机，然后会以图形化的方式动态显示堆内存使用量、线程数量、已经加载的类的数量、CPU 占用率等。

Java VisualVM 是 JConsole 的升级版本。它就是位于 JAVA_HOME\bin 目录下的 jvisualvm.exe。应用程序开发者可以使用它监控、解剖虚拟机，获取线程状态或者浏览内存堆状态。

7.8　版 本 管 理

如果多人开发一个大型软件，就需要维护一个统一的源代码版本。把所有的代码放到版本管理服务器端，程序员从客户端获取整个软件最新的版本。SVN 是一个常用的版本管理软件。

Lucene 是一个知名的开源软件，Lucene 开发者使用版本管理工具 SVN 管理它的源代码。可以使用 SVN 客户端下载 Lucene 最新的源代码。

虽然可以使用 SVN 命令行，但是往往使用更简单的图形化软件 TortoiseSVN 导出源代码。在 TortoiseSVN 的 Export 菜单中，输入 URL 地址：https://svn.apache.org/repos/asf/lucene/dev/trunk/lucene。

多人协作开发时，源代码由版本管理工具 SVN 管理。首先找到最新的版本，修改后要让本地的版本反应到服务器端，首先执行 update，在本地合并本地的修改和服务器端最新的版本，然后再提交修改到服务器。

流行的版本管理软件除了 SVN 外，还有 Git。因为 Linux 内核的维护者 Linus 不喜欢使用 SVN，所以他开发了 Git。使用 Git 下载 Springboot 项目源代码的命令如下：

```
>git clone https://github.com/spring-projects/spring-boot.git
```

7.9 本章小结

本章首先介绍了控制台应用程序，包括接收参数、读取输入、输出、配置信息、部署和系统属性方面的知识；然后介绍 Web 的开发，其中包括 Servlet 和 JSP、翻页、Spring 容器；接着介绍了 Jdbi 操作数据库；还介绍了 JAXB 框架以及 XStream 工具库。

最后介绍了调用本地方法、国际化、性能以及版本管理等知识。

第 8 章　SpringBoot 开发

可以使用 SpringBoot 创建 Web 服务，使用 JavaScript 框架在 Web 前端展示。这里介绍使用 Restful API 实现 Web 服务。

8.1　测试 Restful API 的 curl 指令

可以使用 curl 发送 HTTP 网络请求来测试 Restful API。

API 请求由四个不同部分组成。

- Endpoint：这是客户端用于与服务器通信的 URL。
- HTTP 方法：它告诉服务器客户端要执行什么操作。最常见的方法是 GET、POST、PUT、DELETE 和 PATCH。
- 标头：用于在服务器和客户端之间传递其他信息，例如授权。
- body：发送到服务器的数据。

curl 命令的语法如下：

```
curl [options] [URL...]
```

在发出请求时，我们可以使用以下选项。

- -X, --request：使用的 HTTP 方法。
- -i, --include：包括响应头。
- -d, --data：要发送的数据。
- -H, --header：要发送的其他标头。

GET 方法从服务器请求特定资源。使用 curl 发出 HTTP 请求时，GET 是默认方法。以下是向 JSONPlaceholder API 发出 GET 请求的示例：

```
# curl https://jsonplaceholder.typicode.com/posts
```

使用查询参数过滤结果：

```
# curl https://jsonplaceholder.typicode.com/posts?userId=1
```

POST 方法用于在服务器上创建资源。如果资源存在，则将其覆盖。以下命令将使用-d 选项指定的数据创建一个新帖子：

```
# curl -X POST -d "userId=5&title=Hello World&body=Post body."
https://jsonplaceholder.typicode.com/posts
```

请求主体的类型使用 Content-Type 标头指定。默认情况下，如果不指定此标头，curl 使用 Content-Type: application/x-www-form-urlencoded。

```
#curl -X POST -H "Content-Type: application/json" \
   -d '{"userId": 5, "title": "Hello World", "body": "Post body."}' \
```

```
   https://jsonplaceholder.typicode.com/posts
```

要发送 JSON 格式的数据，则将主体类型设置为 application/json：

```
#curl -X POST -H "Content-Type: application/json" \
   -d '{"userId": 5, "title": "Hello World", "body": "Post body."}' \
   https://jsonplaceholder.typicode.com/posts
```

PUT 方法用于更新或替换服务器上的资源。它将指定资源的所有数据替换为请求数据。例如：

```
#curl -X PUT -d "userId=5&title=Hello World&body=Post body."
https://jsonplaceholder.typicode.com/posts/5
```

PATCH 方法用于对服务器上的资源进行部分更新：

```
#curl -X PATCH -d "title=Hello Universe"
https://jsonplaceholder.typicode.com/posts/5
```

DELETE 方法从服务器中删除指定的资源：

```
#curl -X DELETE https://jsonplaceholder.typicode.com/posts/5
```

如果 API 端点需要身份验证，则需要获取访问密钥。否则，API 服务器将使用“禁止访问”或“未经授权”响应消息来响应。获取访问密钥的过程取决于使用的 API。获得访问令牌后，可以在标头中发送它：

```
#curl -H "Authorization: Basic <ACCESS_TOKEN>" http://www.example.com
```

8.2 开发 Restful API

本节我们首先介绍如何使用 SpringBoot 开发后端 Restful API，然后介绍对应的前端应用。

为了使用 SpringBoot 开发一个 Restful API，首先要使用 https://start.spring.io 创建一个 Spring Boot 项目。添加 Web 依赖项，将 groupId 设置为 com.lietu，将 artifactId 设置为 firstapp。

现在，应该有一个看起来像这样带有 pom 的项目：

```
<?xml version="1.0" encoding="UTF-8"?>
<project xmlns="http://maven.apache.org/POM/4.0.0"
xmlns:xsi="http://www.w3.org/2001/XMLSchema-instance"
xsi:schemaLocation="http://maven.apache.org/POM/4.0.0
http://maven.apache.org/xsd/maven-4.0.0.xsd">
   <modelVersion>4.0.0</modelVersion>

   <groupId>com.lietu</groupId>
   <artifactId>firstapp</artifactId>
   <version>0.0.1-SNAPSHOT</version>
   <packaging>jar</packaging>

   <name>firstapp</name>
   <description>Demo project for Spring Boot</description>

   <parent>
      <groupId>org.springframework.boot</groupId>
      <artifactId>spring-boot-starter-parent</artifactId>
```

```
        <version>2.0.1.RELEASE</version>
        <relativePath/> <!-- lookup parent from repository -->
    </parent>

    <properties>
        <project.build.sourceEncoding>UTF-8 </project.build.sourceEncoding>
        <project.reporting.outputEncoding>UTF-8 </project.reporting.outputEncoding>
        <java.version>1.8</java.version>
    </properties>

    <dependencies>
        <dependency>
            <groupId>org.springframework.boot</groupId>
            <artifactId>spring-boot-starter-web</artifactId>
        </dependency>

        <dependency>
            <groupId>org.springframework.boot</groupId>
            <artifactId>spring-boot-starter-test</artifactId>
            <scope>test</scope>
        </dependency>
    </dependencies>

    <build>
        <plugins>
            <plugin>
                <groupId>org.springframework.boot</groupId>
                <artifactId>spring-boot-maven-plugin</artifactId>
            </plugin>
        </plugins>
    </build>
</project>
```

添加一个名为 com.lietu.springandreact.HelloController 的控制器：

```
@RestController
public class HelloController {
    @GetMapping("/api/hello")
    public String hello() {
        return "Hello, the time at the server is now " + new Date() + "\n";
    }
}
```

如下命令启动 Spring Boot 应用。

mvn spring-boot:run 使用 curl 测试 HelloController 控制器：

```
>curl http://localhost:8080/api/hello
Hello, the time at the server is now Thu Jun 18 10:14:41 CST 2020
```

pom.xml 文件添加 Jdbi 和 Sqlite 依赖项：

```
<dependency>
    <groupId>org.jdbi</groupId>
    <artifactId>jdbi3-core</artifactId>
    <version>3.14.0</version>
</dependency>

<dependency>
    <groupId>org.xerial</groupId>
    <artifactId>sqlite-jdbc</artifactId>
```

```
    <version>3.31.1</version>
</dependency>
```

添加一个名为 com.lietu.springandreact.DbController 的控制器：

```
@RestController
public class DbController {
    public static Connection getConnect() {
        try {
            Class.forName("org.sqlite.JDBC");  //加载 JDBC 驱动
            String path_to_sqlite_db = "./db/disease.db";
            return DriverManager.getConnection("jdbc:sqlite:" + path_to_sqlite_db);
        } catch (Exception e) {
            e.printStackTrace();
            return null;
        }
    }

    @RequestMapping("/api/search")
    public String getCnName(@RequestParam(name="q") String enName) throws
        Exception {
        Handle handle = Jdbi.open(getConnect());
        Query query = handle.createQuery("select cn from disease WHERE en
            = :enName");
        ResultIterator<String> itr = query.bind("enName", enName).
            mapTo(String.class).iterator();
        if(itr.hasNext()){
            return itr.next();
        }
        return null;
    }
}
```

使用 curl 命令测试 DbController 控制器：

```
>curl http://localhost:8080/api/search?q=Cancer
返回结果
癌症
```

首先安装 Node.js，然后使用工具 npx 创建前端项目：

```
> npx create-react-app frontend
```

然后启动这个项目：

```
> cd frontend
> npm start
```

现在 Spring Boot 中有一个运行在 http://localhost:8080 的后端服务器，在 React 中有一个运行在 http://localhost:3000 的前端服务器。希望能够调用在后端的服务，并在前端显示结果。为了做到这一点，要求前端服务器代理从:3000 到:8080 的任何请求。

将代理条目添加到 frontend/package.json。这将确保位于:3000 的 Web 服务器代理到 http://localhost:3000/api/*的任何请求到 http://localhost:8080/api，使我们能够调用后端而不会遇到任何跨域资源共享(CORS)的问题。

frontend/package.json 文件内容如下：

```
{
  "name": "frontend",
  "version": "0.1.0",
  "private": true,
  "dependencies": {
    "react": "^16.12.0",
    "react-dom": "^16.12.0",
    "react-scripts": "^3.3.0"
  },
  "scripts": {
    "start": "react-scripts start",
    "build": "react-scripts build",
    "test": "react-scripts test --env=jsdom",
    "eject": "react-scripts eject"
  },
  "proxy": "http://localhost:8080",
  "browserslist": {
    "production": [
      ">0.2%",
      "not dead",
      "not op_mini all"
    ],
    "development": [
      "last 1 chrome version",
      "last 1 firefox version",
      "last 1 safari version"
    ]
  }
}
```

接下来，在前端添加一个 rest 调用。frontend/src/App.js 内容如下：

```
import React, {Component, useState, useEffect} from 'react';
import logo from './logo.svg';
import './App.css';

function App() {
  const [keyword, setKeyword] = React.useState("");
  const [message, setMessage] = React.useState("");

  const handleSubmit = (e: React.FormEvent) => {
    e.preventDefault();

     var url = '/api/search?q=';
     //请求后端提供的自动完成接口
     fetch(url + keyword)
            .then(response => response.text())
           .then(message => {
              setMessage(message);
           });
  }
  return (
  <div className="App">
    <form onSubmit={handleSubmit}>
      <div>
      <label htmlFor="keyword">keyword</label>
      <input
        id="keyword"
        value={keyword}
```

```
        onChange={(e) => setKeyword(e.target.value)}
      />
      </div>
      <button>Search</button>
    </form>
    {message}
    </div>
  );
}

export default App;
```

确保后端正在运行，然后重新启动前端。现在，应该能够通过位于 http://localhost:3000/ 的前端服务器访问搜索 API。

8.3 实现分页

分页是将数据分为合适的块以节省资源的过程。

PagingAndSortingRepository 是 CrudRepository 的扩展，提供了使用分页和排序来检索实体的额外方法。

在以下应用程序中，我们创建一个简单的 Spring Boot Restful 应用程序，该应用程序可以对数据进行分页。

如下命令生成一个名为 repositoryex 的 Maven 项目：

```
>mvn archetype:generate -DgroupId=com.lietu -DartifactId=repositoryex
-DarchetypeArtifactId=maven-archetype-quickstart
-DarchetypeVersion=LATEST -DinteractiveMode=false
```

修改 Maven 构建文件如下。其中的 h2 依赖项包括 H2 数据库驱动程序。

```
<?xml version="1.0" encoding="UTF-8"?>
<project xmlns="http://maven.apache.org/POM/4.0.0"
        xmlns:xsi="http://www.w3.org/2001/XMLSchema-instance"
        xsi:schemaLocation="http://maven.apache.org/POM/4.0.0
        http://maven.apache.org/xsd/maven-4.0.0.xsd">
  <modelVersion>4.0.0</modelVersion>

  <groupId>com.lietu</groupId>
  <artifactId>repositoryex</artifactId>
  <version>1.0-SNAPSHOT</version>
  <packaging>jar</packaging>

  <properties>
    <project.build.sourceEncoding>UTF-8</project.build.sourceEncoding>
    <maven.compiler.source>8</maven.compiler.source>
    <maven.compiler.target>8</maven.compiler.target>
  </properties>

  <parent>
    <groupId>org.springframework.boot</groupId>
    <artifactId>spring-boot-starter-parent</artifactId>
    <version>2.2.2.RELEASE</version>
  </parent>

  <dependencies>
```

```
    <dependency>
      <groupId>com.h2database</groupId>
      <artifactId>h2</artifactId>
      <scope>runtime</scope>
    </dependency>

    <dependency>
      <groupId>org.springframework.boot</groupId>
      <artifactId>spring-boot-starter-web</artifactId>
    </dependency>

    <dependency>
      <groupId>org.springframework.boot</groupId>
      <artifactId>spring-boot-starter-freemarker</artifactId>
    </dependency>

    <dependency>
      <groupId>org.springframework.boot</groupId>
      <artifactId>spring-boot-starter-data-jpa</artifactId>
    </dependency>

  </dependencies>

  <build>
    <plugins>
      <plugin>
        <groupId>org.springframework.boot</groupId>
        <artifactId>spring-boot-maven-plugin</artifactId>
      </plugin>
    </plugins>
  </build>

</project>
```

Spring Boot 启动器是一组方便的依赖项描述符，可以极大地简化 Maven 配置。spring-boot-starter-parent 具有 Spring Boot 应用程序的一些常用配置。spring-boot-starter-web 启用经典的 RESTFul 的 Web 应用程序。spring-boot-starter-web-freemarker 是使用 Freemarker 模板引擎构建 Web 应用程序的启动器。spring-boot-starter-web-freemarker 使用 Tomcat 作为默认的嵌入式容器。spring-boot-starter-data-jpa 是将 Spring Data JPA 与 Hibernate 结合使用的启动器。

插件 spring-boot-maven-plugin 在 Maven 中提供了 Spring Boot 支持，使我们能打包执行 jar 或 war 档案。插件中的 spring-boot:runn 目标运行 Spring Boot 应用程序。

在 application.properties 文件中编写 Spring Boot 应用程序的各种配置设置。resources/application.properties 文件内容如下：

```
spring.main.banner-mode=off
spring.jpa.database=h2
spring.jpa.hibernate.dialect=org.hibernate.dialect.H2Dialect
spring.jpa.hibernate.ddl-auto=create-drop
```

使用 banner-mode 属性，可以关闭 Spring banner。

JPA 数据库值指定要操作的目标数据库。在本例中，我们指定了 Hibernate 数据库方言 org.hibernate.dialect.H2Dialect。ddl-auto 是数据定义语言模式；create-drop 选项是自动创建和删除数据库模式。H2 数据库在内存中运行。

模式是由 Hibernate 自动创建的。稍后，将执行 import.sql 文件以用数据填充表。resources/import.sql 文件内容如下：

```
INSERT INTO countries(name, population) VALUES('China', 1382050000);
INSERT INTO countries(name, population) VALUES('India', 1313210000);
INSERT INTO countries(name, population) VALUES('USA', 324666000);
INSERT INTO countries(name, population) VALUES('Indonesia', 260581000);
INSERT INTO countries(name, population) VALUES('Brazil', 207221000);
INSERT INTO countries(name, population) VALUES('Pakistan', 196626000);
INSERT INTO countries(name, population) VALUES('Nigeria', 186988000);
INSERT INTO countries(name, population) VALUES('Bangladesh', 162099000);
INSERT INTO countries(name, population) VALUES('Russia', 146838000);
INSERT INTO countries(name, population) VALUES('Japan', 126830000);
INSERT INTO countries(name, population) VALUES('Mexico', 122273000);
INSERT INTO countries(name, population) VALUES('Philippines', 103738000);
INSERT INTO countries(name, population) VALUES('Ethiopia', 101853000);
INSERT INTO countries(name, population) VALUES('Vietnam', 92700000);
INSERT INTO countries(name, population) VALUES('Egypt', 92641000);
INSERT INTO countries(name, population) VALUES('Germany', 82800000);
INSERT INTO countries(name, population) VALUES('the Congo', 82243000);
INSERT INTO countries(name, population) VALUES('Iran', 82800000);
INSERT INTO countries(name, population) VALUES('Turkey', 79814000);
INSERT INTO countries(name, population) VALUES('Thailand', 68147000);
INSERT INTO countries(name, population) VALUES('France', 66984000);
INSERT INTO countries(name, population) VALUES('United Kingdom', 60589000);
INSERT INTO countries(name, population) VALUES('South Africa', 55908000);
INSERT INTO countries(name, population) VALUES('Myanmar', 51446000);
INSERT INTO countries(name, population) VALUES('South Korea', 68147000);
INSERT INTO countries(name, population) VALUES('Colombia', 49129000);
INSERT INTO countries(name, population) VALUES('Kenya', 47251000);
INSERT INTO countries(name, population) VALUES('Spain', 46812000);
INSERT INTO countries(name, population) VALUES('Argentina', 43850000);
INSERT INTO countries(name, population) VALUES('Ukraine', 42603000);
INSERT INTO countries(name, population) VALUES('Sudan', 41176000);
INSERT INTO countries(name, population) VALUES('Algeria', 40400000);
INSERT INTO countries(name, population) VALUES('Poland', 38439000);
INSERT INTO countries(name, population) VALUES('Canada', 37742154);
INSERT INTO countries(name, population) VALUES('Morocco', 36910560);
INSERT INTO countries(name, population) VALUES('Saudi Arabia', 34813871);
INSERT INTO countries(name, population) VALUES('Uzbekistan', 33469203);
INSERT INTO countries(name, population) VALUES('Peru', 32971854);
INSERT INTO countries(name, population) VALUES('Angola', 32866272);
INSERT INTO countries(name, population) VALUES('Malaysia', 32365999);
INSERT INTO countries(name, population) VALUES('Mozambique', 31255435);
INSERT INTO countries(name, population) VALUES('Ghana', 31072940);
INSERT INTO countries(name, population) VALUES('Yemen', 29825964);
INSERT INTO countries(name, population) VALUES('Nepal', 29136808);
INSERT INTO countries(name, population) VALUES('Venezuela', 28435940);
```

com/lietu/model/Country.java 文件中定义了国家实体，每个实体必须至少定义两个注解：@Entity 和@Id。Country.java 文件内容如下：

```
package com.lietu.model;

import javax.persistence.Entity;
import javax.persistence.GeneratedValue;
import javax.persistence.GenerationType;
```

```
import javax.persistence.Id;
import javax.persistence.Table;
import java.util.Objects;

@Entity
@Table(name = "countries")
public class Country {

    @Id
    @GeneratedValue(strategy = GenerationType.IDENTITY)
    private Long id;

    private String name;
    private int population;

    public Country() {
    }

    public Country(Long id, String name, int population) {
        this.id = id;
        this.name = name;
        this.population = population;
    }

    public Long getId() {
        return id;
    }

    public String getName() {
        return name;
    }

    public void setName(String name) {
        this.name = name;
    }

    public int getPopulation() {
        return population;
    }

    public void setPopulation(int population) {
        this.population = population;
    }

    @Override
    public boolean equals(Object o) {
        if (this == o) return true;
        if (o == null || getClass() != o.getClass()) return false;
        Country country = (Country) o;
        return population == country.population &&
                Objects.equals(id, country.id) &&
                Objects.equals(name, country.name);
    }

    @Override
    public int hashCode() {
        return Objects.hash(id, name, population);
    }
```

```
    @Override
    public String toString() {
        final StringBuilder sb = new StringBuilder("Country{");
        sb.append("id=").append(id);
        sb.append(", name='").append(name).append('\'');
        sb.append(", population=").append(population);
        sb.append('}');
        return sb.toString();
    }
}
```

以前，我们将 ddl-auto 选项设置为 create-drop，这意味着 Hibernate 将根据该实体创建表结构。

```
@Entity
@Table(name = "countries")
public class Country {
```

@Entity 注解指定该类是一个实体，并映射到数据库表。@Table 注解指定要用于映射的数据库表的名称。

```
@Id
@GeneratedValue(strategy = GenerationType.IDENTITY)
private Long id;
```

@Id 注解指定实体的主键，@GeneratedValue 提供主键值的生成策略。

com/lietu/repository/CountryRepository.java 文件内容如下：

```
package com.lietu.repository;
import com.lietu.model.Country;
import org.springframework.data.repository.PagingAndSortingRepository;
import org.springframework.stereotype.Repository;

@Repository
public interface CountryRepository extends
PagingAndSortingRepository<Country, Long> {

}
```

CountryRepository 用@Repository 注解装饰。

通过扩展 Spring PagingAndSortingRepository，我们有了一些分页数据的方法。

com/lietu/service/ICountryService.java 内容如下：

```
package com.lietu.service;
import com.lietu.model.Country;
import java.util.List;

public interface ICountryService {

    List<Country> findPaginated(int pageNo, int pageSize);
}
```

ICountryService 包含 findPaginated()方法。这个方法包含两个参数：页码和页面大小。

com/lietu/service/CountryService.java 文件内容如下：

```
package com.lietu.service;
import com.lietu.model.Country;
import com.lietu.repository.CountryRepository;
```

```
import java.util.List;
import org.springframework.beans.factory.annotation.Autowired;
import org.springframework.data.domain.Page;
import org.springframework.data.domain.PageRequest;
import org.springframework.data.domain.Pageable;
import org.springframework.stereotype.Service;

@Service
public class CountryService implements ICountryService {

    @Autowired
    private CountryRepository repository;

    @Override
    public List<Country> findPaginated(int pageNo, int pageSize) {

        Pageable paging = PageRequest.of(pageNo, pageSize);
        Page<Country> pagedResult = repository.findAll(paging);

        return pagedResult.toList();
    }
}
```

CountryService 包含 findPaginated()方法的实现。

```
@Autowired
private CountryRepository repository;
```

这里使用@Autowired 注解注入 CountryRepository。

```
Pageable paging = PageRequest.of(pageNo, pageSize);
Page<Country> pagedResult = repository.findAll(paging);
```

根据提供的值创建一个 PageRequest 对象，并将这个对象传递给 findAll()存储库方法。

com/lietu/controller/MyController.java 文件内容如下：

```
package com.lietu.controller;

import com.lietu.model.Country;
import com.lietu.service.ICountryService;
import org.springframework.beans.factory.annotation.Autowired;
import org.springframework.web.bind.annotation.GetMapping;
import org.springframework.web.bind.annotation.PathVariable;
import org.springframework.web.bind.annotation.RestController;

import java.util.List;

@RestController
public class MyController {

    @Autowired
    private ICountryService countryService;

    @GetMapping("/countries/{pageNo}/{pageSize}")
    public List<Country> getPaginatedCountries(@PathVariable int pageNo,
        @PathVariable int pageSize) {

        return countryService.findPaginated(pageNo, pageSize);
    }
}
```

MyController 处理来自客户端的请求。

```
@Autowired
private ICountryService countryService;
```

ICountryService 已注入 countryService 字段。

```
@GetMapping("/countries/{pageNo}/{pageSize}")
public List<Country> getPaginatedCountries(@PathVariable int pageNo,
        @PathVariable int pageSize) {

    return countryService.findPaginated(pageNo, pageSize);
}
```

路径变量页码和页面大小值将传递给 findPaginated()服务方法。

com/lietu/Application.java 文件内容如下：

```
package com.lietu;
import org.springframework.boot.SpringApplication;
import org.springframework.boot.autoconfigure.SpringBootApplication;

@SpringBootApplication
public class Application  {

    public static void main(String[] args) {
        SpringApplication.run(Application.class, args);
    }
}
```

Application 是设置 Spring Boot 应用程序的入口点。

运行该应用程序：

```
$ mvn -q spring-boot:run
```

使用 curl 命令测试分页应用：

```
$ curl localhost:8080/countries/0/5
[{"id":1,"name":"China","population":1382050000},{"id":2,"name":"India",
"population":1313210000},
{"id":3,"name":"USA","population":324666000},{"id":4,"name":"Indonesia",
"population":260581000},
{"id":5,"name":"Brazil","population":207221000}]
```

我们得到首页的 5 行记录。索引从 0 开始。

如下命令得到下一页数据：

```
$ curl localhost:8080/countries/1/5
[{"id":6,"name":"Pakistan","population":196626000},{"id":7,"name":"Niger
ia","population":186988000},
{"id":8,"name":"Bangladesh","population":162099000},{"id":9,"name":"Russ
ia","population":146838000},
{"id":10,"name":"Japan","population":126830000}]
```

8.4 SpringBoot 权限管理

我们首先介绍 Spring Security 实现的权限控制，然后介绍 Apache Shiro 实现的权限控制。

8.4.1 Security实现权限控制

可以使用Spring Boot Starter Security来启动Web应用程序的安全性。Spring Security默认情况下会保护所有HTTP端点。用户必须以默认的HTTP形式登录。

项目的pom.xml文件内容如下：

```
<?xml version="1.0" encoding="UTF-8"?>
<project xmlns="http://maven.apache.org/POM/4.0.0"
         xmlns:xsi="http://www.w3.org/2001/XMLSchema-instance"
         xsi:schemaLocation="http://maven.apache.org/POM/4.0.0
         http://maven.apache.org/xsd/maven-4.0.0.xsd">
    <modelVersion>4.0.0</modelVersion>

    <groupId>com.zetcode</groupId>
    <artifactId>springbootloginpage</artifactId>
    <version>1.0-SNAPSHOT</version>

    <packaging>jar</packaging>

    <properties>
        <project.build.sourceEncoding>UTF-8</project.build.sourceEncoding>
        <maven.compiler.source>11</maven.compiler.source>
        <maven.compiler.target>11</maven.compiler.target>
    </properties>

    <parent>
        <groupId>org.springframework.boot</groupId>
        <artifactId>spring-boot-starter-parent</artifactId>
        <version>2.1.5.RELEASE</version>
    </parent>

    <dependencies>
        <dependency>
            <groupId>org.springframework.boot</groupId>
            <artifactId>spring-boot-starter-web</artifactId>
        </dependency>

        <dependency>
            <groupId>org.springframework.boot</groupId>
            <artifactId>spring-boot-starter-security</artifactId>
        </dependency>

    </dependencies>

    <build>
        <plugins>
            <plugin>
                <groupId>org.springframework.boot</groupId>
                <artifactId>spring-boot-maven-plugin</artifactId>
            </plugin>
        </plugins>
    </build>
</project>
```

我们增加了Web和安全性的starter依赖项。

resources/application.properties文件内容如下：

```
spring.main.banner-mode=off
logging.pattern.console=%d{dd-MM-yyyy
HH:mm:ss} %magenta([%thread]) %highlight(%-5level) %logger.%M - %msg%n
```

在 application.properties 文件中，关闭 Spring Boot banner 并配置控制台日志记录模式。

com/lietu/controller/MyController.java 文件内容如下：

```
package com.lietu.controller;

import org.springframework.web.bind.annotation.GetMapping;
import org.springframework.web.bind.annotation.RestController;

@RestController
public class MyController {

    @GetMapping("/")
    public String home() {

        return "This is home page";
    }
}
```

我们有一个简单的主页。运行该应用程序并导航到 localhost:8080。我们被重定向到 http://localhost:8080/login 页面：

```
...
17-06-2019 17:48:45 [main] INFO
org.springframework.boot.autoconfigure.security.servlet.UserDetailsServi
ceAutoConfiguration.getOrDeducePassword -

Using generated security password: df7ce50b-abae-43a1-abe1-0e17fd81a454
...
```

在控制台中，可以看到名为 user 的默认用户生成的密码。这些凭据将提供给身份验证表单。

Spring 使用 Bootstrap 框架定义登录 UI：

```
spring.security.user.name = admin
spring.security.user.password = s$cret
```

使用这两个选项，就可以拥有一个新的用户名和密码。使用这些设置将关闭自动生成用户。

8.4.2 Shiro 实现权限控制

Apache Shiro 是一个功能强大且易于使用的 Java 安全框架，它执行身份验证、授权、加密和会话管理。

Spring Boot 集成 Shiro 项目的 pom.xml 文件内容如下：

```
<?xml version="1.0" encoding="UTF-8"?>
<project xmlns="http://maven.apache.org/POM/4.0.0"
        xmlns:xsi="http://www.w3.org/2001/XMLSchema-instance"
        xsi:schemaLocation="http://maven.apache.org/POM/4.0.0
        http://maven.apache.org/xsd/maven-4.0.0.xsd">
    <modelVersion>4.0.0</modelVersion>
```

```
<parent>
    <groupId>org.springframework.boot</groupId>
    <artifactId>spring-boot-starter-parent</artifactId>
    <version>2.2.5.RELEASE</version>
    <relativePath/> <!-- lookup parent from repository -->
</parent>
<groupId>com.lietu</groupId>
<artifactId>shiro</artifactId>
<version>0.0.1-SNAPSHOT</version>
<name>shiro</name>
<description>Demo project for Spring Boot</description>

<properties>
    <java.version>1.8</java.version>
</properties>

<dependencies>
    <dependency>
        <groupId>org.springframework.boot</groupId>
        <artifactId>spring-boot-starter-thymeleaf</artifactId>
    </dependency>
    <!--shiro 1.4.0 thymeleaf-extras-shiro 2.0.0 组合-->
    <dependency>
        <groupId>org.apache.shiro</groupId>
        <artifactId>shiro-core</artifactId>
        <version>1.4.0</version>
    </dependency>
    <dependency>
        <groupId>org.apache.shiro</groupId>
        <artifactId>shiro-spring</artifactId>
        <version>1.4.0</version>
    </dependency>
    <!--shiro for thymeleaf 生效需要加入 spring boot 2.x，请使用 2.0.0 版本，
        否则使用 1.2.1 版本-->
    <dependency>
        <groupId>com.github.theborakompanioni</groupId>
        <artifactId>thymeleaf-extras-shiro</artifactId>
        <version>2.0.0</version>
    </dependency>
    <dependency>
        <groupId>org.springframework.boot</groupId>
        <artifactId>spring-boot-starter-web</artifactId>
    </dependency>
    <dependency>
        <groupId>org.springframework.boot</groupId>
        <artifactId>spring-boot-starter-test</artifactId>
        <scope>test</scope>
    </dependency>
</dependencies>

<build>
    <plugins>
        <plugin>
            <groupId>org.springframework.boot</groupId>
            <artifactId>spring-boot-maven-plugin</artifactId>
        </plugin>
    </plugins>
</build>
```

```
    <repositories>
        <repository>
            <id>aliyun</id>
            <url>http://maven.aliyun.com/nexus/content/groups/public/</url>
        </repository>
    </repositories>

</project>
```

在配置文件 application.yml 中修改端口号：

```
server:
  port: 8086
```

定义一个用于存储用户信息的实体对象：

```
package com.lietu.shiro.domain;

public class UserDO {
    private Integer id;
    private String userName;
    private String password;

    public Integer getId() {
        return id;
    }

    public void setId(Integer id) {
        this.id = id;
    }

    public String getUserName() {
        return userName;
    }

    public void setUserName(String userName) {
        this.userName = userName;
    }

    public String getPassword() {
        return password;
    }

    public void setPassword(String password) {
        this.password = password;
    }
}
```

UserRealm 类实现自定义认证与授权：

```
package com.lietu.shiro.config;

import com.lietu.shiro.domain.UserDO;
import org.apache.shiro.authc.*;
import org.apache.shiro.authz.AuthorizationInfo;
import org.apache.shiro.authz.SimpleAuthorizationInfo;
import org.apache.shiro.realm.AuthorizingRealm;
import org.apache.shiro.subject.PrincipalCollection;
```

```
import java.util.*;

/**
 * 重写授权和认证的方法
 * */
public class UserRealm extends AuthorizingRealm {
   /**
    * 重写认证
    * @param authenticationToken token
    * @return 返回认证信息实体
    * */
   @Override
   protected AuthenticationInfo doGetAuthenticationInfo(AuthenticationToken
       authenticationToken) throws AuthenticationException {
       String username=(String)authenticationToken.getPrincipal();
           //身份。例如：用户名
       Map<String ,Object> map=new HashMap<>(16);
       map.put("username",username);
       String password  =new String((char[])
           authenticationToken.getCredentials());//证明。例如：密码
       //对身份+证明的数据认证，这里模拟了一个数据源
       //如果是数据库，那么这里应该调用数据库判断用户名密码是否正确
       if(!"admin".equals(username) || !"123456".equals(password)){
           throw new IncorrectCredentialsException("用户名或密码不正确");
       }
       //认证通过
       UserDO user=new UserDO();
       user.setId(1);//假设用户 ID=1
       user.setUserName(username);
       user.setPassword(password);
       //建立一个 SimpleAuthenticationInfo 认证模块，包括了身份、证明等信息
       SimpleAuthenticationInfo info =
           new SimpleAuthenticationInfo(user, password, getName());
       return info;
   }

   /**
    * 重写授权
    * @param  principalCollection 身份信息
    * @return  返回授权信息对象
    * */
   @Override
   protected AuthorizationInfo doGetAuthorizationInfo(PrincipalCollection
       principalCollection) {
       UserDO userDO  = (UserDO)principalCollection.getPrimaryPrincipal();
       Integer userId= userDO.getId();//转成 user 对象
       //新建一个授权模块 SimpleAuthorizationInfo，把权限赋值给当前的用户
       SimpleAuthorizationInfo info = new SimpleAuthorizationInfo();

       //设置当前会话拥有的角色，实际场景根据业务，如从数据库获取角色列表
       Set<String> roles=new HashSet<>();
       roles.add("admin");
       roles.add("finance");
       info.setRoles(roles);

       //设置当前会话可以拥有的权限，实际场景根据业务，如从数据库获取角色列表下的权限列表
       Set<String> permissions=new HashSet<>();
```

```
        permissions.add("system:article:article");
        permissions.add("system:article:add");
        permissions.add("system:article:edit");
        permissions.add("system:article:remove");
        permissions.add("system:article:batchRemove");
        info.setStringPermissions(permissions);
        return  info;
    }

}
```

配置类 ShiroConfig 实现如下：

```
package com.lietu.shiro.config;

import at.pollux.thymeleaf.shiro.dialect.ShiroDialect;
import org.apache.shiro.spring.LifecycleBeanPostProcessor;
import
org.apache.shiro.spring.security.interceptor.AuthorizationAttributeSourc
eAdvisor;
import org.apache.shiro.spring.web.ShiroFilterFactoryBean;
import org.apache.shiro.web.mgt.DefaultWebSecurityManager;
import
org.springframework.aop.framework.autoproxy.DefaultAdvisorAutoProxyCreator;
import org.springframework.context.annotation.Bean;
import org.springframework.context.annotation.Configuration;
import org.apache.shiro.mgt.SecurityManager;
import java.util.LinkedHashMap;

@Configuration
public class ShiroConfig {
    @Bean
    public static LifecycleBeanPostProcessor getLifecycleBeanPostProcessor() {
        return new LifecycleBeanPostProcessor();
    }

    /**
     *  开启 shiro aop 注解支持，如@RequiresRoles,@RequiresPermissions
     *  使用代理方式;所以需要开启代码支持
     * @param securityManager
     * @return
     */
    @Bean
    public AuthorizationAttributeSourceAdvisor
        authorizationAttributeSourceAdvisor(SecurityManager securityManager){
        AuthorizationAttributeSourceAdvisor
            authorizationAttributeSourceAdvisor =
                new AuthorizationAttributeSourceAdvisor();
        authorizationAttributeSourceAdvisor.setSecurityManager(securityManager);
        return authorizationAttributeSourceAdvisor;
    }

    /**
     *  开启 shiro aop 注解支持
     * */
    @Bean
    public DefaultAdvisorAutoProxyCreator advisorAutoProxyCreator(){
        DefaultAdvisorAutoProxyCreator advisorAutoProxyCreator =
                new DefaultAdvisorAutoProxyCreator();
```

```
    advisorAutoProxyCreator.setProxyTargetClass(true);
    return advisorAutoProxyCreator;
}


/**
 * ShiroDialect，为了在 thymeleaf 里使用 shiro 的标签的 bean
 * @return
 */
@Bean
public ShiroDialect shiroDialect() {
    return new ShiroDialect();
}


/**
 * shiroFilterFactoryBean，实现过滤器过滤
 * setFilterChainDefinitionMap，表示设置可以访问或禁止访问目录
 * @param securityManager，安全管理器
 * */
@Bean
ShiroFilterFactoryBean shiroFilterFactoryBean(SecurityManager
    securityManager) {
    ShiroFilterFactoryBean shiroFilterFactoryBean =
        new ShiroFilterFactoryBean();
    shiroFilterFactoryBean.setSecurityManager(securityManager);
    //设置登录页面
    shiroFilterFactoryBean.setLoginUrl("/login");
    //登录后的页面
    shiroFilterFactoryBean.setSuccessUrl("/index");
    //未认证页面提示
    shiroFilterFactoryBean.setUnauthorizedUrl("/403");
    //设置无需加载权限的页面过滤器
    LinkedHashMap<String, String> filterChainDefinitionMap =
        new LinkedHashMap<>();
    filterChainDefinitionMap.put("/fonts/**", "anon");
    filterChainDefinitionMap.put("/css/**", "anon");
    filterChainDefinitionMap.put("/js/**", "anon");
    //authc 有权限  anon 不需要权限 ** 表示某个目录下所有的文件
    //filterChainDefinitionMap.put("/**", "anon");
        //设置所有页面不需要登录即可见，一般用于某个文件夹下方网站
    filterChainDefinitionMap.put("/**", "authc");
        //设置所有页面都需要登录才可见
    //设置过滤器
    shiroFilterFactoryBean.setFilterChainDefinitionMap
        (filterChainDefinitionMap);
    return shiroFilterFactoryBean;
}
/**
 * 获取用户令牌，这里的令牌相当于你去公园时手里的门票，门票只有放在安全系统中才能识别，
   就是放在 SecurityManager
 * */
@Bean
UserRealm userRealm() {
    UserRealm userRealm = new UserRealm();
    return userRealm;
```

```
    }

    @Bean
    public SecurityManager securityManager() {
        DefaultWebSecurityManager securityManager =
            new DefaultWebSecurityManager();
        // 设置 realm.
        securityManager.setRealm(userRealm());
        return securityManager;
    }
}
```

新增登录页面 resources/templates/login.html，内容如下：

```
<!DOCTYPE html>
<html lang="en">
<head>
    <meta charset="UTF-8">
    <title>使用 shiro 登录页面</title>
</head>
<body>
<div>
    <input id="userName" name="userName" value="">
</div>
<div>
    <input id="password" name="password" value="">
</div>
<div>
    <input type="button" id="btnSave"  value="登录">
</div>
<script src="https://cdn.bootcss.com/jquery/1.11.3/jquery.js"></script>
<script>
    $(function() {
        $("#btnSave").click(function () {
            var username=$("#userName").val();
            var password=$("#password").val();
            $.ajax({
                cache: true,
                type: "POST",
                url: "/login",
                data: "userName=" + username + "&password=" + password,
                dataType: "json",
                async: false,
                error: function (request) {
                console.log("Connection error");
                },
                success: function (data) {
                    if (data.status == 0) {
                        window.location = "/index";
                        return false;

                    } else {
                        alert(data.message);
                    }

                }
            });
        });
    });
```

```
</script>
</body>
</html>
```

控制类 UserController 实现如下：

```
package com.lietu.shiro.controller;

import org.apache.shiro.SecurityUtils;
import org.apache.shiro.authc.AuthenticationException;
import org.apache.shiro.authc.UsernamePasswordToken;
import org.apache.shiro.authz.UnauthenticatedException;
import org.apache.shiro.authz.annotation.RequiresPermissions;
import org.apache.shiro.subject.Subject;
import org.springframework.stereotype.Controller;
import org.springframework.ui.Model;
import org.springframework.web.bind.annotation.*;
import org.springframework.web.bind.support.SessionStatus;

import javax.servlet.http.HttpSession;
import java.util.HashMap;
import java.util.Map;

@Controller
public class UserController {
    //shiro 认证成功后默认跳转页面
    @GetMapping("/index")
    public String index(){
        return "index";
    }

    @GetMapping("/403")
    public String err403(){
        return "403";
    }
    /**
     * 根据权限授权使用注解 @RequiresPermissions
     * */
    @GetMapping("/article")
    @RequiresPermissions("system:article:article")
    public String article(){
        return "article";
    }

    /**
     * 根据权限授权使用注解 @RequiresPermissions
     * */
    @GetMapping("/setting")
    @RequiresPermissions("system:setting:setting")
    public String setting(){
        return "setting";
    }

    @GetMapping("/show")
    @ResponseBody
    public String show(){

        Subject subject = SecurityUtils.getSubject();
        String str="";
```

```
    if(subject.hasRole("admin")){
        str=str+"您拥有 admin 权限";
    }else{
        str=str+"您没有 admin 权限";
    }
    if(subject.hasRole("sale")){
        str=str+"您拥有 sale 权限";
    }
    else{
        str=str+"您没有 sale 权限";
    }
    try{
        subject.checkPermission("app:setting:setting");
        str=str+"您拥有 system:setting:setting 权限";

    }catch (UnauthenticatedException ex){
        str=str+"您没有 system:setting:setting 权限";
    }
    return  str;
}

//get /login 方法，对应前端 login.html 页面
@GetMapping("/login")
public String login(){
    return "login";
}

//post /login 方法，对应登录提交接口
@PostMapping("/login")
@ResponseBody
public Object loginsubmit(@RequestParam String userName,@RequestParam
    String password){
    Map<String,Object> map = new HashMap<>();
    //把身份 useName 和证明 password 封装成对象 UsernamePasswordToken
    UsernamePasswordToken token = new
        UsernamePasswordToken(userName,password);
    //获取当前的 subject
    //Subject 可以是一个用户，也有可能是一个第三方程序
    Subject subject = SecurityUtils.getSubject();
    try{
        subject.login(token);
        map.put("status",0);
        map.put("message","登录成功");
        return map;
    }catch (AuthenticationException e){
        map.put("status",1);
        map.put("message","用户名或密码错误");
        return map;
    }
}


@GetMapping("/logout")
String logout(HttpSession session, SessionStatus sessionStatus,
    Model model) {
    //会员中心退出登录
    session.removeAttribute("userData");
```

```
        sessionStatus.setComplete();
        SecurityUtils.getSubject().logout();  //调用subject的logout方法进行注销
        return "redirect:/login";
    }
}
```

登录成功后跳转的页面 resources/templates/index.html 的内容如下：

```
<!DOCTYPE html>
<html lang="en">
<head>
    <meta charset="UTF-8">
    <title>通过登录验证后跳转到此页面</title>
</head>
<body>
    通过登录验证后跳转到此页面
    <div>
        <a href="/article">前往文章页面</a>
    </div>
    <div>
        <a href="/setting">前往设置页面</a>
    </div>
</body>
</html>
```

已授权访问的页面 resources/templates/article.html 的内容如下：

```
<!DOCTYPE html>
<html lang="en">
<head>
    <meta charset="UTF-8">
    <title>必须获取 system:article 授权</title>
</head>
<body>
必须获取 system:article 授权才会显示
</body>
</html>
```

未授权访问的页面 resources/templates/setting.html 的内容如下：

```
<!DOCTYPE html>
<html lang="en">
<head>
    <meta charset="UTF-8">
    <title>必须获取 system:setting 授权 </title>
</head>
<body>
必须获取 system:setting 授权才会显示
</body>
</html>
```

未授权统一页面 resources/templates/error/403.html 内容如下：

```
<!DOCTYPE html>
<html lang="en">
<head>
    <meta charset="UTF-8">
    <title>403 没有授权</title>
</head>
```

```
<body>
你访问的页面没有授权
</body>
</html>
```

8.5 使用 WebSocket 实现实时通信

WebSocket 是 HTML5 开始提供的一种浏览器与服务器间进行全双工通信的网络技术。依靠 WebSocket 可以实现客户端和服务器端的长连接，实现双向实时通信。

在 Maven 中，我们需要 spring boot WebSocket 依赖。pom.xml 文件内容如下：

```
<?xml version="1.0" encoding="UTF-8"?>
<project xmlns="http://maven.apache.org/POM/4.0.0"
    xmlns:xsi="http://www.w3.org/2001/XMLSchema-instance"
    xsi:schemaLocation="http://maven.apache.org/POM/4.0.0
    http://maven.apache.org/xsd/maven-4.0.0.xsd">
    <modelVersion>4.0.0</modelVersion>

    <groupId>com.lietu</groupId>
    <artifactId>boot-websocket</artifactId>
    <version>1.0-SNAPSHOT</version>

    <parent>
        <groupId>org.springframework.boot</groupId>
        <artifactId>spring-boot-starter-parent</artifactId>
        <version>2.2.5.RELEASE</version>
    </parent>

    <dependencies>
        <dependency>
            <groupId>org.springframework.boot</groupId>
            <artifactId>spring-boot-starter-websocket</artifactId>
        </dependency>

        <dependency>
            <groupId>org.json</groupId>
            <artifactId>json</artifactId>
            <version>20171018</version>
        </dependency>
    </dependencies>

    <build>
        <plugins>
            <plugin>
                <groupId>org.springframework.boot</groupId>
                <artifactId>spring-boot-maven-plugin</artifactId>
            </plugin>
        </plugins>
    </build>

    <repositories>
        <repository>
            <id>aliyun</id>
                <url>http://maven.aliyun.com/nexus/content/groups/public/</url>
```

```
        </repository>
    </repositories>

</project>
```

创建如下的 Spring Boot Bootstrap 类：

```
package com.lietu.websocket.config;

import org.springframework.boot.SpringApplication;
import org.springframework.boot.autoconfigure.SpringBootApplication;

@SpringBootApplication
public class Application {

    public static void main(String[] args) {
        SpringApplication.run(Application.class, args);
    }
}
```

在服务器端，我们接收数据并回复给客户端。

在 Spring 中，可以使用 TextWebSocketHandler 或 BinaryWebSocketHandler 创建自定义处理程序。

BinaryWebSocketHandler 用于处理图像等类型更丰富的数据。在我们的例子中，由于只需要处理文本，因此将使用 TextWebSocketHandler：

```
package com.lietu.websocket.config;

import java.io.IOException;

import org.json.JSONObject;
import org.springframework.stereotype.Component;
import org.springframework.web.socket.TextMessage;
import org.springframework.web.socket.WebSocketSession;
import org.springframework.web.socket.handler.TextWebSocketHandler;

@Component
public class SocketTextHandler extends TextWebSocketHandler {

    @Override
    public void handleTextMessage(WebSocketSession session, TextMessage message)
            throws InterruptedException, IOException {

        String payload = message.getPayload();
        JSONObject jsonObject = new JSONObject(payload);
        session.sendMessage(new TextMessage("Hi " + jsonObject.get("user")
            + " how may we help you?"));
    }

}
```

为了告诉 Spring 将客户端请求转发到端点，需要注册处理程序：

```
package com.lietu.websocket.config;

import org.springframework.context.annotation.Configuration;
import org.springframework.web.socket.config.annotation.EnableWebSocket;
import org.springframework.web.socket.config.annotation.WebSocketConfigurer;
```

```
import org.springframework.web.socket.config.annotation.WebSocketHandlerRegistry;

@Configuration
@EnableWebSocket
public class WebSocketConfig implements WebSocketConfigurer {

    public void registerWebSocketHandlers(WebSocketHandlerRegistry registry) {
        registry.addHandler(new SocketTextHandler(), "/user");
    }

}
```

接下来，实现用于建立 WebSocket 和进行调用的 UI 部分。app.js 内容如下：

```
var ws;
function setConnected(connected) {
    $("#connect").prop("disabled", connected);
    $("#disconnect").prop("disabled", !connected);
}

function connect() {
    ws = new WebSocket('ws://localhost:8080/user');
    ws.onmessage = function(data) {
        helloWorld(data.data);
    }
    setConnected(true);
}

function disconnect() {
    if (ws != null) {
        ws.close();
    }
    setConnected(false);
    console.log("Websocket is in disconnected state");
}

function sendData() {
    var data = JSON.stringify({
        'user' : $("#user").val()
    })
    ws.send(data);
}

function helloWorld(message) {
    $("#helloworldmessage").append(" " + message + "");
}

$(function() {
    $("form").on('submit', function(e) {
        e.preventDefault();
    });
    $("#connect").click(function() {
        connect();
    });
    $("#disconnect").click(function() {
        disconnect();
    });
    $("#send").click(function() {
```

```
        sendData();
    });
});
```

index.html 内容如下：

```
<!DOCTYPE html>
<html>
<head>
    <title>WebSocket Chat Application </title>
    <link href="/bootstrap.min.css" rel="stylesheet">
    <link href="/style.css" rel="stylesheet">
    <script src="/jquery-1.10.2.min.js"></script>
    <script src="/app.js"></script>
</head>
<body>
<div id="main-content" class="container">
    <div class="row">
        <div class="col-md-8">
            <form class="form-inline">
                <div class="form-group">
                    <label for="connect">Chat Application:</label>
                    <button id="connect" type="button">Start New Chat</button>
                    <button id="disconnect" type="button"
                        disabled= "disabled">End Chat
                    </button>
                </div>
            </form>
        </div>
    </div>
    <div class="row">
        <div class="col-md-12">
            <table id="chat">
                <thead>
                <tr>
                    <th>Welcome user. Please enter you name</th>
                </tr>
                </thead>
                <tbody id="helloworldmessage">
                </tbody>
            </table>
        </div>
            <div class="row">

        <div class="col-md-6">
            <form class="form-inline">
                <div class="form-group">
                    <textarea id="user" placeholder="Write your message
                        here..." required></textarea>
                </div>
                <button id="send" type="submit">Send</button>
            </form>
        </div>
        </div>
    </div>

</div>
</body>
</html>
```

启动应用程序，转到 http://localhost:8080，单击“开始新的聊天”按钮即可开始新的聊天，将会打开 WebSocket 连接。

8.6　本章小结

本章首先介绍了 curl 命令，然后介绍了如何开发前后端分离的应用，使用 SpringBoot 开发后端 Restful API，以及使用 curl 命令测试 Restful API。

介绍了如何使用 SpringBoot 中的 Spring Data JPA 实现分页，还介绍了如何使用 Spring Security 和 Apache Shiro 实现安全管理。

参考文献

[1] Robert Sedgewick. 算法. 4 版. 北京：人民邮电出版社，2012

[2] 罗刚. Elasticsearch 大数据搜索引擎. 北京：电子工业出版社，2018

[3] 《算法》电子版：http://algs4.cs.princeton.edu/home/